U0340958

CICIR 中国现代国际关系研究院中青年学者纵论

日本网络安全战略研究

韩　宁◎著

时事出版社
北京

图书在版编目（CIP）数据

日本网络安全战略研究/韩宁著．—北京：时事出版社，2018.2

ISBN 978-7-5195-0160-0

Ⅰ.①日… Ⅱ.①韩… Ⅲ.①计算机网络—国家安全—国家战略—研究—日本 Ⅳ.①D731.336②TP393.08

中国版本图书馆 CIP 数据核字（2017）第 314171 号

出版发行：时事出版社
地　　址：北京市海淀区万寿寺甲 2 号
邮　　编：100081
发行热线：（010）88547590　88547591
读者服务部：（010）88547595
传　　真：（010）88547592
电子邮箱：shishichubanshe@sina.com
网　　址：www.shishishe.com
印　　刷：北京朝阳印刷厂有限责任公司

开本：787×1092　1/16　印张：19　字数：238 千字
2018 年 2 月第 1 版　2018 年 2 月第 1 次印刷
定价：102.00 元

目　录

绪　论

第一节　选题立论依据

一、选题依据和背景

20 世纪兴起的信息通信技术（Information and communication technology，ICT）是人类最重要的发明之一，给人类生活带来了巨大变化。从 20 世纪 60 年代至今，信息处理和通信技术的革命已经在全球创造了一个将不同类型行为体密切连接的网络空间。[①] 这个网络空间在造福人类的同时，引发了一系列问题，把这些问题归纳起来，就是我们所说的网络安全问题。美国国家情报委员会在 2000 年 12 月的一份研究报告中指出，"信息革命是 18 世纪工业革命以来最重大、最有意义的全球性变革。"[②] 习近平总书记于 2016 年 4 月 19 日在"网络安全和信息化工作座谈会"上指出，"从社会发展史看，人类经历了农业革命、工业革命，正在经历

① Yochai Benkler, "Form Consumers to Users: Shifting the Deeper Structures of Regulation Towards Sustainable Commons and User Access", 52 Fed. Comm. L. J. 561, 2000.

② U. S. National Intellience Council, "Global Trends 2015: A Dialogue about the Future with Nongovernment Experts", December 2000, https: //www. cia. gov/library/readingroom/docs/DOC_0000516933. pdf（上网时间：2016 年 8 月 9 日）。

信息革命。农业革命增强了人类生存能力，使人类从采食捕猎走向栽种蓄养，从野蛮时代走向文明社会。工业革命拓展了人类体力，以机器取代了人力，以大规模工厂化生产取代了个体工厂手工生产。而信息革命则增强了人类智力，带来生产力又一次质的飞跃，对国际政治、经济、文化、社会、生态、军事等领域发展产生了深刻影响。"①

当前，网络空间（cyber space）正在与现实空间快速融合，并随着物联网、云计算、移动互联、大数据、虚拟现实（VR）等众多计算机信息技术及概念的不断涌现和应用，与之快速地相互渗透，犹如整个社会的神经系统，已经无限地延伸到世界各国政治、经济、军事、文化等方方面面，人类社会的生活因此产生新的空间，人类社会的生产和生活方式因此发生重大变革，人类社会的思维和观念因此受到巨大冲击，人类认识世界、改变世界的能力也随之不断增强。

随着互联网的普及和信息技术的进步，网络安全风险日益加剧，网络空间的脆弱性不断显现，具体表现在：一是网络风险的"多米诺骨牌效应"不断增强。随着网络虚拟空间和人类现实空间的快速融合，网络风险从虚拟社会渗入现实社会，任何细微的风险都可能如多米诺骨牌一样，由一个很小的初始变量引发多领域的一系列连锁反应，形成难以想象的巨大风险，甚至带来难以估量的重大损失；二是网络难以实现绝对的安全。随着云计算、大数据、物联网技术的普及和发展，网络泛化已成为不可阻挡的趋势。在万物皆可互联的物联网时代，万物皆可成为网络攻击目标，万物也皆可成为网络攻击的借助对象，网络只有相对安全，而无绝对安全可言；三是网络威胁范围更广。网络在造福人类的

① 《习近平在网络安全和信息化工作座谈会上的讲话（2016年4月19日）》，《人民日报》2016年4月26日，第2版。

同时，也带来了更大范围的风险，从个人信息泄露，到财产和知识产权被窃取，再到恐怖袭击甚至国家间战争，可以说网络威胁已经无处不在；四是网络风险与人们现实生活日益接近。2017年5月，不法黑客利用美国国家安全局网络武器库中泄露出的“武器级”黑客工具，制造出一种勒索软件“想哭”（Wanna Cry），短时间内该软件在全球肆虐，使医疗、电力、能源、银行、交通、教育等多个行业和机构受到严重影响，让人们深切感受到黑客就在身边、网络风险就在身边。

与此同时，各国网络安全也面临着三大挑战，分别是：（1）政府掌控的网络安全资源有限。现实空间的安全具有战略性、集中化、自上而下的特点，政府掌握着安全资源，提供相关公共产品，占据着主导和垄断地位。而网络安全则具有商业化、分散化、自下而上的特点，特别是西方发达资本主义国家80%的网络关键基础设施都掌握在私营部门手中，私营企业往往在网络安全中发挥着重要作用，政府难以全面掌握安全资源。网络安全已经上升为国家安全问题，政府如何与私营企业协调，全面掌握并支配网络安全资源，成为待解难题。（2）网络安全与隐私保护的矛盾突出。随着“维基解密”“斯诺登事件”的不断曝光，民众对各领域的网络管理产生信任危机，网络安全与隐私保护间的矛盾日益突出。加拿大国际治理创新中心（CIGI）2016年的一份调查报告显示，仅有37%的网民相信他们的网络活动没有遭到监控，46%的网民认为他们的网络活动并未受到任何审查，1/3左右的网民相信他们的政府为保护其个人数据不受到私营企业侵害而做足了工作。[①] 这意味着63%的网民认为他们的网络活动遭到

① Centre for International Governance Innovation & IPSOS, “2016 CIGI-Ipsos Global Survey on Internet Security and Trust”, https://www.cigionline.org/internet-survey-2016（上网时间：2017年4月20日）。

监控，54%的网民认为他们的网络活动受到审查，2/3左右的网民不相信他们的政府为保护其个人数据不受到私营企业侵害而做足了工作。民众对政府网络管理的信任度偏低，加大了政府网络安全建设的难度。（3）网络空间自由与规制的平衡问题。网络空间的发展离不开相对开放、自由的环境。政府介入网络安全是双刃剑，在保护网络安全的同时，也限制着网络发展，过度的网络监管必然会影响网络空间发展。规制网络，既不能管死，又不能放任，程度很难把握。

因此，世界各国都在不断完善本国网络安全战略，以适应网络安全现实需求。由于网络治理无先例可循，各国在应对日益复杂的网络安全挑战时，大多沿用各自治理现实空间的思路和做法，形成具有本国特色的网络安全战略。美国、俄罗斯、英国、德国、日本等世界主要大国都先后通过制定网络安全相关法律、发布网络安全战略、指定专门机构等手段来加强本国网络安全，力图在网络空间维护国家安全和国家利益，在国际政治、军事、经济等领域发挥更大作用。世界各国纷纷推出网络安全战略的目的主要有三个：一是加强顶层设计，宣示网络空间主权和利益。在发达国家中，美国连续推出网络安全新政，英国推出网络监管新法案，法国致力于自身网络系统保护，日本通过立法设置国家领导机构等。在发展中国家中，伊朗将网络战列为军队和国家情报机构的首要任务，泰国推出网络安全相关法案和国家领导机构等。目前，世界上已有超过50个国家将网络安全上升到国家战略层面进行规划，并作为总体安全战略的核心内容进行部署和推进落实。二是加强国际合作，提高国家安全保障能力。“斯诺登事件”显示，美国、英国、加拿大、澳大利亚、新西兰组建的“五眼联盟”已经形成有效网络安全合作，美英两国成立了“联合网络小组”并开展网络联合军演，日本与美国等多国开展“网络安全对话”，北约不断完善成员国间网络安全合作等。三是立足网络权力争夺，参与国际网络空间竞争与合作。美国为首的西方国家利用先进网络技术和设备优势，谋求国际网络霸权，推出“网络威慑”理念，组建集体防御，积极拉拢发展中国家，敌视、打压俄罗斯和中国。这种冷战思维和行为方式严重激化了国际网络空间权力争夺。

在此背景下，日本大力加强和推进网络安全战略，其用心不止于网络安全，必定有着更深层次的战略考量和战术安排，对此，必须深刻剖析、全面认知。当前，中国正在实施网络强国战略，大数据战略和“互联网+”行动计划已经被纳入“十三五”规划，《网络安全法》《网络空间国家战略》已经出台，国家网络空间治理体系和治理能力的现代化进程正在加速，需要凝聚更多的智慧力量，从国家层面统筹规划，形成结构科学、路线清晰的顶层架构。特别是2016年4月19日，习近平总书记在“网络安全和信息化工作座谈会”上提出了中国网络安全观，要求在网络安全方面，加快构建关键信息基础设施安全保障体系，全天候全方位感知网络安全态势，增强网络安全防御能力和威慑能力。因此，研究剖析21世纪初以来的日本网络安全建设，了解掌握日本在网络空间的动态规划，对构筑中国特色网络安全保障体系、谋划中国网络安全战略、推进具有中国特色的网络安全建设具有重要现实意义。

二、研究目的

近年来，随着美国“亚太再平衡”战略的实施和日美同盟关系的重新定位，日本急剧“右倾化”，谋求成为“正常国家”的步伐加快，特别是在安倍晋三的直接鼓动和助推下，日本政府否定历史、突破和平宪法限制、梦想“夺回强大日本”，在错误的道路上渐行渐远。在此情况下，网络安全建设已成为日本梦想实现所谓“正常国家”的一个重要抓手和意图率先突破的领域。因此，对日本网络安全建设进行全面研究，通过分析其特点、实质、趋势和影响，揭示日本21世纪以来网络安全建设的深层动因，透视日美网络安全战略的内在联系，把脉日本网络安全建设发展态势，具有十分重要的战略和现实意义，既可为中国正在进行的网络安全建设提供借鉴参考，也可站在维护并确保中国网络安全的角度，知彼知己，始终保持高度战略警惕。

三、理论和现实意义

在了解网络空间国际政治权力格局基本特征基础上，分析21世纪以来日本网络安全战略发展演变的内在动因，探讨日本在网络空间国际政治权力格局中的地位与处境，评估21世纪以来日本网络安全建设的成果，关乎国际网络空间政治格局的把握和中国多重安全与利益的保护，具有重要的理论与现实意义。

（一）理论意义

1. 廓清“信息安全”“网络安全”和“网络空间安全”的概念

目前，世界各国对上述三个概念仍没有达成一致意见，但是随着各国网络安全战略的不断发展演变，这三个概念逐渐清晰化。

关于“信息安全”的概念。1994年2月28日，美国联合安全委员会出台的《重新定义安全》报告对“信息安全”做出如下定义：“信息系统的安全是新领域，指的是保护在计算机和网络上创建、处理、存储和交换的涉密和非涉密信息的机密性、完整性和可用性。"[①] 美国学者杜恩·帕克（Donn Parker）在其专著《反计算机犯罪——一种保护信息安全的框架》中，进一步将"信息安全"概念划分为六个层次。一是国家和国防信息基础设施的安全，这些基础设施包括国防信息系统、通信系统（如电台、电视台、电话系统）、电力分配系统、交通系统等。二是信息本身的安全。三是信息系统的安全，这些信息系统包括情报系统、信息传递和交换系统、计算机系统及指挥控制系统等。四是基于信息过程的安全，信息过程指的是信息获取、存贮、交换、传递和处理等各个环节。五是基于计算机网络的安全，主要是防止非法用户进入网络、过滤不良信息。六是信息设备的安全，主要是防止通过发射高能电磁脉冲、高功率微波、声波等使己方信息设备失灵的无线电干扰手段等。[②] 以上述定义为基础，日本确立了自己的信息安全概念，即："信息安全是确保信息的机密性、完整性和可用性，其措施是保持互联网和计算机的安全使用，防止信息内容泄露和信息数据感染病毒等。"[③]

关于"网络安全"的概念。国际电信联盟（International Telecommunication Union）将"网络安全"定义为"工具、政策、安全概念、安全保障、指导方针、风险管理方法、行动、训练、最好的实践、保障措施以及技术的集合，这一集合能够被用于保障网络环境以及组织和用户的财产。组织和用户的财产包括相互连

---

① Joint Security Commission, "Chapter 8, Information systems Security", in "Redefining Security: A Report to the Secretary of Defense and the Director of Central Intelligence", February 28, 1994, http://www.fas.org/sgp/library/jsc/chap8.html（上网时间：2016 年 11 月 3 日）。

② ［美］Donn B. Parker 著，刘希良等译：《反计算机犯罪——一种保护信息安全的框架》，北京：电子工业出版社，1999 年版，第 134 页。另可见于蔡翠红著：《美国国家信息安全战略》，北京：学林出版社，2009 年版，第 5 页。

③ 日本总务省网站保护国民信息安全主页，http://www.soumu.go.jp/main_sosiki/joho_tsusin/security/intro/security/index.html（上网时间：2017 年 4 月 28 日）。

接的计算机设备、个人计算机、基础设施、应用、服务器、通信系统以及所有在网络环境里存储或传输的信息。网络安全旨在实现并维护组织和用户资产在网络空间的安全属性，反击网络环境中相关的安全风险。网络空间安全属性包括网络可用、可信度（包括真实性以及不可抵赖性）以及保密性。"[①] 日本在2014年11月出台的《网络安全基本法》（2014年法律第104号）中给出更加明确的概念，认为，"网络安全是指采取必要措施，防范以电子方式、磁方式及其他不能被人感知的方式（以下称为"电磁方式"）记录、发送、传输、接收到的信息发生泄露、丢失或损坏，对此类信息进行其他安全管理，确保信息系统及信息通信网络的安全性及可靠性（必要措施防范的对象，也包括经由信息通信网络或利用电磁方式制作的用于记录的记录介质（以下称"电磁记录介质"），对电子计算机实施非法活动所造成的危害）等，且该状态得到合理维护管理。"[②]

关于"网络空间安全"的概念。各国对"网络空间"的认知存在着差别。美国认为，"网络空间是涉及现代社会诸方面的全球范围内互联互通的数字信息及通信基础设施。"[③] 英国认为，"网络空间是所有形式的网络数字活动形态，包含通过数字网络进行的操作和内容。"[④] 加拿大认为，"网络空间是一个互连的信

---

① ITU, " Definition of Cybersecurity ", http://www.itu.int/en/ITU-T/studygroups/com17/pages/cybersecurity.aspx（上网时间：2016年10月3日）。

② 衆議院：『サイバーセキュリティ基本法案』（第一八六回），平成26年11月6日，http://www.shugiin.go.jp/internet/itdb_gian.nsf/html/gian/honbun/houan/g18601035.htm（上网时间：2015年10月25）。

③ White House, *Cyberspace Policy Review: Assuring a Trusted and Resilient Information and Communications Infrastructure*, Washington D.C.: US Government Printing Office, 2009, p. iii.

④ Cabinet Office, *Cyber Security Strategy of the United Kingdom: Safety Security and Resilience in Cyber Space*, Norwich: The Stationary Office, 2009, p. 7.

息技术网络和由该网络上的信息构成的电子世界。"[①] 日本则认为，"网络空间是以运用信息技术进行信息交换和互联网为基础的虚拟空间。"[②]

基于以上定义，本书认为：第一，网络空间安全应包含网络空间的诸物理要素、网络空间的诸信息要素以及与网络空间相关的现实空间诸要素（包括人在内）等三个维度的安全。第二，网络空间安全与信息安全、网络安全的主要联系与区别在于："网络空间安全——网络空间中的国家安全问题，不能简单等同于信息安全、网络安全等狭义概念，而应根据高于技术、产业层次的定位，将其提上关乎国家安全的战略高度。"[③]

2. 透析以日美同盟为基础的日本网络安全建设，深化对"网络威慑理论"的认识和理解

"威慑理论"起源于核威慑理论。1946 年，耶鲁大学国际政治学教授伯纳德·布罗迪（Bernard Brodie）等人联合出版《绝对武器》一书，提出了威慑理论的基本思想。威慑理论的基本思想强调"威慑观"或"威慑逻辑"。其一般意义的定义是：威慑的成立，是处于对抗状态中的两方，一方以其实力（capability）及决心（resolve）说服另一方放弃攻击意图的过程与结果。换言之，只有当处于挑战地位的一方慑于对方的实力及实施这一实力的决心，认识到"如果其实施攻击，对方反击所造成的损失将大于其攻击所期待的政治所得"，并决定不再或放弃其攻击计划而安于

---

① Public Safety Canada, *Canada's Cyber Security Strategy: For a Stronger and More Prospective Canada*, Ottawa: Government of Canada Publications, 2010, p. 2.

② NISC:『国民を守る情報セキュリティ戦略』, 2010 年 5 月 11 日, http: //www. nisc. go. jp/active/kihon/pdf/senryaku. pdf（上网时间：2017 年 3 月 8 日）。

③ 陆忠伟：《网络空间安全：中美外交核心因素》，新华网，2016 年 11 月 18 日，http: //news. xinhuanet. com/world/2016 – 11/18/c_129368714. htm（上网时间：2017 年 4 月 29 日）。

现状时，威慑才得以成立。因此，对于面临挑战的一方来说，威慑的战略目标就是使对方相信反击所造成的损失大于对方进攻所期待的得益，也就是使对方产生这样一个心理效应：L（损失）—B（得益）>O。

“网络威慑”概念是美国国际问题专家詹姆斯·德·德里安（James Der Derian）在1994年首次提出的。[①] 1995年，美国国防部制定了《后冷战时代的威慑实质》文件，要求拓展“威慑理论”研究，将威慑的使用范围扩大至网络等领域。[②] 2006年美国国防部发布《威慑行动联合作战概念》（Deterrence Operations Joint Operating Concept），明确冷战时代的“威慑理论”可适用于“后冷战时代”的各种威胁，包括恐怖主义、网络攻击等。[③] 上述文件为美国网络威慑理论研究提供了有力支持，推动美国理论界、军界、政界以维护美国的世界霸权和网络霸权为目标，开始积极进行“网络威慑”研究，于20世纪90年代末和21世纪初在网络领域掀起了美国第四波“威慑理论”研究。

奥巴马总统上台后，美国政府逐步将“网络威慑”理论研究成果吸收并应用于实践中。2011年，美国白宫和国防部先后发布《网络空间国际战略：互联网世界的繁荣、安全和开放》和《网络空间行动战略》，首次将“网络威慑”理论引入美国政府和军方文件。2015年4月，美国国防部发布《网络空间战略》，构建了美国“网络威慑战略”的雏形。2015年12月，美国白宫正式

---

① James Der Derian，“Cyber-Deterrence”，*Wired*，Vol. 2，No. 9，September 1994，pp. 116 - 122.

② Nautilus Institute，“Essentials of Post-Cold War Deterrence 1995”，http：//old-site. nautilus. org/archives/nukestrat/USA/Advisory/essentials95. pdf（上网时间：2016年12月15日）。

③ U. S. Department of Defense，“Deterrence Operations Joint Operating Concept 1995”，http：//www. dtic. mil/futurejointwarfare/concepts/do_joc_v20. doc（上网时间：2016年5月10日）。

向国会提交《网络威慑战略》文件，首次全面详细阐释了“网络威慑战略”，提出要采取“全政府层面”和“全国家层面”的多元性方法慑止网络威胁。2016年2月，美国发布《网络安全国家行动计划》，全面提出网络安全战略的具体“路线图”，该计划被普遍认为是美国至今为止网络安全建设的“巅峰之作”。权力的维系不是孤立的，而是相互依赖的。美国学者罗伯特·基欧汉（Robert O. Keohane）和约瑟夫·奈（Joseph S. Nye）在《权力与相互依赖》一书中论述“硬权力”时曾指出，硬权力是“通过惩罚的威胁或回报的承诺迫使他者去做本来不想做的事情的能力”。[①] 这里谈到的“惩罚的威胁”即威慑，而“回报的承诺”更大程度上需要通过合作的模式与手段得以实现。通过合作（有时表现为联盟），权力可得到更大化的维系。近年来，美国政府通过网络空间联合军演等形式的广泛合作，增强与盟国在网络空间军事行动方面的默契，企望提升对盟友的领导力，以展示其在网络空间的“威慑力”。

日本网络安全战略是以日美同盟为基础的，日本认为日美同盟应适应美国在网络空间的这种趋势，在网络空间实施“威慑战略”。[②] 在此情况下，研究日本网络安全战略，其实就是从一个侧面了解网络威慑理论的发展与实践现状，加深对威慑理论尤其是网络威慑理论的认识和理解。

3. 探析网络空间的权力分布与互动，丰富并拓展地缘政治理论

地缘政治理论是政治地理学的一种理论，该理论把地理条件

① ［美］罗伯特·基欧汉、约瑟夫·奈著，门洪华译：《权力与相互依赖》，北京：北京大学出版社，2002年版，第263页。

② 川口貴久：『サイバー空間における安全保障の現状と課題—サイバー空間の抑止力と日米同盟—』，http：//www2. jiia. or. jp/pdf/resarch/H25_Global_Commons/03 – kawaguchi. pdf（上网时间：2016年12月15日）。

和要素视为影响制约地区或全球政治格局形成和发展的核心要素。自19世纪末以来，世界出现了"海权论""陆权论""空权论"等多个地缘政治理论。这些地缘政治理论的基本机理都是权力在空间中的分布及其互动。当前，网络空间作为全球新空间，已经成为地缘政治的第五维度，人类正在此新领域全面展开政治、经济、军事、科技、文化、外交等社会活动，正如美国未来学家阿尔文·托夫勒（Alvin Toffler）曾指出的：未来世界政治的魔方将控制在拥有信息强权的人手里，他们会使用手中掌握的网络控制权，利用英语这种强大的语言文化优势，达到暴力和金钱无法达到的目的。[①] 对日本的网络空间权力诉求路径及其与他国网络安全战略的互动进行分析，有助于丰富对网络空间领域地缘政治理论的认识，探寻网络空间领域地缘政治的博弈点，从网络空间探寻国际政治经济秩序与格局的演进方向。

（二）现实意义

1. 探研网络安全战略的生成机理和运行向度

网络安全建设是一个世界性难题。近年来，网络安全问题对世界各国都构成极大挑战，计算机病毒、网络黑客、网络犯罪和网络恐怖主义等威胁因素要求世界各国必须与时俱进地加强网络安全建设。日本也不例外。自2013年6月出台首份《网络安全战略》后，日本在不到五年的时间里，连续推出2013年版和2015年版《网络安全战略》、2014年版《网络安全基本法》和2015年版《网络安全基本法修正案》、2016年版《情促法修正案》，并拟推出2017年版《网络安全战略》等，就是最好的证明。本书拟通过对日本网络安全战略的生成机理与运行向度进行深入研究，探索网络安全建设规划的内在规律和特点。

---

① 姜红明：《新圈地运动：信息殖民主义》，《决策与信息》2000年第2期，第12页。

2. 掌握日本网络安全内在实力

日本网络安全战略具有鲜明的安全和利益取向，该战略的实施在一定程度上对中国的安全与利益构成挑战。2015 年 4 月 27 日，日本和美国共同修订并发表最新版《日美防卫合作指针》，扩大并强化日美安全合作，依靠美国“借船出海”，为日本在网络空间的国际竞争合作中再添动力。2015 年 7 月日本通过《新安保法案》，更让日本可将在全球动武的理念应用于网络安全领域。通过对日本网络安全战略的研究，有助于充分了解日本网络安全的整体能力和水平，全面评估其在网络空间的实力和影响力。

3. 把脉日本网络安全战略的发展趋势和未来走向

信息领域的特征是技术和变化，是一个没有边界的新型空间，同时也是一个新的全球地理空间。[①] 中国和日本作为亚太地区的两个大国，对亚太地区领导权和国际政治格局影响力的竞争角力，使中日在利益诉求与权力分配上存在结构性矛盾。这一矛盾将延伸至网络空间，使得网络空间成为中日竞争角力的又一重要领域，中日网络空间博弈在所难免。日本在网络安全建设方面随美势而动、借美力而行，与美国联手针对中国，大力炒作网络空间的“中国威胁论”，在网络空间抹黑、孤立和遏制中国。日本已经成为中国网络空间活动的主要竞争对手之一，也是美国与中国网络安全博弈的一个重要砝码和中美网络安全关系演变的一个关键性变量，中国在网络空间权力竞争压力巨大，发展环境与条件不容乐观。习近平同志在 2016 年 4 月 19 日网络安全和信息化工作座谈会上明确指出：“大国网络安全博弈，不单是技术博

① U. S. President's Commission on Critical Infrastructure Protection，“Critical Foundations：Protecting America's Infrastructures”，*Information Age Anthology*，Vol. II，October 13，1997，https：//fas. org/sgp/library/pccip. pdf（上网时间：2016 年 2 月 9 日）。

弈，还是理念博弈、话语权博弈。”[1] 因此，本书对日本网络空间博弈策略进行溯源，把握日本在网络空间国际权力博弈中的真实战略意图和走向，为中国及早了解和应对日本在网络空间挑战将提供有益的对策建议。

4. 为中国网络安全建设提供参考借鉴

当前正处于网络安全向新环境、新思维、新理念转变的启动期，具体表现在：一是物联网的快速推进导致的网络泛化已成趋势；二是在网络泛化的趋势下，网络安全的思维模式正发生着深刻的变革；三是在以“阿尔法围棋”为标志的人工智能新时代，网络安全的理念出现跨越式发展。日本网络安全战略受到这一转变态势的影响，已从基于特征码比对的第一代技术和基于行为分析的第二代技术，飞跃到以人工智能为基础的第三代技术。通过对日本网络安全技术研发重点、产业布局、措施规划等做法的研究，可为中国“技术边疆”和“能力边疆”建设提供参考借鉴。

总之，面对当前错综复杂的网络空间安全形势，日本正在加紧网络安全战略布局和加强网络安全建设，密切观察其动机、趋势、走向等，既为中国网络安全建设提供有益参考，也对中国网络安全的风险防范具有重大意义，对中国的网络安全建设和国家安全建设具有重大战略价值。正如习近平同志指出的：“没有意识到风险是最大的风险。网络安全具有很强的隐蔽性，一个技术漏洞、安全风险可能隐藏几年都发现不了，结果是‘谁进来了不知道、是敌是友不知道、干了什么不知道’，长期‘潜伏’在里面，一旦有事就发作了。”[2] 因此，我们一定要对日本网络安全战略早做了解、早做把握、早做防范。

---

① 《习近平在网络安全和信息化工作座谈会上的讲话（2016年4月19日）》，《人民日报》2016年4月26日，第2版。

② 《习近平在网络安全和信息化工作座谈会上的讲话（2016年4月19日）》，《人民日报》2016年4月26日，第2版。

第二节 中日研究现状及文献综述

为尽可能全面学习和掌握国内外特别是中日研究现状，本书主要通过网络检索和图书馆查阅两种方式检索相关文献。网络检索的范围主要包括：日本政府、日本国立国会图书馆、日本智库等学术机构、日本学术论文数据库（CiNii）、日本 Free Access 学术期刊（J-STAGE）、美欧政府、美欧智库等学术机构、谷歌（google）学术搜索、百度学术搜索、中国知网（CNKI）、超星数字图书馆、中华数字书苑等相关网站。图书馆查阅的范围主要包括：中国国家图书馆、中国现代国际关系研究院图书馆、北京大学图书馆、国际关系学院图书馆等图书馆的相关书籍。

本书通过对查阅到资料的研究发现，近年来，中日对网络安全研究重要性的认识不断深入，不断加大对日本网络安全的研究力度，但研究领域都相对狭窄，主要集中在网络安全技术方面，对日本网络安全战略的研究明显不足、重视程度不够，主要表现在：对日本网络安全战略的研究呈现阶段化、技术化、政策化、碎片化的特点，对日本网络安全战略的整体研究、理论溯源、背景论述明显不足，特别是缺乏对日本网络安全建设的美国因素、与国家安全战略关联性、安倍因素影响等的研究。

一、日本网络安全战略研究现状

（一）国内方面

2004 年，孙宁在《网络安全技术与应用》第 2 期刊发《日本国家信息安全体制现状》一文，对日本信息安全体制做出简要介绍，指出虽然日本信息技术起步较美欧国家稍晚，但 2000 年日本开始推行“日本 e-Japan 战略”，战略目标是“到 2005 年成为世界最先进的信息技术国家”。2003 年 5 月，日本政府明确提出并制定“日本信息安全综合战略”，以保障信息技术的快速发展。

2007 年，王鹏飞在《东北亚论坛》第 2 期刊发《论日本信息安全战略的“保障型”》一文，阐述了在信息技术革命和信息网络化浪潮中，世界任何国家都无法置身其外，日本为应对日趋激烈的信息战，实施“保障型”信息安全战略，强调“信息安全保障是日本综合保障体系的核心”，实施一系列措施，如发布新战略计划、成立信息安全机构、打击网络黑客、治理垃圾邮件等，以保证日本的信息安全。

2010 年，林永熙在《中国信息安全》第 12 期刊发《日本信息安全政策概述》一文，指出伴随着信息技术的快速发展与普及，信息技术已经浸透到日本的方方面面，成为一个不可或缺的社会基础，信息安全已经成为重大社会问题，信息安全相关政策的制定与执行迫在眉睫，在此情况下，日本需要在国家信息安全中心（NISC）领导下，加强信息安全建设。

2014 年，董先爱在《中国信息安全》第 2 期刊发《2013 年日本信息安全建设主要举措与特点》一文，指出 2013 年是日本《保护国民信息安全战略（2010—2013）》实施的最后一年，为实现“保护日本民众日常生活正常运转不可或缺的关键基础设施的安全，降低民众在使用信息技术时所面临的风险”的战略目标，2013 年度，日本采取了一系列措施，贯彻落实战略行动方案，加强信息网络安全建设，并顺势推出《网络安全战略》来完善信息安全机构、扩充网络安全力量、健全信息法制法规。

2014 年，卢英佳、吕欣在《中国信息安全》第 4 期刊发《日本网络安全战略简析》一文，就日本政府 2013 年 6 月发布的《网络安全战略》的要点、对周边国家的影响等问题进行分析研究。

2014年，印曦、王思叶、黄伟庆等三人在《中国信息安全》第11期刊发《2014年日本信息安全现状分析》一文，指出作为世界科技强国，日本在信息保护方面是一个法律和民众意识都比较健全的国家。2005年4月日本《个人信息保护法》开始生效，这是日本保护个人信息安全的根本法律。日本信息安全政策委员会于2009年2月制定了《第二期信息安全基本计划》，2010年5月又通过《保护国民信息安全战略》，2013年6月出台《网络安全战略》，旨在保护日本民众日常生活正常运转不可或缺的关键基础设施的安全，降低民众在使用信息技术时所面临的风险。2014年度，日本继续采取一系列举措，加强信息网络安全建设。

2014年，孙叶青在《第二次世界大战以来日本安全观的形成和演变》一书中借鉴哥本哈根理论，尝试运用该学派提出的安全研究的内在逻辑——“安全化”理论——进行国家安全研究，结合斯特兰奇的观点，确立研究安全观的四个变量——安全主体、安全威胁、安全目标、安全手段，以此为基础界定安全观研究的范围、概念和研究重点；并通过对特定威胁被安全化结果，即日本政府有关安全文件、方针、政策的梳理，为安全观的演变提供现实的依据。全书不仅梳理了二战以来日本安全观形成与演变的历史脉络，而且着力对安全行为主体在安全观建构中的作用进行分析，对安全观如何见之于安全政策做了深刻揭示。

2015年，王舒毅在《中国行政管理》第1期发表《日本网络安全战略：发展、特点及借鉴》一文，对2000年至2013年日本网络安全战略进行概括论述，主要内容包括：日本网络安全战略的发展、日本网络安全战略文件分析、日本网络安全战略特点、日本网络安全战略的借鉴意义。文章主要是从日本网络安全战略的相关政策借鉴和评价角度进行论述分析，目的是为中国正在加速推进的网络安全建设提供有益参考，是一篇很好的策论。

2015年，栗硕在《国际研究参考》第12期刊发《日本网络安全和信息化建设析论》一文，对日本政府2015年9月4日发布的2015年版《网络安全战略》进行评述。

2015年，李秀石在《日本国家安全保障战略研究》一书中阐释了日本国家安全保障战略的顶层设计与法制建设，日本最高决策体制和决策机制、安全及外交领域的改变，以及战略对中日关系的影响。

（二）日本方面

2007年9月，土屋大洋在《安全保障靠情报——网络时代的情报系统》一书中论述了在网络时代日本情报系统如何为国家安全服务。

2011年6月，土屋大洋在日本《海外事情》杂志2011年6月号刊发《日本的网络安全政策和情报活动》一文，论述了日本网络安全政策与情报活动的关系。

2011年10月，簑原俊洋著《新千年日本重大论点——外交和安全保障解读》一书，其中第10章论述了网络安全在21世纪日本安全保障中的地位和作用。

2012年12月，土屋大洋在日本《击论》杂志2012年第8期刊发《网络空间成为日中纷争的主战场》一文，旨在阐述中日在网络空间的竞争愈加激烈，日本要加强网络空间安全建设。

2013年8月，土屋大洋在日本《治安论坛》杂志2013年8月号刊发《日本新网络安全战略》一文，旨在阐述日本从信息安全战略到网络安全战略的转变，指出日本要以网络安全战略为起点加强网络安全建设。

二、网络安全战略与国际政治相互关系研究现状

（一）国内方面

2002年，由陆忠伟、王在邦总策划，俞晓秋主编的《信息革

命与国际关系》一书，从多方面多视角阐述信息时代的国际关系，即由信息技术（IT）进步引发对民族国家和全球事务活动方式的革命，已将人们带入继农业时代、工业时代之后人类历史发展的第三个时代，即信息时代。全球化和信息网络化，两者相互关联、彼此推动，使国际关系添加了“制信息权”这一重要政治变量，信息安全上升为国家安全战略的新重心。

2002 年，张欣在《现代国际关系》第 9 期刊发《从国际关系角度看信息技术革命》一文，旨在阐述信息技术革命的迅速扩展不仅促进经济全球化，也使国际关系和国际政治发生深刻变化，这主要是因为网络的发展使国家主权和地位受到越来越深刻的影响，对现有的国家法律、国际制度及政府威望提出挑战。文章指明，信息技术革命对世界政治、经济、社会和文化带来全方位的影响，改变了世界经济基础结构和发展方式，各国文化的碰撞与交流更加频繁。

2011 年，蔡翠红在《世界经济与政治》第 5 期刊发《国际关系中的网络政治及其治理困境》一文，旨在阐述在网络化进程蓬勃发展的国际背景下，网络政治借助互联网的传播与组织功能，通过“蝴蝶效应”以及网络传播途径作用于国际关系。除财富外，网络政治在国际关系的权力、身份、规则象限中都有其存在的形式。国际关系中的网络政治并未超越权力政治，但网络时代的权力分配、权力范畴与权力性质却发生一定改变。网络对国际制度转制、改制和创制形成巨大压力，特别是在信息革命中崛起的各国政治行为体不再屈服于强权政治，国际关系民主化的呼声越来越高，网络的无政府状态特性、主权超越特性以及技术影响不确定性都呼唤网络政治的全球化治理。

2012 年，刘勃然和黄凤志在《学术论坛》第 7 期刊发《当代网络空间国际政治权力格局探析》一文，旨在阐述随着信息化深入发展，传统国际政治领域的权力竞争已经涉足网络空间，各国对网络安全战略地位的重视程度的差异性，导致在网络空间各国综合实力的参差不齐，而这种层次性使“金字塔”形网络空间国际政治格局的总体轮廓日臻清晰。

2013 年，刘杨钺和杨一心在《国际论坛》第 6 期刊发《网络空间“再主权化”与国际网络治理的未来》一文，旨在阐述网络空间“再主权化”的趋势，一方面，国家行为体通过建立和完善网络监管的法律和制度体系，明确主权在网络空间的管辖范围和方式；另一方面，国家行为体通过对外发展网络空间攻防、制定网络安全战略，从而确立其在网络安全中的主体地位。网络空间的“再主权化”给国际网络治理机制带来深远的影响。

2013 年，任琳在《世界经济与政治》第 10 期刊发《多维度权力与网络安全治理》一文，旨在阐述国际大国间博弈已经延伸到网络空间，权力的输出方式发生相应的变化，在此背景下，各国的战略安排、外交政策也相应做出调整，因此，网络空间的治理更需要大国协调。

2013 年，刘建伟在《世界经济与政治》第 12 期刊发《恐惧、权力与全球网络安全议题的兴起》一文，旨在阐述网络安全在近几年迅速成为一个全球热点议题，探讨全球网络安全议题的兴起动因和内在机制，说明大国之间的权力博弈推动和制约着全球网络安全议题的形成，只有用权力分析才有益于理解当前现实而复杂的国际网络安全现状。

2014 年，魏翔、刘悦在《现代电信科技》第 10 期刊发《全球网络安全战略态势及我国应对思考》一文，重点讨论新形势下美国、俄罗斯、欧盟、日本等国家和地区的网络安全战略，深入分析美西方国家在网络空间对我进行遏制的新手段，指出网络战略与国际政治斗争密切相关，提出中国网络安全战略面临的问题。

（二）国外方面

2003年6月，土屋大洋著的《网络政治——9·11以后的世界信息战略》一书，主要论述“9·11事件”后世界各国信息战略的变化。

2007年1月，土屋大洋著的《网络力量——信息时代的国际政治》一书，通过对比100年前英国对世界电信霸权的掌握和当前美国对网络霸权的掌握，说明国际政治中的世界霸权本质并没有变化该书提出，在当前信息时代，中国、印度都加入网络霸权的争夺，国际关系已经网络化，网络安全建设在国际政治中的地位越来越重要，在此情况下，作者建议日本要保持在网络方面的技术优势，掌握网络规则制定权，加强网络力量建设，努力构建有利于日本的网络国际秩序。

2007年11月，原田泉和山内康英合著的《网络战争：网络空间的国际秩序》一书，论述了在网络国际秩序塑造的时代，围绕网络主导权很可能发生网络战争，其中也必然涉及中日关系，这就需要网络治理，世界各国要以确保国际秩序为前提制定相关网络规则和法律。

2011年2月，土屋大洋著的《网络霸权》一书，论述了21世纪中美两国因领土霸权和网络霸权的对立争夺而改变世界霸权体系，国际政治格局发生改变。

2012年2月，西本逸郎著的《真实的网络战》一书，通过分析已经发生过的网络空间重大事件说明网络空间已经覆盖和影响着全世界，网络空间存在的潜在威胁越来越大，网络战争随时会被触发，这会严重影响日本的未来，日本对此要积极应对。

2012年3月，土屋大洋在《中央公论》杂志2013年3月号刊发《未来战争从网络攻击开始》一文，旨在阐述网络空间在未来国际关系中的作用地位，网络战成为未来国家间战争的重要表现形式。

2015年4月，土屋大洋著的《网络安全与国际政治》一书，主要论述了网络安全与隐私保护的困境、斯诺登事件影响、欧美情报机构与网络安全、全球公域（グローバル・コモンズ，global commons）和重要基础设施的保护、网络安全与国际政治、网络安全与情报，旨在说明网络空间安全建设与国际政治格局变化已互为重要变量。

2015年5月，盐原俊彦在日本《境界研究》杂志2013年第5期刊发《网络空间和国家主权》一文，以核与国家关系的框架论述了网络空间和国家主权的关系。

2016年2月，土屋大洋在日本笹川和平财团网站发表《日美网络安全合作的课题》[1] 一文，旨在阐述日本网络安全合作的法律基础、合作内容、合作机制等。

三、网络安全核心概念和制度规则研究现状

（一）国内方面

2010年，英国安德鲁·查德威克（Andrew Chadwick）著、任孟译的《互联网政治学：国家、公民与新传播技术》一书，提出互联网已经改变了世界媒体对舆论的控制和影响，进而改变了世界政治的文化形态，网络帝国主义和网络文化霸权已经出现，在世界全球化和网络化不断加深的情况下，“网络外交”将替代传统的“炮舰外交”，国家的意志将更加优先网络来表达，欧美国家以及日本都纷纷加入这一行列，网络空间的传播竞争日趋激烈。

---

① 土屋大洋：『日米サイバーセキュリティ協力の課題』，https://www.spf.org/topics/WG1_report_Tsuchiya.pdf（上网时间：2016年4月16日）。

2013年，王军在《世界经济与政治》第3期刊发《观念政治视野下的网络空间国家安全》一文，旨在阐述网络安全与网络空间国家安全的属性，在文中引入西方学界所提出的“观念政治”概念，分析观念政治与网络空间国家安全对接的框架与议题。

2010年，东鸟著的《中国输不起的网络战争》一书，对“网络战争”进行了系统阐述。书中提出，当前世界已进入网络空间的权力与较量时代，“制网权”越来越受到重视，谁控制网络空间谁就控制现实世界，网络权力作为一个新概念是未来世界最强大的控制力，网络武器的威力堪比核武器；美国在网络空间具有无可替代的领导地位，但这种地位正在受到日益强烈的挑战，国家间的网络较量越来越激烈，爆发网络战争的风险不断增大，网络恐怖主义渐成气候；在此情况下，美国的网络战略从被动防御转为主动进攻，日本也紧随其后加大网络战争准备，其网络瘫痪战明为防卫，实则暗藏杀机。

2012年，程群在《现代国际关系》第2期刊发《网络军备控制的困境与出路》一文，旨在阐述网络军事化已成为不争的事实，网络军备竞赛愈演愈烈，严重威胁国际安全与稳定。为此，要确立国家网络行为规范，改变国际网络治理现状，促进国际网络空间治理。

2014年，鲁传颖在《国际关系研究》第1期刊发《主权概念的演进及其在网络时代面临的挑战》，旨在阐述网络时代国家主权遭遇更加激进的侵蚀，面临结构性和制度性挑战。

2014年，张赫在《法制与社会》第14期刊发《浅议网络战争与〈联合国宪章〉的第2（4）条适用问题》一文，尝试从剖析网络战争的特点以及从立法者对禁止使用武力原则立法本意的揣度，比较中西学者观点，推出网络战争可以适用于《联合国宪章》第2（4）条，并且危害结果大的时候受难方可以使用第51条的自卫权来保护自身。

2014年，任琳在《世界经济与政治》第11期刊发《网络空间战略互动与决策逻辑》一文，旨在阐述网络空间具备特殊的组成方式和行为逻辑，网络空间呈现战略不稳定性，为在网络空间避免误判，导致网络战争，国家必须提高网络空间的决策能力。因此，研究分析网络战略互动、决策逻辑具有重大理论和现实意义。

2014年，董青岭在《世界经济与政治》第11期刊发《多元主义与网络安全治理》一文，旨在阐述以多元合作主义解决网络安全问题。

2015年12月，沈逸著的《网络安全与网络秩序》一书，分别从数据主权的内涵与全球网络空间治理结构的调整、全球网络空间治理现状及其面临的主要威胁与挑战、金砖国家在全球网络空间治理中的战略协作与政策协调、数据主权与中国国际网络空间战略的构建等四个视角入手，展开分析和论述，努力探究顺应技术进步与时代发展需求的国家战略与政策，为构建更加公正、公平、科学、合理的全球网络空间秩序贡献力量。

（二）国外方面

2013年，土屋大洋在日本国际问题研究所网站发表《网络空间的治理》一文，旨在阐述日本面临严峻的网络安全形势，为此要进行网络空间的治理，从而保卫网络自由、世界公域和基础设施等。①

2013年，土屋大洋在日本KDDI研究所《Nextcom》杂志2013第14期刊发《网络安全的全球治理——国际规则的探索》一文，旨在阐述网络空间国际规则建立的方向和路径。

---

① 土屋大洋：『サイバースペースのガバナンス』，平成25年，http://www2.jiia.or.jp/pdf/research_pj/h25rpj06/130819_tsuchiya_report.pdf（上网时间：2016年4月10日）。

2015 年 3 月，原田有在防卫研究所网站发布《制网权之争》一文。[①]

第三节 研究方法和创新点

一、研究方法

1. 历史研究法

历史研究法是运用历史资料，按照历史发展的顺序对过去事件进行研究的方法，亦称纵向研究法，是比较研究法的一种形式，如本书第一章“日本网络安全战略的演进和网络安全观”就是运用此种研究方法。

2. 比较研究法

比较研究法可以理解为是根据一定的标准，对两个或两个以上有联系的事物进行考察，寻找其异同，探求普遍规律与特殊规律的方法，如本书对日本不同时期网络安全战略的对比分析就是运用此种研究方法。

3. 系统研究法

系统科学创立于 20 世纪 40 年代，在国际政治领域，莫顿·卡普兰（Morton A. Kaplan）创立国际政治系统理论，肯尼斯·沃尔兹（Kenneth Waltz）创立结构现实主义国际关系理论，进而将系统研究在国际政治领域发扬光大。本书借鉴两位学者的系统分析方法，在分析层次上将国际网络安全环境视为系统，将追逐自身网络安全利益的民族国家视为单元，通过研究单元与系统的互

① 原田有：『サイバー空間のガバナンスをめぐる論争』，NIDS コメンタリー第 43 号，2015 年 3 月 20 日，http://www.nids.go.jp/publication/commentary/pdf/commentary043.pdf（上网时间：2016 年 4 月 10 日）。

动关系，分析并找出这种互动关系对一个国家制定实施网络安全战略的影响，如本书第二章对日本网络安全战略动因的研究就是运用此种研究方法。

4. 文献研究法

文献研究法是根据一定的研究目的或课题，通过调查文献来获得资料，从而全面、正确地了解掌握所要研究问题的一种方法。文献研究法被广泛用于各种学科研究中。其作用有：一是能了解有关问题的历史和现状，帮助确定研究课题；二是能形成关于研究对象的一般印象，有助于观察和访问；三是能得到现实资料的比较资料；四是有助于了解事物的全貌。如本书对日本网络安全战略相关法律政策的解读就是运用此种研究方法。

5. 定性研究法

定性分析法是对研究对象进行“质”的分析。具体来说，就是运用归纳与演绎、分析与综合、抽象与概括等方法，对获得的各种材料进行思维加工，去粗取精、去伪存真、由此及彼、由表及里，达到认识事物本质、揭示内在规律的目的。如本书对日本信息安全、网络安全和网络空间整体安全的定义就是运用此种研究方法。

6. 经验总结法

经验总结法是通过对实践活动中的具体情况进行归纳与分析，使之系统化、理论化，进而上升为经验的一种方法。如本书对日本网络安全战略相关数据的归纳与分析就是运用此种研究方法。

二、创新点

1. 通过较为全面的资料查询、搜索，截至2017年4月15

日，尚未发现国内外同题著作、博士论文，以及较系统、全面、深刻地研究日本网络安全战略的相关学术成果出版或发表，因此本书在选题上具有创新性。特别是通过历史演进，将日本信息安全和网络安全的概念进行区分界定，创新性地全面梳理日本网络安全战略的演进，确立日本网络安全战略的历史方位，明确划分日本网络安全战略的历史阶段，提出日本网络安全观。

2. 本书从日本网络安全战略与美国网络安全战略的内在联系、日本网络安全战略与国家安全战略的关系等视角来认识、论述21世纪日本网络安全战略，认为日本网络安全建设对国际关系和国际格局具有重要意义。这既是对二战后日本发展基本规律的遵循，也是日本网络安全建设研究论述的新视角。

3. 以“网络威慑”视角看日本网络安全战略，更深刻地揭示21世纪日本网络安全建设的隐含本质，是对日本网络安全建设研究论述的新视角。

4. 在论述21世纪日本网络安全建设的同时，从中日关系出发，充分重视网络安全在国际关系、特别是中日关系中的重要作用，为战略性地处理好中日涉网关系，在网络空间占据有利位置、掌握主动提出建议和对策。

5. 本书注重对日本网络安全建设的溯源、跟踪和实时研究，特别突出前瞻性研究、预警性研究、战略性研究，特别是发现了日本网络安全战略以军民融合为基础的“人＋人工智能＝强大网络安全”的新模式和重要走向。

6. 面临的挑战主要有：网络安全新技术、新应用、新概念的学习和掌握；美国网络战略的研究和跟踪；日本网络安全建设未来走向的不确定性；国外资料和数据的查阅和获得。

第四节　本书篇章结构安排

本书由绪论、正文、结论三个部分组成。

绪论部分主要介绍本书的选题背景、理论与现实意义，通过对中日相关研究的梳理对比，提出目前研究存在的不足和空白点，阐述本书的研究方法、研究思路、创新点和架构安排等。

正文部分共分四章。

第一章是“日本网络安全战略演进和网络安全观”，重点是确定日本网络安全战略所处的历史方位，明确日本对网络空间的认知及其网络安全观的内涵，理清日本网络安全战略的发展过程。

第二章是“日本网络安全战略演进动因与战略目标”，重点是从体制内和体制外两个维度分析日本网络安全战略演进的推动力量，探究日本网络安全战略的目标。

第三章是“日本网络安全战略的实施”。战略的实施是战略研究的重点与核心，可能呈现战略的全貌。本章重点从自上而下开展顶层设计、突出重点领域能力建设、注重战略实施整体保障三个方面对日本网络安全战略的实施进行论述。

第四章是“日本网络安全战略的走向、面临挑战和影响”。网络安全战略因各国利益需求不同而呈现不同走向，也因网络安全具有的发展性和不确定性面临诸多挑战，并带来影响。本书从战略进攻与防守的属性、战略成本与收益的对比等视角，分析日本网络安全战略的走向、面临挑战和影响。

结论部分的重点是对全书进行总结和归纳，提出对策性建议。

第一章

日本网络安全战略演进和网络安全观

网络安全战略是日本综合一国之力、以实现网络安全为目标而制定的国家总方略。日本根据不同时期所面临的国内外情况，对其网络安全战略不断进行相应调整，综合运用政治、军事、经济、科技、文化等国家力量，统筹指导本国网络安全建设，以维护国家利益。到目前为止，日本网络安全战略发展的历史方位经历了从信息安全到网络安全的变化，网络安全观的内涵不断被充实丰富，网络安全战略也经历了起步、形成、升级三个阶段的演变。

第一节　日本从信息安全到网络安全的历史方位变迁

网络安全是从信息安全发展而来的。人类发明了计算机，计算机带来现代信息通信技术的兴起，现代通信技术创造出互联网，产生计算机和互联网的信息安全。互联网最初只是用作通信网络，但随着互联网的普及和信息技术的发展，现在的互联网已经创建了一个新的领域——网络空间。在高速连接的时代，网络空间不仅引发了以网络数据的保密性、完整性和可用性为目标的新型犯罪，也加剧了诸如人口贩卖、毒品交易等传统的跨国犯罪，计算机和互联网领域的信息安全发展成为网络安全（参见图1—1）。

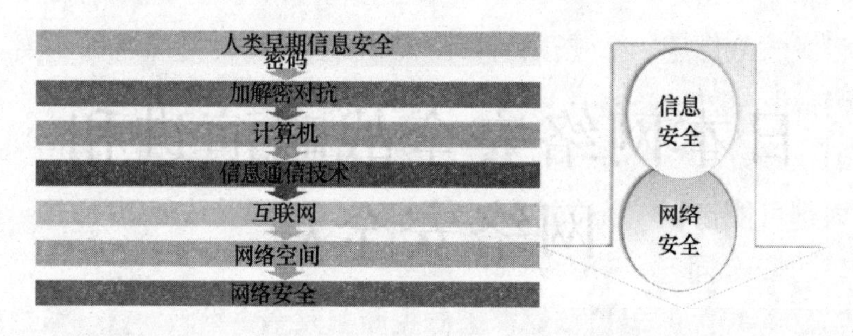

图1—1

信息技术和互联网的发明者和推广者都不是日本，而且，技术的发明有一个被认可和被接受的过程，技术的应用也有一个被验证和被普及的过程。因此，日本对网络安全的认知表现出被动与接受的追随状态，随着全球信息安全和网络安全的发展，完成了从信息安全到网络安全这样一个概念衍生、确立、混用直到剥离的历史方位变迁过程。

一、二战结束前以密码技术为代表的信息安全

早在信息通信技术兴起之前，类似“信息安全”的理念就已经出现在人类历史上。早在公元前，人类已经使用加密作为确保信息安全的重要手段。例如，公元前5世纪希腊已使用“斯巴达密码”，公元前1世纪罗马也使用了“凯撒密码”[①]。自此，加密

① 凯撒密码是罗马帝国凯撒大帝（Caesar）创造的一种信息加密方法。凯撒大帝曾在《高卢战记》一书中写了他把密信送给敌人围困的西塞罗，但没有具体说明信息加密的方法。公元2世纪，苏托尼厄斯在其专著《凯撒传》中详细介绍了凯撒加密的方法。

作为一种技术，数千年来一直被使用并不断发展，形成了早期的信息安全。

信息加密是信息安全的核心技术。从第一次世界大战到第二次世界大战结束，信息通信技术得到极大发展，特别是19世纪末开发的无线通信技术被快速普及，并被用于外交和军事领域。无线通信系统是一个开放的系统，在信息的处理、传输过程中，任何人都可能接收或获取。在战争中，获取对手的信息和保护己方信息的安全同样重要，直接影响着战场态势。为了保护信息安全，使之不被窃取、篡改或破坏，信息对维护国家安全的重要性不断提高，必须对之进行加密，信息加密技术由此变得不可或缺。1925年，德国科学家亚瑟·谢尔比乌斯（Arthur Scherbius）发明的“恩尼格玛”（Enigma）自动密码机开始批量装备德军，使信息通信技术的加解密从手动进入到自动时代。其实，早在1923年国际邮政协会大会上，“恩尼格玛”密码机就已公开亮相，但购者寥寥。直到1923年英国政府公布第一次世界大战的官方报告，谈到第一次世界大战期间英国通过破译德国无线电密码取得决定性优势，引起德国的高度重视。德国意识到信息安全的重要性，随即开始大力加强无线电通信安全工作。在对“恩尼格玛”密码机进行严格的安全性和可靠性试验后，德国认为德军必须装备这种密码机，并于1925年开始批量生产，1926年德国海军开始正式列装，两年后德国陆军也开始列装。

解密与加密相伴相生。加密技术的发展，使得从密文到明文的解密变得更复杂更困难，大大超出人类自身能力，只能应用新技术和新设备，开发新解密装置。二战期间，以英国为首的同盟国一方，为破译德国的“恩尼格玛”密码机，在计算机科学之父——阿兰·麦席森·图灵（Alan Mathison Turing）带领下，发明了名为“巨人”（Colossus）的可编程电子计算设备，并成功破译了德国的加密信息。

这个加密与解密的过程，是人类历史上首次现代信息通信技术的对抗，开启了计算机实用化时代的大幕，在信息安全和网络安全史上都具有重大意义，人类由此开始进入到以信息技术为载体的信息安全时代。

在此期间，日本也开始加强信息技术建设，只是建设的重点是将信息加密引入其军事和外交系统中。从1934年开始，日本首先由海军引入现代密码体系，并快速扩展至整个军事及外交系统，形成了国家级密码体制，这套密码体制被美国人称为“紫密”。此后，为适应战争的需要，日本又推出了“海军D级密码”，这套密码由4.5万个五位数码组构成，日本为确保密码不被破译，又为该套密码配套了5万组五位乱编数码组，在密码通信时进行二次加密，这套密码被美国命名为“JN—25”系列密码。在整个太平洋战争期间，美国和日本围绕密码破译与反破译进行了激烈对抗，虽然日本对其密码进行了12次升级，但密码最终仍被美国破译，成为日本在太平洋战争中失败的重要原因。

1945年日本战败，在国际国内和平主义思潮和主流民意、美国对日政策等因素的影响和制约下，日本接受了美国为其制定的《日本国宪法》(1947年)，放弃以国权发动的战争、武力威胁或武力行使作为解决国际争端的手段，放弃了二战结束前的“军事立国”国家战略，其以密码技术为代表的信息技术发展势头也被彻底打断。

二、二战结束至20世纪末的信息安全和网络安全

从第二次世界大战结束至20世纪末，随着以计算机为首的信息通信技术发展，单纯的通信保密、信号安全，发展到计算机安全、信息安全、网络安全。信息安全也从信息产生、制作、传播、搜集、处理等过程的安全，发展到信息传输、信息存储的安

全以及网络传输信息内容安全等方面，并进一步发展到网络安全。

从第二次世界大战结束直至20世纪50年代，计算机和信息通信技术逐步从军用转向民用，且应用领域不断扩展。1951年世界第一台商用计算机UNIVAC—I上市，之后IBM公司先后推出了IBM701、IBM605系列电子管商用计算机。日本紧跟世界形势，从证券和银行领域率先启动信息化工作。东京证券交易所和野村证券在1955年引进日本第一台商用计算机——UNIVAC—120型计算机。[①] 1959年，日本三和银行（现三菱东京UFJ银行）引入日本银行界第一台计算机——IBM650。与此同时，作为信息化的一个重要组成部分，日本开始将信息安全提上政府工作日程。1957年，日本发布第一部关于信息化的政策法规《电子工业振兴临时措施法》（1957年第171号法律），明确提到要确保工业信息安全。

20世纪60年代，美苏冷战加剧，美国一心想在技术上取得领先，以保持对苏联的优势，拉开了现代计算机和通信技术飞速发展的序幕。20世纪60年代初期，美国为首的西方国家停止生产电子管计算机，开始大量生产第二代计算机——晶体管计算机。到了20世纪60年代中期，这些国家又开始转入大量生产第三代计算机——集成电路计算机。进入20世纪70年代，微型计算机和在线系统同时兴起。1971年，世界上第一款商用计算机处理器英特尔4004诞生；1977年，苹果公司推出首台个人计算机"苹果2"，之后美国无线电器材公司（Radio Shack）和康懋达电脑公司（Commodore Computer）相继推出了TRS—80、PET—2001两款个人计算机；计算机办公、文字处理、电子表格等办公自动

① UNISYS：『日本ユニシスグループの歴史』，http：//www.unisys.co.jp/com/history.html（上网时间：2016年11月21日）。

化快速发展，出现了把分散在不同办公室的计算机系统连接起来的计算机局部网络，实现局部网络内的文本数字化和资源共享。20世纪60—70年代，信息通信技术的快速发展，一是提升了对加密技术的需求，推动了加密技术的发展。1976年出现了世界上第一篇公钥加密算法论文，1977年发明了现在仍广泛应用的“RSA”公钥加密系统。1977年，美国国家标准局（NBS，现为美国国家标准技术研究所）确定IBM公司发明的DES（Data Encryption Standard）算法为美国数据加密标准。二是促使企业在引入信息系统过程中，愈加重视信息系统的安全性，从20世纪60年代后半期到70年代，“监管信息系统”的理念得到普及。

在这期间，日本选择了以“重经济、轻军备”为核心的吉田路线，经济迅速恢复并实现高速增长，以日本国有铁道部门引进在线座位预约服务系统、三井银行（现三井住友银行）引进银行在线系统为开端，在线系统迅速在日本推广，促成日本企业大量引进和应用计算机，包括引进美国大企业用的计算机分析经济情报系统。为了确保在线系统安全，维护企业自身利益，日本企业积极推动日本电子信息开发协会（现发展为JIPDEC）等民间行业组织与通产省（现为经济产业省）等相关政府部门采取措施，规范信息系统监管。1966年，日本电子信息开发协会向国家税务局提交《关于与电子计算机应用改善相关的税务调查处理凭证的请示》，旨在安全保存使用相关税务数据。20世纪70年代，日本成立了信息处理振兴事业协会（现发展为信息处理推进机构，IPA）。1975年，日本电子信息开发协会设立了信息系统监控委员会。

20世纪80年代，个人计算机和网络开始普及。日本电气公司（NEC）从1982年开始销售个人计算机“PC—9801”。1982年美国国防部制定“TCP/IP”标准通信协议。1984年日本引入此标准构建网络，1985年日本首次构建了“ASCII网”，用于商业计算机通信。家庭信息设备的普及也在20世纪80年代取得进展，1982年光盘（CD）播放器开始销售，1983年任天堂家庭计算机开始销售。

计算机和网络的普及应用，带来了新的安全问题——计算机病毒出现，并通过网络使相当数量的计算机被感染。首例计算机病毒出现于20世纪80年代，1982年“苹果2”型计算机感染“克隆”（Cloner）病毒，1986年IBM计算机感染“脑髓”（Brain）病毒。1988年，第一个通过互联网传播感染的病毒——“莫里斯蠕虫”（Morris Worm）——感染了数千台计算机。此事件使美国成立了世界上首个“计算机安全事件应对组”（Computer Security Incident Response Team，CSIRT）作为计算机应急响应团队和协调中心。日本在这期间也发生了一系列计算机犯罪案件。为此，日本不断推进信息系统的可靠性。1980年，日本电子信息开发协会发布《信息系统监控基准（试行）》，1985年通产省制定《信息系统监查基准》，这是日本第一次以政府名义出台与信息安全相关的政策。1984年，日本成立金融业信息系统中心（FISC），该中心在1985年制定了《金融界计算机系统安全措施标准》，1987年制定了《金融界信息系统监管准则》。至此，日本信息安全的概念进一步拓展，从信息加密、信息系统监管，增扩至计算机安全。但此期间信息安全涉及领域相对狭窄，主要集中在商业和金融计算机及其信息系统上。

20世纪90年代，互联网和电子商务得到普及。1990年，欧洲核研究组织（CERN）的蒂姆·伯纳斯—李（Tim Berners-Lee）开发出“万维网”（World Wide Web，WWW）服务器和浏览器。1991年，Linux操作系统的诞生成为软件开放源代码的催化剂，开源软件由此兴起。1993年，伊利诺伊大学国家超级计算应用中心（NCSA）的马克·安德森（Mark Andreisen）等人开发并发布可处理图像的“Mosaic”浏览器，成为点燃互联网热潮的火种。1994年，雅虎网（Yahoo）正式运行、网景（Netscape）浏览器发布，1995年，“视窗95”桌面操作系统发布、美国亚马逊开始提供服务，正式拉开了现代互联网大潮。

20世纪90年代互联网和电子商务得以迅速普及的一个重要原因就在于冷战结束对美国加密技术政策的变化带来了巨大影响。美国的加密技术历来都由军队或政府严格管理，被严格限定在一定范围内使用。冷战结束后民间要求开放加密技术的呼声越来越高，美国密码学家丹尼尔·伯恩斯坦（Daniels Bernstein）获得非营利性国际法律组织电子前沿基金会（Electronic Frontier Foundation，EFF）的支持，针对政府提出诉讼，称政府限制加密技术违宪。1996年联邦法院判其胜诉，美国政府因而放宽对加密技术的出口限制，美国的加密技术政策自此开始转向自由化。加密技术法规的放松导致互联网和电子商务安全性得以提高和普及，1995年至2000年间，信息技术方兴未艾、信息技术公司如雨后春笋，美国经济蓬勃发展，被称为新经济时代。

互联网和电子商务迅速普及的结果就是，网络非法事件不断发生。以美国为例，虽然1995年美国逮捕了号称“最强黑客”的凯文·米特尼克（Kevin Mitnick），但仍不能阻止大规模网络非法事件的发生，最严重的一次是1999年美国白宫、国会、联邦调查局的网站相继遭DoS（Denial of Service）攻击而瘫痪。这一现实情况对信息安全提出了新的更高要求，信息安全的概念再次扩展，增扩至信息技术领域，集中在关键性基础设施的安全上。1994年2月28日，美国联合安全委员会出台的《重新定义安全》报告对信息安全做出如下定义：“信息系统的安全是新领域，即指保护在计算机和网络上创建、处理、存储和交换的涉密和非涉密信息的机密性、完整性和可用性。”[①] 1998年，美国又颁布了

---

① Joint Security Commission，“Chapter 8，Information systems Security”，in *Redefining Security：A Report to the Secretary of Defense and the Director of Central Intelligence*，February 28，1994，http：//www.fas.org/sgp/library/jsc/chap8.html（上网时间：2016年11月3日）。

《关于保护关键基础设施的第63号总统决定指令》（PDD 63），突出强调对关键基础设施的保护。

日本在这一时期的信息技术与互联网、电子商务也得到迅猛发展。1993年，日本邮政省（现并入总务省）正式许可互联网商用，日本第一家网络服务商“主动网络”开始运营。1996年日本成立“电子商务推进协议会”，电子商务开始在日本兴起。1997年日本住友银行（现三井住友银行）首次在日本推出网银服务。1998年日本推出了无线上网标准IEEE802.11。1999年日本NTT公司开始推出移动上网服务。在此期间，日本网民呈现爆炸式增长，至1997年末，日本网民突破1000万，并在之后五年里连续以年均千万人递增。[①]

上述发展给日本带来了信息安全问题，主要反映在个人信息方面，最典型的例子就是1999年发生了首次地区性大规模个人信息泄露事件，京都府宇治市约21万人的住户信息被泄露。另据日本信息处理振兴事业协会的统计，日本全国受理的计算机病毒报告1999年为3645件，2001年就增至24261件，较1999年增加了5.7倍。[②]

这些信息安全问题虽然引起了日本政府的重视，但并不是日本一开始就把信息安全提上政府工作日程的关键因素，因为根据日本政府的统计，这一时期计算机病毒并没有引起企业足够的重视，在发现计算机病毒后，78.8%的大企业和88.9%的中小企业没有及时向计算机紧急对策中心等部门报告。企业之所以不报告，主要是因为“没有受到多大的影响”“自己可以处理”“报告

① 総務省：『平成20年「通信利用動向調査」の結果』，平成21年4月7日，http：//www.soumu.go.jp/johotsusintokei/statistics/data/090407_1.pdf（上网时间：2016年11月1日）。

② 廖明怡：《日本的计算机病毒与信息安全对策》，《计算机安全》2004年第4期，第72页。

也解决不了问题”“麻烦”“影响公司形象”等。[1]引起日本政府重视的核心原因，是因为计算机产业是日本政府重点扶持的主导产业，促进计算机产业发展的关键是信息处理和通信技术、软件系统的优势。因此，进入20世纪90年代，日本政府将以10年1000亿日元的巨额投入，组织日本6家最大计算机公司和48名一流技术专家开发新一代电子计算机技术。[2]同时，日本政府加紧与推进信息安全技术相关的体制机制建设，推动日本迈向高度信息通信社会，并与国际社会接轨。1994年，日本成立了以首相为首的“高度信息通信社会推进本部”，但没有在该本部下设立信息安全或网络安全的专门机构。1995年，高度信息通信社会推进本部发布了《面向高度信息通信社会基本方针》，该方针分为基本构想、面临课题及措施、国际贡献等3大项共18条，在第2大项“面临课题及措施”第5条“安全措施和隐私保护”中首次提及现代网络安全意义范围内的信息安全问题，指出：“在高度信息通信社会，震灾会使信息系统瘫痪，对国民生活产生重大影响。除此之外，个人信息很可能在本人不知道的情况下被搜集存留，或是被恶意用于本人难以想象的目的。因此，信息系统的安全措施和个人信息保护十分重要。特别是，近年来随着计算机小型化和信息技术快速发展，快速发展的互联网出现开放性计算机网络，安全措施和隐私保护的重要性进一步提高，为此需采取如下措施：（1）修订各种安全方针并与国际接轨；（2）推进完善信息系统救援中心建设；（3）为进一步规范个人信息管理，研究以前获取个人信息的有关方针的内容、应对对象、个人信息保护水

---

① 廖明怡：《日本的计算机病毒与信息安全对策》，《计算机安全》2004年第4期，第72页。

② 陈滩：《日本实行扶持电子计算机工业的产业政策》，《财经问题研究》1990年第5期，第27页。

平与国际接轨等事项。”① 虽然该方针提到了信息安全，但全文14471字中涉及信息安全的部分仅有509个字，而且既没有成立相应的信息安全机构，也没有形成政府主导的综合战略，而是将信息安全责任都交给各相关部门或企业等机构，只正式提出要制定个人信息保护法，可见信息安全并未被重视，只是被看成日本信息化的一小部分予以推进。以此为基础，日本警察厅于1997年制定了《信息安全系统安全措施指导方针》。1999年，日本发布《个人信息保护体系实施指南》（JIS Q 15001：1999）。同年，日本信息处理开发协会（现计算机体系结构信息经济社会推进协会）开启了隐私标记系统。

在20世纪90年代这个阶段，实质上是信息安全和网络安全混用的阶段，网络安全概念虽然产生，但由于信息化程度的限制，并没有真正从信息安全概念中剥离出来。一方面，包括美国在内的世界各国学界对网络安全尚无清晰界定和明确区分。中国学者俞晓秋曾与美国学界专门就此问题进行过交流，俞晓秋谈到，“英文有information security和cyber security两种表述。我曾就这两种表述的区别请教过美国战略与国际研究中心的信息安全专家，他们的解释是：前者是一个含义较广的词，它包括网络和知识产权与数据两个内容的安全；后者更适用于网络安全，含义比较狭窄。在美国，多数人把二者视为同义词”。② 另一方面，由于网络安全的概念还在萌芽，被认为从属于信息安全，“网络安全是信息安全的一个重要组成部分。信息安全概念有狭义和广义两种理解。狭义理解主要指信息

① 首相官邸：『高度情報通信社会に向けた基本方針』，平成7年2月21日，http：//www.kantei.go.jp/jp/it/990422ho－7.html（上网时间：2016年11月18日）。

② 俞晓秋、张力、唐岚、张晓慧、张欣、李艳：《国家信息安全综论》，《现代国际关系》2005年第4期，第42页。

技术领域的安全，包括网络安全”。[①]

三、21世纪的网络安全

进入21世纪，以美国为首的西方各国通过明确并完善网络安全定义，出台修订网络安全战略或政策，逐步将网络安全从信息安全中剥离出来，重新进行历史定位。

1999年的科索沃战争中，发生了人类历史上第一次真正意义的网络战。这场网络战其实是一场大规模的网络攻防战。战争中，南联盟使用多种计算机病毒和组织“黑客”（其中既包括南联盟的网络高手，也包括世界各地的反战网络专家），通过向北约相关网站发送数以百万计的电子邮件，使北约军队的一些网站服务器不堪重负，被垃圾信息严重阻塞，计算机网络通信系统瘫痪。北约在强化网络防护措施的同时，也将大量病毒和欺骗性信息输入南联盟计算机网络和通信系统，进行网络攻击。这场没有硝烟的网络战争，既证明了网络已经成为新的战场，也让战争双方和世界清楚认识到，在网络安全上，双方各有短长，都未占到上风。世界各国开始深刻反思计算机网络的安全问题。尤其是美国，不仅参加了北约对南联盟的网络攻击，也因此招来了全球范围内计算机黑客的攻击，白宫网站遭到破坏、无法工作，主页上的美国国旗被换成了骷髅旗，美国驻华大使馆网页被贴上了“打击野蛮人”字样，美国“尼米兹”号核动力航母的指挥控制系统也被黑客入侵，通信失灵长达数小时。在深刻反思后，美国1999年12月发布《新世纪国家安全战略》，首次在国家安全战略中正式运用“网络安全”概念，这也成为世界各国将网络安全概念从

① 俞晓秋：《全球信息网络安全动向与特点》，《现代国际关系》2002年第2期，第23页。

信息安全概念中剥离的起点。

计算机与网络技术的发展为当代经济发展提供了强大的生产力基础，成为高技术产业的核心和先导，推动了互联网经济的快速发展。1999 年末亚马逊网站（Amazon）创始人杰弗里·贝索斯（Jeffrey Bezos）被选为时代杂志“年度人物”，2001 年 1 月 3 日雅虎网站（Yahoo）股价达到历史最高点 475 美元，美联储主席格林斯潘 2002 年 1 月在美国国会上特别强调“美国政府仍然认为信息技术产业是经济发展的引擎”，美国 2003 年信息技术产业产值占国内生产总值的 10% 以上。[①] 为寻找互联网经济的新增长点，人们开始将目光转向网络安全，网络的先行者美国，开始迈上网络安全建设之路，美国政府 2003 年度给网络与信息技术的研究开发拨款高达 19 亿美元，远远超过了克林顿政府 1999 年度的 8.6 亿美元，[②] 带动了世界网络安全建设大潮。计算机应用及电子商务、无纸贸易、电子数据交换等互联网经济的迅速发展，公共和私人网络的互联与信息资源的共享增加，使对访问控制的难度日益增大。网络安全决定着信息的安全性、完整性、可用性，也决定着组织正常运营和发展，需要建立系统化的管理体系来对网络安全进行管理。2000 年 12 月，国际标准化组织（ISO）制定发布了世界上第一个信息安全管理体系国际标准 ISO/IEC17799：2000，从商务连续性计划、系统访问控制、系统开发和维护、物理和环境安全、符合性、人员安全、组织安全、计算机和网络管理等十个方面，以信息安全管理体系标准对网络安全开展认证，并成为全球性网络及信息安全管理的趋势。

2001 年“9·11”恐怖袭击事件打破了美国“例外论”的神

---

① 何贤江、沙芦华：《网络信息技术及相关产业的新趋势：战争 & 经济》，《计算机工程》2003 年第 16 期，第 5 页。

② 何贤江、沙芦华：《网络信息技术及相关产业的新趋势：战争 & 经济》，《计算机工程》2003 年第 16 期，第 4 页。

话，也改变了美国政府对威胁来源的判断。小布什政府把恐怖主义活动列为对美国国家安全的威胁，把反恐作为美国国家安全战略的核心目标之一。由于大量恐怖分子频繁利用网络空间对美国网络关键基础设施发动攻击，对美国国家安全利益构成极大威胁。因此，小布什政府把网络反恐列为美国政府网络安全工作的核心任务之一，在其执政的八年里，先后出台了《第13231号总统令：信息时代的关键基础设施保护》（2001年）、《爱国者法案》（2001年）、《国土安全法案》（2002年）、《联邦信息安全管理法》（2002年）、《保护网络空间国家安全战略》（2003年）、《关于国土安全第7号总统令：关键基础设施标识、优先级和保护》（2003年）、《2006—2010年信息技术战略计划》（2004年）、《国家基础设施保护计划》（2006年）、《国家网络安全综合计划》（2008年）等一系列文件。这些文件不断加大美国对网络安全利益的护持力度，对信息安全和网络安全的区分也越来越清楚，如，《第13231号总统令：信息时代的关键基础设施保护》提出要加强网络反恐，完善网络重要基础设施保护系统；《联邦信息安全管理法》强调要加强信息安全措施；《保护网络空间国家安全战略》则已经明确使用“网络安全”概念而不是“信息安全”，确立了美国网络空间国家安全战略三大目标、六大指导原则和五大优先事项①，将对网络安全的认识提

① 《保护网络空间国家安全战略》确立的美国网络空间国家安全战略三大目标是：阻止针对美国关键基础设施的网络攻击、减少国家对网络攻击的脆弱性、确保网络攻击确实发生时的最小损害程度和最短恢复时间。六大指导原则是：全国动员、隐私和自由、调控与市场机制、责任与问责、确保灵活性、多年规划。五大优先事项是：建立国家网络空间安全响应系统、国家网络安全威胁和脆弱性削减计划、国家网络安全意识和培训计划、确保政府网络空间安全、国家安全与国际网络空间安全合作。参见：White House，“The National Strategy to Secure Cyberspace”，February 2003，http：//www.us-cert.gov/reading_room/cyberspace_strategy.pdf（上网时间：2017年2月11日）。

到了一个新高度。

到了奥巴马政府时期，奥巴马高调突出网络安全战略，于2009年2月宣布要将网络安全作为维护美国国家安全的首要任务。同年5月，美国发布了《国家网络安全评估报告》，指出网络空间威胁已经成为美国面临的最严重的经济和军事威胁之一。6月，美国正式宣布成立"网络战司令部"，成为世界上第一个建立网络战司令部的国家。8月，美国《国家情报战略》把维护网络安全与反情报工作一起，确定为情报部门未来四年的两大工作重点。2010年，美国发布《2010年国家安全战略》，明确提出，"需要安全、可信、强健有力的网络来防御对我们的安全、繁荣和个人隐私的威胁。因此，我国的数字基础设施是战略性国家资产，保护我国的数字基础设施、同时保护隐私和公民自由，是一项国家安全优先事项"①，继而宣布10月为美国"国家网络安全意识月"。

在这一时期，除了美国，其他国家也都纷纷将网络安全列为国家安全的重要威胁。如，2010年10月，英国政府公布了《国家安全战略》，明确规定网络战是英国今后面临的最严重威胁之一。之后，英国政府虽然削减了国防预算，却决定网络安全预算不降反升，额外增加6.5亿英镑。② 经合组织（OECD）、国际电信联盟（International Telecommunication Union）等国际组织也都致力于维护国际网络安全，努力推动对网络安全的历史定位。如，世界经合组织发布《经合组织信息系统和网络安全指南：建立安全文化》，号召所有网络参与者采取行动保护信息系统和网

① White House，"National Security Strategy 2010"，May 2010，http：//nssarchive. us/NSSR/2010. pdf（上网时间：2016年10月5日）。

② 《"网络战"发酵，英军投入额外6.5亿英镑用于保障国家网络安全》，http：//hodong. wistock. com.

络，并促进“安全文化”。[①] 国际电信联盟则将网络安全定义为“工具、政策、安全概念、安全保障、指导方针、风险管理方法、行动、训练、最好的实践、保障措施以及技术的集合，这一集合能够被用于保障网络环境，以及组织和用户的财产。组织和用户的财产包括相互连接的计算设备、个人计算机、基础设施、应用、服务器、通信系统以及所有在网络环境里存储或传输的信息的综合。网络安全旨在实现并维护组织和用户财产在网络空间的安全属性，反击网络环境中相关的安全风险。安全属性包括可用、可信度（包括真实性以及不可抵赖性）以及保密性”。[②] 这表明，在信息技术领域，从信息安全到网络安全的概念已在国家和国际层面被认识和接受，网络安全的概念已经彻底从信息安全的概念中剥离出来，网络安全所要保护的是以信息技术为基础设立的网络空间中的信息和网络基础设施的“双安全”。

日本也紧跟世界的这一发展大潮，逐步将网络安全从信息安全中剥离出来。1999 年 12 月 19 日，小渊惠三首相制定的《新世纪开发项目》中[③]，虽将信息化作为三大项目之首，但并未将信息安全或网络安全列为政府重点专项，只有一些零星的网络安全标准和规定。2000 年后，日本政府开始将信息安全提上日程。日本“高度信息通信社会推进本部”于 2000 年 2 月 29 日成立“推进信息安全措施委员会”，这是日本首个专门信息安全机构，该

① Organization for Economic Cooperation and Development，“OECD Guidelines for the Security of Information Systems and Networks：Towards a Culture of Security”，July 25，2002，http：//www. oecd. org/internet/ieconomy/15582260. pdf（上网时间：2016 年 12 月 5 日）。

② ITU，“Definition of cybersecurity”，http：//www. itu. int/en/ITU-T/studygroups/com17/pages/cybersecurity. aspx（上网时间：2016 年 10 月 3 日）。

③ 首相官邸：『ミレニアム・プロジェクト（新しい千年紀プロジェクト）について』，平成 11 年 12 月 19 日，http：//www. kantei. go. jp/jp/mille/991222millpro. pdf（上网时间：2016 年 11 月 3 日）。

机构从2000年至2005年共召开三次会议，推出《关键基础设施反网络恐怖措施特别行动计划》《信息安全措施自查表》《信息安全政策指针》。2001年1月，日本根据2000年11月通过的《高度信息通信网络社会形成基本法》（以下简称《信息技术（IT）基本法》），建立高度信息通信网络社会推进战略本部（以下简称IT战略本部），该本部在2001年3月设立信息安全专门调查会（成员全部由民间专家担任），共召开六次会议，先后推出了《网络反恐措施公私合作联络体制》《关于设立紧急措施支援组（NIRT）的决定》等文件。

2005年5月30日，IT战略本部设立信息安全政策委员会，这是日本将网络安全从信息安全概念中正式剥离的开始。该委员会先后推出两期《信息安全基本计划》，制定了《保护国民信息安全战略》和2013年版《网络安全战略》等文件。在《保护国民信息安全战略》中，日本首次对"网络空间"进行了定义，称"网络空间是以运用信息技术进行信息交换和互联网为基础的虚拟空间"[①]，并在文件中两处提到"网络安全"，一处是"最近，信息安全的风险越来越多样化、复杂化，传统的手段已经难以应对信息安全。进而，美国设立网络安全协调官来强化国家措施，其他国家也正在实施相应的信息安全战略"，另一处是"日美召开网络安全会谈"。日本在2013年版《网络安全战略》中将网络安全概念从信息安全概念中完全剥离出来，把"信息安全"的提法转变为"网络安全"，理由是"信息安全形势瞬息万变。在制定《保护国民信息安全战略》后的三年里，网络风险呈现出增大化、扩散化和全球化的特点。对国家和关键基础设施的网络攻击已经成为国家安全保障和危机管理的重大课题。现在，出台对国

① NISC:『国民を守る情報セキュリティ戦略』, 2010年5月11日, http://www.nisc.go.jp/active/kihon/pdf/senryaku.pdf（上网时间：2017年3月8日）。

家和关键基础设施的保护措施已经不可或缺”,[①] 并强调“本战略被命名为《网络安全战略》，就是要突出强调，相对之前为确保信息安全而采取的措施，现在必须要以更加明确的姿态、在更广阔的网络空间采取更多的措施。本战略因为对目前这种维度变化的认知，而面临更多的挑战。我们期望通过本战略的付诸实施，塑造‘全球领先强韧有活力的网络空间’，加速实现日本的‘网络安全立国’”。[②] 该战略还明确了在信息技术条件下的信息安全和网络安全的关系，“日本正在建设‘世界最先进的信息通信技术国家’。对于‘世界最先进的信息通信技术国家’来说，必须要实现‘安全的网络空间’。在瞬息万变的形势下构建安全的网络空间，是确保网络空间各利益攸关方信息安全的前提，也需要网络空间各利益攸关方的共同努力”。[③] 在此基础上进一步明确了网络空间的概念，“‘网络空间’是在信息系统和信息通信网络基础上，由多种多样网络流通信息所虚拟而成的全球空间。这个空间正在快速拓展，并渗透进现实空间。当前，网络空间已经成为人们日常生活、社会经济活动和政府活动所不可或缺的神经中枢，网络空间与现实空间正不断融合，向一体化发展”。[④]

2014 年11 月出台的《网络安全基本法》(2014 年法律第 104

① 『サイバーセキュリティ戦略——世界を率先する強靭で活力あるサイバー空間を目指して』，平成 25 年 6 月 10 日，http://www.nisc.go.jp/active/kihon/pdf/cyber-security-senryaku-set.pdf (上网时间：2016 年 11 月 19 日)。

② 『サイバーセキュリティ戦略——世界を率先する強靭で活力あるサイバー空間を目指して』，平成 25 年 6 月 10 日，http://www.nisc.go.jp/active/kihon/pdf/cyber-security-senryaku-set.pdf (上网时间：2016 年 11 月 19 日)。

③ 『サイバーセキュリティ戦略——世界を率先する強靭で活力あるサイバー空間を目指して』，平成 25 年 6 月 10 日，http://www.nisc.go.jp/active/kihon/pdf/cyber-security-senryaku-set.pdf (上网时间：2016 年 11 月 19 日)。

④ 『サイバーセキュリティ戦略—世界を率先する強靭で活力あるサイバー空間を目指して—』，平成 25 年 6 月 10 日，http://www.nisc.go.jp/active/kihon/pdf/cyber-security-senryaku-set.pdf (上网时间：2016 年 11 月 19 日)。

号）是日本进一步把网络安全从信息安全中剥离的重要文件。该基本法，一是实现信息安全与网络安全的概念分离，对信息安全和网络安全进行区分，明确提出了网络安全的概念，“网络安全是指采取必要措施，防范以电子方式、磁方式及其他不能被人感知的方式（以下统称为“电磁方式”）记录、发送、传输、接收到的信息发生泄露、丢失或损坏，对此类信息进行其他安全管理，确保信息系统及信息通信网络的安全性及可靠性（必要措施防范的对象，也包括经由信息通信网络，或利用电磁方式制作的用于记录的记录介质（以下称“电磁记录介质”），对电子计算机实施非法活动所造成的危害）等，且该状态得到合理维护管理。”① 二是将信息安全与网络安全的管理机构分离，成立了专门的网络管理机构。《网络安全基本法》附则第 4 条规定：在《网络安全基本法》实施后，要修改《信息技术（IT）基本法》，将 IT 战略本部的网络安全相关事权（《信息技术（IT）基本法》第 26 条规定）划归给网络安全战略本部。②

第二节 日本的网络安全观

网络安全战略的演进是以政治、经济、社会、军事等各个领域的网络安全观为基础的。网络安全观对网络安全战略起着引领作用，是网络安全战略的立足点和出发点。

---

① 総務省電子政府 e-Gov：『サイバーセキュリティ基本法』，平成二十六年十一月十二日，http：//law. e-gov. go. jp/htmldata/H26/H26HO104. html（上网时间：2016 年 9 月 20 日）。

② 総務省電子政府 e-Gov：『サイバーセキュリティ基本法』，平成二十六年十一月十二日年，http：//law. e-gov. go. jp/htmldata/H26/H26HO104. html（上网时间：2016 年 9 月 20 日）。

一、日本对网络空间的认知

网络安全观是对网络客观认知的思维反映，国家对网络空间有什么样的认知就会有什么样的网络安全观。日本的网络安全观有着鲜明的价值观取向，“通过网络空间，信息在全球传播，并以此为基础实现自由、公开的讨论，这是世界自由和民主社会的基础”。[①] 在此基础上，日本对网络空间的认知来自网络空间理论的理解和网络应用现实感受两个方面。

在网络空间相关理论方面，对网络空间的定义分为“包容型”和“排除型”两种，日本是“包容型”的支持者。

网络空间是人类通过想象虚拟出来的，网络空间一词在20世纪80年代的科幻小说中被首先使用，随着互联网的普及和发展而被广泛使用。至今，对网络空间的定义繁多。例如，美国政府的定义是，“网络空间是涉及现代社会方方面面的全球范围内互联互通的数字信息及通信基础设施。”[②] 英国政府的定义是，“网络空间是所有形式的网络数字活动形态，包含通过数字网络进行的操作和内容。”[③] 加拿大政府的定义是，“网络空间是一个互连的信息技术网络和由该网络上的信息构成的电子世界。”[④] 通过对各

---

① 『サイバーセキュリティ戦略について』，平成27年9月4日，http://www.nisc.go.jp/active/kihon/pdf/cs-senryaku-kakugikettei.pdf（上网时间：2016年2月9日）。

② White House, *Cyberspace Policy Review: Assuring a Trusted and Resilient Information and Communications Infrastructure*, Washington D.C.: US Government Printing Office, 2009, p. iii.

③ Cabinet Office, *Cyber Security Strategy of the United Kingdom: Safety Security and Resilience in Cyber Space*, Norwich: The Stationary Office, 2009, p. 7.

④ Public Safety Canada, *Canada's Cyber Security Strategy: For a Stronger and More Prospective Canada*, Ottawa: Government of Canada Publications, 2010, p. 2.

国网络空间概念的梳理，大卫·贝茨（David J. Betz）和蒂姆·斯蒂文斯（Tim C. Stevens）在《网络空间和国家：实现网络权力的战略》一书中，根据是否包含网络基础设施将网络空间的概念大致分为两个类型：一类是“包容型”，即网络空间包含网络基础设施；另一类是“排除型”，即网络空间不包含网络基础设施。[①]

包容型与排除型对网络基础设施所属关系的界定，关系到网络空间的边界如何设定、如何在网络空间行使主权，是网络管理权和控制权的归属问题。“排除型”主张网络空间应被承认为国际政治体系中的一个主权实体。[②] 排除型的典型代表是全球著名黑客约翰·佩里·巴洛（John Perry Barlow）在1996年公开发表的《网络空间独立宣言》(A Declaration of the Independence of Cyberspace)，称网络空间是没有主权的心灵新家园。[③] 同年，曾任非营利性国际法律组织“电子前沿基金会”（EFF）主席的大卫·约翰逊（David R. Johnson）与戴维·波斯特（David Post）也共同发表《法律的边界：网络空间法律的兴起》一文，主张，“因为网络信息的转移和速度几乎独立于物理位置，因而网络空间没有基于领土的边界”。[④] 依据“排除型”的主张，网络空间应被赋予事实上的地位，作为超越传统法律主权的全球空间，倡导将网络空间构建成“和平之所”。与“排除型”不同，“包容型”倡导将网络空间看成“国家主权博弈的战场”。特别是冷战后世

---

① David J. Betz and Tim C. Stevens, *Cyberspace and the State*: *Towards a Strategy for Cyber-Power*, Routledge; 1 edition, 2012.

② Timothy S. Wu, “Cyberspace Sovereignty? The Internet and the International System”, *Harvard Journal of Law & Technology* 10, No. 3, 1997, pp. 648 -649.

③ John Perry Barlow, “A Declaration of the Independence of Cyberspace”, February 8, 1996, https: //www. eff. org/cyberspace-independence（上网时间：20147 年 1 月 21 日）。

④ David R. Johnson and David Post, “Law and Borders: The Rise of Law in Cyberspace”, *Stanford Law Review* 48, No. 5, 1996, p. 1370.

界格局不断演变而日益复杂，冷战的终结很大程度上消除了阻碍信息技术扩散的最大障碍，网络边界不再受阵营边界的限制，开始向世界范围扩散，并促成真正意义上世界范围网络的形成，这一扩散反过来又促进信息技术自身发展，同时极大提升了社会对信息技术的依存度。[①]“包容型”的主张外延不断扩大，不仅将网络基础设施视为网络空间的一部分，规则、信息等也被纳入了网络空间。美国著名国际政治学家约瑟夫·奈指出，“网络空间不但有物理层和虚拟层，还有信息。”[②]兰德公司高级网络安全专家马丁·莱比斯克（Martin C. Libiski）也认为，“网络空间由物理层、规则层和信息层组成”，并对这三个层级进行了明确界定：物理层是指光纤、路由器、开关等硬件设施；规则层是网络连接所需要的信息格式、连接协议（如 TCP/IP 协议）等；信息层是对人或连接的设备有意义的信息。[③]

随着信息技术的发展和人们对网络空间认识的深入，“包容型”已经成为当前对网络空间认识的主流。日本在 2013 年 12 月制定的《国家安全保障战略》中规定：“由信息系统和通信网络构成的网络空间，已成为世界各国开展社会、经济、军事等各项活动的重要场所。”[④]这说明日本明确选择了“包容型”，将网络空间看作“国家主权博弈的战场”，努力将国家权力向网络空间延伸，并追求网络空间权力的最大化。

---

① ［美］曼纽尔·卡斯特著，夏铸九等译：《网络社会的崛起》，北京：社会科学文献出版社，2006 年版，第 51—81 页。

② Joseph S. Nye Jr, “Nuclear Lessons for Cyber Security?”, *Strategic Studies Quarterly*, Vol. 5, No. 4, 2011, p. 19.

③ Martin C. Libiski, *Conquest in Cyberspace: National Security and Information Warfare*, Cambridge: Cambridge University Press, 2007, pp. 8 – 9.

④ 内閣官房：『国家安全保障戦略について』，平成 25 年 12 月 17 日，http://www.cas.go.jp/jp/siryou/131217anzenhoshou/nss-j.pdf（上网时间：2016 年 11 月 18 日）。

日本对“包容型”理念的深入认知来自于美国。美国从2003年起，认定网络空间是国家重要国民基础设施的“神经系统”，重要基础设施运行需要众多的计算机、路由器、服务器、开关、光纤连接在一起。① 由于基础设施和网络空间紧密地连接在一起，国家就必须保障网络空间的安全，美国2006年12月发布的《网络空间作战军事战略》（NMS-CO）中写明：“网络空间是在网络系统和相关联的物理基础设施上使用电磁波和电子设备来存储、修改和交换数据的领域。”② 2008年1月，小布什签署第54号《美国总统令》，写明：“网络空间是指‘独立的信息技术基础设施网络’，是包括互联网、通信网络、计算机系统、嵌入式处理器和重要行业的操控系统。”③ 美国政府2009年5月出台《网络空间政策评估》，对第54号《美国总统令》的网络空间定义作出进一步解释：“第54号总统令暨第23号国土安全总统令将网络空间定义为：信息技术基础设施相互依存的网络，包括互联网、电信网、计算机系统以及重要行业中的处理器和控制器，常见的用法还指信息虚拟环境及人与人之间的互动。”④

美国一系列国家安全文件不断深化对“包容型”网络空间概

① White House, *The National Strategy to Secure Cyberspace*, Washington, D. C.: The White House, 2003, p. 1.

② Peter Pace, *The National Military Strategy for Cyberspace Operations*, Washington, D. C.: The White House, 2006, p. 3.

③ Daniel T. Kuebl, “From Cyberspace to Cyberpower: Defining the Problem”, in Franklin D. Kramer, Stuart H. Starr, and Larry K. Wentz, eds., *Cyberpower and National Security*, Washington, D. C.: National Defense University Press & Potomac Books, 2009, p. 26.

④ Homeland Security, “Cyberspace Policy Review: Assuring a Trusted and Resilient Information and Communications Infrastructure”, May 2009, https://www.dhs.gov/sites/default/files/publications/Cyberspace_Policy_Review_final_0.pdf（上网时间：2016年11月9日）。

念的定义，但如何认知“网络权力”的问题也随之而来。国家主权对各种空间施加的权力是国家安全的重要问题，陆、海、空、太空四个空间有对应的陆权、海权、空权、太空权，这样网络权力的定位和定义就成为网络安全的重大问题。在此方面，美国主要有两个代表性定义：第一，“网络权力是利用网络的信息资源获得优势的能力”，该资源与基于电子和计算机的信息的创建、控制和传播有关，具体来说是所拥有的基础设施、网络、软件以及相关人员的力量。[①] 第二，“网络权力是能够利用网络空间取得优势以影响事件或权力的能力。”[②] 这两个定义都强调“包容型”理论的权力属性，使国家认识到有必要以某种方式加强网络力量，正如国家通过控制大众来保护陆地权力、控制海洋线路从而加强海洋权力一样。

日本在“包容型”基础上树立网络空间整体安全理论，将网络空间整体认定为国家重要战略资产。认可“包容型”理念的日本基本没有构筑网络空间真正和平的主张，志在拥有强大的网络力量，日本网络安全专家的许多著作都反映出这种倾向，如：原田泉和山内康英 2005 年编写的《网络社会的自由和安全：网络战争的威胁》和 2007 年编写的《网络战争：网络空间的国际秩序》、伊东宽 2012 年编写的《第五场战争：网络战的威胁》、土屋大洋 2012 年编写的《网络恐怖：日美与中国》、谷口长世 2012 年编写的《网络时代的战争》等，都强调了网络空间无和平、网络战争不可避免和只有拥有强大的网络攻击力量才可确保国家安

① Joseph S. Nye Jr., *The Future of Power*, New York: Public Affairs, 2011, p. 123.

② Daniel T. Kuebl, “From Cyberspace to Cyberpower: Defining the Problem,” in Franklin D. Kramer, Stuart H. Starr, and Larry K. Wentz, eds., *Cyberpower and National Security*, Washington, D. C.: National Defense University Press & Potomac Books, 2009, p. 38.

全等观点。[1]

现实感受方面，日本认为网络空间既会带来巨大的好处，也会带来巨大的风险。日本2015年版《网络安全战略》明确写入了这种感受："一方面，网络空间给人们生活带来了好处；另一方面，网络空间中损害各方利益的活动也正在不断增加。"[2] 在好处方面，日本认为网络空间是不可缺少的经济社会活动基础，会创出无数新产业领域，将在进入"互融互通的信息社会"时，产生几何倍数增长的价值。在风险方面，日本认为网络空间所带来的损失也将日益增加，危害会不断扩大，"随着'互融互通的信息社会'的到来，恶意网络活动的影响将扩大到所有事物和服务。由于网络袭击带给现实空间的损害呈飞跃式增长，可以想象，未来对国民生活的威胁将日益严峻"。[3]

二、日本网络安全观的内涵

日本对网络空间的认知深深影响着其网络安全观的内涵。日本在"包容型"基础上，明确了网络安全观中"网络安全"的核心概念。日本《网络安全基本法》第2条明确规定，

---

① ［日］国際社会経済研究所監修，原田泉、山内康英編著：『ネット社会の自由と安全保障：サイバーウォーの脅威』，NTT出版，2005年；原田泉、山内康英編著：『ネット戦争：サイバー空間の国際秩序』，NTT出版，2007年；伊藤寛著：『「第五の戦場」サイバー戦の脅威』，祥伝社，2012年；土屋大洋著：『サイバー・テロ 日米vs中国』，文藝春秋，2012年；［日］谷口長世著：『サイバー時代の戦争』，岩波書店，2012年。

② 『サイバーセキュリティ戦略について』，平成27年9月4日，http://www.nisc.go.jp/active/kihon/pdf/cs-senryaku-kakugikettei.pdf（上网时间：2016年2月9日）。

③ 『サイバーセキュリティ戦略について』，平成27年9月4日，http://www.nisc.go.jp/active/kihon/pdf/cs-senryaku-kakugikettei.pdf（上网时间：2016年2月9日）。

网络安全首先是确保路由器安全，其次是保护路由器生成、流经、接收的全部信息的安全，主要包括两个措施：一是确保以电磁方式被记录、发送和接收的信息不泄露、丢失和损坏以及其他确保这些信息安全的必要措施；二是确保信息系统及通信网络的安全性和可靠性的必要措施，即防止通过计算机利用非常手段对信息通信网络和电磁式存储介质进行侵害的所有必要措施。在此基础上，2014 年 11 月日本颁布《关于强化日本网络安全推进体制的工作方针》，对网络安全做了进一步定义，明确提出网络安全就是使信息系统、系统通信网络、信息保持保密性、完整性和可用性，该方针规定，“构成网络空间的信息系统、信息通信网络中的信息及现实空间中重要基础设施等的信息系统和信息通信网络正在快速融合、不断实现一体化，确保其保持‘保密性、完整性、可用性’状态就是‘网络安全’”。[①]

日本网络安全观对网络安全现状持有强烈的危机感，认为网络空间风险日益严峻，主要表现在：（1）网络安全形势瞬息万变，网络风险呈现出增大化、扩散化和全球化的特点，对国家和关键基础设施的网络攻击成为国家安全保障和危机管理的重大课题，对国家和关键基础设施的保护已不可或缺。[②]（2）日本即将迎来万物皆联网的物联网时代。在这个时代，万物皆存在信息安全的风险，即使是未联网的操作系统，也同样面临高风险，日本国民生活的各个方面都离不开信息安全措施，信息安全成了事关

① 『我が国のサイバーセキュリティ推進体制の機能強化に関する取組方針』，平成 26 年 11 月 25 日，http：//www. nisc. go. jp/conference/seisaku/dai41/pdf/41shiryou0102. pdf（上网时间：2015 年 9 月 20 日）。

② 『サイバーセキュリティ戦略——世界を率先する強靭で活力あるサイバー空間を目指して』，平成 25 年 6 月 10 日，http：//www. nisc. go. jp/active/kihon/pdf/cyber-security-senryaku-set. pdf（上网时间：2016 年 11 月 19 日）。

国民生活安定和经济发展的重大问题。[①]（3）日本正在建设“世界最先进的信息通信技术国家”。对于“世界最先进的信息通信技术国家”来说，必须要实现“安全的网络空间”。在瞬息万变的形势下构建安全的网络空间，是确保网络空间各利益攸关方信息安全的前提，也需要网络空间各利益攸关方的共同努力。[②]（4）在不受场所、时间限制，任何人都可轻易参与的网络空间，恶意攻击方较防守方具有非对称优势。此外，随着经济对网络空间依存度的增高，疑似国家参与、非常先进的网络攻击方式开始出现，给国民生活和经济发展带来了重大危害，影响不断扩大，对日本国家安全的威胁逐年增加。随着“互融互通的信息社会”的到来，恶意网络活动的影响将扩大到所有事物和服务。由于网络袭击带给现实空间的损害呈飞跃式增长，可以想象，未来对国民生活的威胁将日益严峻。[③]

日本认为网络安全至关重要，不仅关系到网络自身，还关系到政治、经济、安全等诸多方面，在影响日本安全保障和危机管理的同时，动摇着日本国际竞争力，给日本国民生活带来不安全感，主要包括：（1）网络安全事关信息化建设。日本在2013年版《网络安全战略》中明确提出，“日本正在建设‘世界最先进的信息通信技术国家’。对于‘世界最先进的信息通信技术国家’

① 『サイバーセキュリティ戦略——世界を率先する強靭で活力あるサイバー空間を目指して』，平成25年6月10日，http：//www. nisc. go. jp/active/kihon/pdf/cyber-security-senryaku-set. pdf（上网时间：2016年11月19日）。

② 『サイバーセキュリティ戦略—世界を率先する強靭で活力あるサイバー空間を目指して—』，平成25年6月10日，http：//www. nisc. go. jp/active/kihon/pdf/cyber-security-senryaku-set. pdf（上网时间：2016年11月19日）。

③ 『サイバーセキュリティ戦略について』，平成27年9月4日，http：//www. nisc. go. jp/active/kihon/pdf/cs-senryaku-kakugikettei. pdf（上网时间：2016年2月9日）。

来说，必须要实现‘安全的网络空间’”。[①]（2）网络安全事关经济增长。2013年版《网络安全战略》认为，“网络空间”对于提升日本经济增长潜力至关重要。一方面，随着其范围的不断拓展，对日本经济增长的作用日益增强。如，网络空间对事关增长潜力的安全便利经济的下一代基础设施，以及为实现清洁经济的能源供给而运用开源数据和大数据的高速道路交通系统和智能电网等都是必要的。这些信息系统和信息通信网络等都使网络空间进一步拓展和渗透。另一方面，网络空间也因在全球不断拓展和渗透，推进经济增长和创新，成为解决社会问题的必要途径，带动国家成长。也因网络空间不受疆界和意识形态的限制，无差别且任何人均可轻易参与使用，成为不可或缺的社会经济活动基础。[②] 2015年5月，安倍在网络安全战略本部第二次会议上强调，网络安全是“（日本经济）增长战略不可或缺的基础。”[③] 2015年版《网络安全战略》进一步明确，网络不断创造出新经济模式和带来技术革新，成为经济增长的前沿，促进社会呈几何倍数创造新价值，实现可持续发展。[④]（3）网络安全事关国家安全。“国家安全已经从单纯的政治——经济领域扩展为包括信息领域在内的经济、政治、军事、信息、环境等诸多领域的综合安

---

① 『サイバーセキュリティ戦略——世界を率先する強靭で活力あるサイバー空間を目指して』，平成25年6月10日，http://www.nisc.go.jp/active/kihon/pdf/cyber-security-senryaku-set.pdf（上网时间：2016年11月19日）。

② 『サイバーセキュリティ戦略—世界を率先する強靭で活力あるサイバー空間を目指して—』，平成25年6月10日，http://www.nisc.go.jp/active/kihon/pdf/cyber-security-senryaku-set.pdf（上网时间：2016年11月19日）。

③ 首相官邸：『サイバーセキュリティ戦略本部』，平成27年5月25日，http://www.kantei.go.jp/jp/97_abe/actions/201505/25cyber_security.html（上网时间：2016年9月1日）。

④ 『サイバーセキュリティ戦略について』，平成27年9月4日，http://www.nisc.go.jp/active/kihon/pdf/cs-senryaku-kakugikettei.pdf（上网时间：2016年2月9日）。

全，由于信息资源和信息技术在构成国家经济、政治和军事实力及国际影响力和软实力中的关键性作用，维护国家网络空间和信息领域的整体安全就成为网络战略的重要目标之一。”[①] 日本认为，网络安全战略首先以保卫国家安全为前提，其次以维护网络空间整体安全为目标。因此，网络安全战略随国家安全战略变化而变化，是利用网络安全战略所具有的战略属性和技术属性来维护国家安全战略。安倍一再重申，“网络安全已成为日本安全保障和危机管理的最重要课题，……是日本安全保障的重大支柱。”[②] 2015 年版《网络安全战略》强调，“日本既有的国家方针是：通过确保网络安全，促进信息通信技术的充分应用，巩固日本增长战略，确保日本国家安全万无一失。”[③]（4）网络安全事关“多利益攸关方”。在《权力的未来》一书中，约瑟夫·奈对网络空间做了深入研究。他从制度自由主义范式出发，认为国家不是网络空间唯一行为体，主张在对网络权力和行为体进行考察的基础上分析网络空间中的权力形态。[④] 约瑟夫·奈把网络空间中的权力分为三个层面，分别是强制性权力、议程设置权力和偏好塑造权力。上述权力建立在网络空间中特定资源基础之上，分别被国家、高度结构化的组织以及个人和轻度结构化的网络所拥有，并且权力正在从国家行为体向非国家

---

① 汪晓风著：《网络战略——美国国家安全新支点》，上海：复旦大学出版社，2015 年版，第 75 页。

② 首相官邸：『サイバーセキュリティ戦略本部』，平成 27 年 5 月 25 日，http://www.kantei.go.jp/jp/97_abe/actions/201505/25cyber_security.html（上网时间：2016 年 9 月 10 日）。

③ 『サイバーセキュリティ戦略について』，平成 27 年 9 月 4 日，http://www.nisc.go.jp/active/kihon/pdf/cs-senryaku-kakugikettei.pdf（上网时间：2016 年 2 月 9 日）。

④ ［美］约瑟夫·奈著，王吉美译：《权力的未来》，北京：中信出版社，2012 年版，第 160—176 页。

行为体扩散。[1] 这就是“多利益攸关方”模式。在此理论下，日本认为在网络安全实践中，以企业为代表的私营部门和以非政府组织为代表的市民社会发挥着越来越重要的作用，“为构建‘自由、公正、安全’的网络空间，要与私人企业和专家学者等广大网络安全相关人士共同努力”。[2] 日本认为“多利益攸关方”包括：政府、关键基础设施供应商、私人企业、教育科研机构、网络运营商和个人等。(5) 网络安全事关信息自由流通。2013年版《国家安全保障战略》明确提出，“确保网络空间的信息自由十分重要。日本应与拥有共识的国家进行合作，积极根据现行国际法推动新国际规则的制定，并积极向发展中国家提供援助。”[3] (6) 网络安全事关网络空间的法治。日本参加的联合国信息与通信领域政府专家组形成关于国家主权在网络空间适用性的一致意见，“国家主权和由国家主权衍生出来的国际准则与原则，适用于国家开展的信息通信技术相关活动，也适用于各国对本国领土上信息通信技术基础设施的司法管辖”[4]，并提交联合国，虽未被联合国采纳，但日本仍在不断积极争取。日本目的是通过“以制定网络安全国际规则为中心积极参加国际上有关网络安全的讨论，并做出积极贡献”[5] 来倡导国际法适用于国际网络空间，并

① [美] 约瑟夫·奈著，王吉美译：《权力的未来》，北京：中信出版社，2012年版，第160—176页。

② 外務省：『外交青書2016』，2016年4月，http://www.mofa.go.jp/mofaj/gaiko/bluebook/2016/html/chapter3_01_00.html（上网时间：2017年1月8日）。

③ 『国家安全保障戦略について』，平成25年12月17日，http://www.cas.go.jp/jp/siryou/131217anzenhoshou/nss-j.pdf（上网时间：2016年11月18日）。

④ U. N. Office for Disarmanment Affairs, “Developments in the Field of Information and Telecommunications in the Context of International Security”, June 2013, http://www.un.org/disarmament/topics/informationsecurity/（上网时间：2016年11月9日）。

⑤ 外務省：『外交青書2016』，2016年4月，http://www.mofa.go.jp/mofaj/gaiko/bluebook/2016/html/chapter3_01_00.html（上网时间：2017年1月8日）。

为此“在海洋、太空及网络领域的法制建设方面，与拥有共同关切的国家展开政策协调，积极参与国际规则的制定及各国互信机制的建立。此外，还要在该领域进一步向发展中国家提供援助”[①]。

日本谋求通过制定网络安全战略，与之前为确保信息安全而采取的措施作以区分，目的是“以更加明确的姿态、在更广阔的网络空间采取更多的措施”，[②] 创造并发展“自由、公正、安全的网络空间”。[③] 日本认为，维护网络安全的措施应该是多方面的，重点是：第一，要适应新的形势变化，推进相应的战略规划，从安全和风险管理的角度制定政策，推进公私合一的跨领域信息安全对策，提升政府机关和网络关键基础设施的安全水平，进一步加强网络攻击的响应处理能力。第二，要加强国际合作。日本认为，“网络空间问题已成为世界的共同课题，必须从全球视角采取措施”[④]，“网络空间风险是世界共同面临的紧迫课题，国际社会合作必不可少”[⑤]，要“强化国际领域的广泛合作，特别是要在技术和应用两方面制定政策加强国际合作，谋求扩大与相关国家

---

① 内閣官房：『国家安全保障戦略について』，平成 25 年 12 月 17 日，http://www.cas.go.jp/jp/siryou/131217anzenhoshou/nss-j.pdf（上网时间：2016 年 11 月 18 日）。

② 『サイバーセキュリティ戦略—世界を率先する強靭で活力あるサイバー空間を目指して—』，平成 25 年 6 月 10 日，http://www.nisc.go.jp/active/kihon/pdf/cyber-security-senryaku-set.pdf（上网时间：2016 年 11 月 19 日）。

③ 『サイバーセキュリティ戦略について』，平成 27 年 9 月 4 日，http://www.nisc.go.jp/active/kihon/pdf/cs-senryaku-kakugikettei.pdf（上网时间：2016 年 2 月 9 日）。

④ 『サイバーセキュリティ戦略—世界を率先する強靭で活力あるサイバー空間を目指して—』，平成 25 年 6 月 10 日，http://www.nisc.go.jp/active/kihon/pdf/cyber-security-senryaku-set.pdf（上网时间：2016 年 11 月 19 日）。

⑤ 外務省：『外交青書 2015』，2015 年 4 月，http://www.mofa.go.jp/mofaj/gaiko/bluebook/2015/html/index.html（上网时间：2016 年 8 月 23 日）。

的情报共享，推进反网络攻击的合作”①。

三、网络安全观与网络安全战略

自20世纪90年代进入互联网时代以来，日本对网络安全的认识和理解，就一直存在着“技术”和“战略”之分。由于网络安全具有很强的专业技术属性，加之长期秉持“技术立国”的发展理念，日本曾一度将关注点侧重于信息技术，强调要按照信息技术的专业标准、要求、流程等来对网络安全做出专业判断和衡量。这种以信息技术为条框的取向，使日本网络安全战略在较长一段时间里完全局限在信息技术领域。所以，日本第一份具有象征意义的综合性网络安全战略《信息安全综合战略》是出自主管信息技术的经济产业省。日本对技术的重视，使其长期忽视网络安全与国家安全的必然联系，影响了网络安全战略的发展。这从一个侧面说明，网络安全观与网络安全战略有着必然的内在逻辑关系，这种关系主要体现在：

1. 网络安全观是网络安全战略制定的理论基础，为网络安全战略的制定解决了思想和理论的问题。

2. 网络安全观的变化决定着网络安全战略的进程，影响着网络安全战略的内涵，进而影响网络安全战略的效果。

3. 网络安全观决定网络安全战略目标。在网络安全观的指导下，网络安全战略的制定过程必然以保障国家网络空间安全为根本目标，在分析比较国内外网络安全理论的基础上，充分考虑国家政治、经济、社会、军事、外交等各领域的发展现状和存在问

① 内閣官房：『国家安全保障戦略について』，平成25年12月17日，http://www.cas.go.jp/jp/siryou/131217anzenhoshou/nss-j.pdf（上网时间：2016年11月18日）。

题，合理规划和制定本国网络安全战略的目标和实施路径。从21世纪以来日本网络安全战略相关政策文件看，其战略目标的不断清晰和丰富是与其网络安全观的形成发展同步相随的。

4. 网络安全观与网络安全战略密切互动、相互影响。网络安全观和网络安全战略都是随着国际网络安全形势的发展而变化的。网络安全观是基础，网络安全战略是上层建筑，网络安全观决定网络安全战略，网络安全战略反作用于网络安全观。这是理论指导实践、实践检验和修正理论的过程，网络安全观在网络安全战略的实践中不断得到检验并随时调整。

第三节　日本网络安全战略的出台与演进

日本网络安全战略的发展演变是一个动态进程，具有丰富的拓展性和未知性，只有循其宏观脉络分阶段研究才能从整体上对其加以把握。从2000年至今，日本网络安全战略的发展演变主要经历了起步、形成和升级三个阶段，主要标志是相关政策、战略的形成和政府领导体制机制的变化。从整体上看，日本网络安全战略的发展演变过程既是政策由点到面的形成过程，也是从民间主导到政府主导再到内阁主导的领导架构升级过程。

一、战略起步阶段（2000—2004年）

2000年2月日本“内阁官房信息安全措施推进室”的设立和“推进信息安全措施委员会”的成立是日本网络安全战略发展的起点，拉开了日本网络安全战略演变的序幕。

2000年1月，日本连续发生数起黑客攻击中央省厅网站并篡改主页的事件，暴露出日本政府在网络安全（当时称为信息安全）方面的漏洞。日本政府受到极大震动，终于认识到网络安全的重要性。经内阁紧急研究，首相小渊惠三于2000年2月29日发布政令，在内阁官房的“内阁安全保障和危机管理室”下设立“内阁官房信息安全措施推进室”，作为日本网络安全政策的执行部门，这是日本首个全面负责信息安全工作的政府机构。同日，“高度信息通信社会推进本部”① 也做出决定，为加强相关政府机构的密切合作，全面推进日本信息安全，在“高度信息通信社会推进本部”下设立“推进信息安全措施委员会”。② 该委员会由内阁官房事务副长官担任议长（相当于副部级），成员为各相关省厅的局级官员，是日本网络安全政策的制定部门。

对日本网络安全战略发展来说，这两个机构的相继成立意义重大，因为这表明网络安全问题已被纳入日本政府管理范畴，日本政府有了关于网络安全的政策制定和执行部门，看起来日本已经可以切实推进网络安全战略的制定和执行。但问题在于这两个机构设置仓促，形式大于实质。主要原因是这两个机构虽同处内阁之下，却分别隶属于两个政府部门，政策的制定和执行缺乏自上而下的权威性和高度统一性，会造成政策制定脱离实际而缺少执行性，也会造成政策的执行因缺少指导而贯彻不力。特别是日本将“内阁官房信息安全措施推进室”定义为政府危机管理部门，突出应急性和临时性，过于专注危机应对，忽视了日常防范和日常管理。

为了改变这种状况，建立适应网络安全需要的政府机构，对日本网络安全建设进行全面统筹，2001年1月，日本根据2000年版《信息技术（IT）基本法》，成立了“高度信息通信网络社

---

① “高度信息通信社会推进本部”（简称IT推进本部）是“高度信息通信网络化社会推进战略本部”的前身。

② 首相官邸：『情報セキュリティ対策推進会議の設置について』，2000年2月29日，http://www.kantei.go.jp/jp/it/security/suisinkaigi/0229suisinkaigi.html（上网时间：2016年9月9日）。

会推进战略本部”（以下简称 IT 战略本部），日本首相兼任“IT 战略本部”部长，国务大臣兼任副本部长。之后，日本在 IT 战略本部下相继设立了网络信息安全推进室、网络信息安全专门调查会、网络信息安全基本问题委员会等内设机构。

在此基础上，日本在网络安全战略建设方面采取了诸多阶段性措施，主要包括：（1）首次将具有“网络安全”意义的条款写入日本法律。日本在 2000 年版《信息技术（IT）基本法》的第 22 条中明确要求，“要保障先进信息与电信网络的安全和可靠。”[①]（2）开始推出专门的网络安全相关政策。日本先后推出了《信息安全政策指导方针》（2000 年 7 月）、《关键基础设施的网络反恐特别行动计划》（2000 年 12 月）、《信息安全综合战略》（2003 年 10 月）等网络安全相关政策。特别是 2003 年 10 月出台的《信息安全综合战略》，是日本首个由政策部门（经济产业省）制定的准国家级信息安全专门战略。该战略主要由三大部分组成，分别是：“建设应对危机的社会信息系统”“强化公共措施以实现信息安全保障”“通过强化内阁功能整体推进信息安全”。该战略提出，要通过日本信息处理推进机构和民间协调组织“日本计算机网络应急技术处理协调中心”（Japan Computer Emergency Response Team/Coordination Center，JPCERT/CC），以公私合作模式建立具有世界水准的“高度可信的社会”。该战略明确的战略任务主要包括确保信息通信网络的安全性及可靠性、强调确保电子政府信息安全、制定防范网络犯罪策略、增强民众信息安全意识、支援民间组织的信息安全措施、研究开发信息安全基础技术等六项内容。（3）在全部信息化政策中，均将网络安全作为重要

① 首相官邸：『高度情報通信ネットワーク社会形成基本法』，平成 12 年 11 月 29 日，http：//www.kantei.go.jp/jp/singi/it2/hourei/index.html（上网时间：2016 年 4 月 11 日）。

一环。在2001年6月发布的《e -Japan战略》中，日本强调“保障先进信息与电信网络的安全和可靠”，要通过信息技术实现高度安全信息社会，“从根本上强化信息安全措施；切实保护个人信息；提高软件的安全性与可靠性”。[①] 日本于2003年7月发布了《e-Japan战略Ⅱ》，在该战略中，日本进一步强调“开发安全可靠的电信环境”，并将之作为政策优先领域。[②] 2004年6月，日本政府推出《e-Japan重点计划—2004》，该计划提出要通过制定措施、改进体制，确保2006年以后，日本仍然是世界最先进的信息技术国家，制定的首项措施就是确保信息技术社会安全。[③]（4）设立信息安全监督预防系统，并制定配套政策。2003年10月16日，日本成立安全监察会，该监察会以担任经济产业省“信息安全监察制度”监察人的企业和团体的信息安全人为中心组成。2004年1月，总务省建立通信基础设施安全研究机构，其目的在于通过加强与国际研究机构的合作，防止计算机病毒的攻击、阻止其危害扩大。同时，日本还制定了《系统监查基准》《信息系统安全措施基准》《计算机病毒对策基准》《非法访问计算机对策基准》《信息系统安全措施指针》等一系列配套具体规则。（5）意识到统一领导的重要性。日本在2003年版《信息安全综合战略》中认为，“强化信息安全措施不能只强化政府干预，必须意识到‘完全的政府施策领域’和‘公私合作领域’的区别，对有限的专业人才和预算资源进行合理的分配和管理。同时，对各个具体问题，也不能由个别的主体分散地予以应对，而

① 首相官邸：『e-Japan 戦略』，平成13年1月22日，http：//www.kantei.go.jp/jp/it/network/dai1/pdfs/s5_2.pdf，（上网时间：2015年9月20日）。

② 首相官邸：『e-Japan 戦略 II』，平成15年7月2日，http：//www.kantei.go.jp/jp/singi/it2/kettei/030702ejapan.pdf，（上网时间：2015年9月20日）。

③ 首相官邸：『e-Japan 重点計画—2004』，平成16年6月15日，http：//www.kantei.go.jp/jp/singi/it2/kettei/040615honbun.pdf，（上网时间：2015年9月20日）。

应在公私间、政府各部门间、私营企业间的各类关系中对资源进行有效统合。具体而言，需要大幅度扩大内阁官房的体制，建设内阁官房可以对重复业务进行调整的一元化推进体制。内阁官房是日本推进信息安全政策的核心。”①

这一时期是日本网络安全战略的萌芽期，这一时期的主要特征有：（1）网络安全战略领域主要是“政府搭台，民间唱戏”。无论是“IT 推进本部”下设的“推进信息安全措施委员会”，还是日本“IT 战略本部”下设的“信息安全专门调查会”和“推进信息安全措施委员会”，虽然是政府机构，但机构成员主要都由民间专家组成，负责政策制定。（2）网络安全只体现于国家层面法律和战略的局部。如没有完整的网络安全政策，网络安全政策只是分布在《信息技术（IT）基本法》《e-Japan 战略》《e-Japan 战略Ⅱ》等国家层面法律和战略的条款或政策点中。（3）综合性网络安全政策虽站在国家高度，却是部门政策，难以指导全局。如《信息安全综合战略》是经济产业省制定的，虽是国家层面的综合性网络安全政策，却只适用于经济领域。其深层次原因主要有二：一是 21 世纪初期，日本面对信息技术革命而提出的“协治”思想，即政府面对信息技术革命带来的领域专业化、变革快速化、需求多样化，已不能应用原来一管到底的“官治”来解决信息技术飞速发展带来的问题，“明治维新以来的‘官治’体制已不再有昔日的存在感……在改变‘官治’体制的同时，需要为社会进行新的治理做好准备”。② 是要使专业领域的专家来协

① 経済産業省：『情報セキュリティ総合戦略』，2003 年 10 月 10 日，http：//www. meti. go. jp/policy/netsecurity/downloadfiles/Strategy_body. pdf（上网时间：2016 年 7 月 11 日）。

② 首相官邸：『21 世紀日本の構想—日本のフロンティアは日本の中にある—自立と協治で築く新世紀』，http：//www. kantei. go. jp/jp/21century/houkokusyo/index1. html（上网时间：2016 年 3 月 23 日）。

助政府治理，甚至代替政府治理。二是日本政府的首要意图是借信息技术助力主导亚洲，而非确保网络安全。在看到美国新经济成功后，经20世纪90年代经济“十年漂流”的日本意图打造日本版“新经济战略”，引领亚洲发展，借信息技术领域的地缘“疆界”模糊谋求亚洲主导权，并以亚洲为依托，确立其世界一极地位。

二、战略形成阶段（2005—2014年）

从2005年到2014年是日本网络安全战略的形成阶段。之所以叫战略形成阶段，是因为战略至少应具备三个基本要素：战略目标、战略方针与战略手段。三者相辅相成，同时又相互制约，尤其是在目标和手段之间，三者缺一不可，否则就构不成战略。[①] 经过这一阶段发展，日本网络安全战略才具备了上述三个战略基本要素。这一阶段的起点标志是2005年4月“内阁官房信息安全中心”（NISC）[②]的设立和2005年5月“信息安全政策委员会”[③] 的成立。战略形成的标志是日本于2013年6月10日推出的《网络安全战略》。

为提高日本信息安全能力，更好发挥日本政府的作用，日本“IT战略本部”决定强化和发展“内阁官房信息安全措施推进室”，将推进室由隶属于“内阁安全保障和危机管理室”的内阁官房二级部门升格为“内阁官房信息安全中心”（NISC），[④] 成为

① 张林宏：《美国战略思想源流考》，《国际政治研究》2002年第4期，第140页。

② 2005年4月30日，日本内阁总理大臣决定设立“信息安全中心”。

③ 首相官邸：『情報セキュリティ政策会議の設置について』，平成17年5月30日，http：//www. kantei. go. jp/jp/singi/it2/dai39/39siryou1. pdf（上网时间：2015年6月10日）。

④ NISC：『内閣官房情報セキュリティセンター（NISC）の設置について』，平成17年4月21日，http：//www. nisc. go. jp/press/pdf/nisc_press. pdf（上网时间：2016年8月9日）。

内阁直属部门。升格后的内阁官房信息安全中心（NISC）主要负责日本信息安全工作的领导和协调，主要职能包括：日本政府的信息安全、日本政府信息系统遭非法入侵等紧急事态时的应对、防范计算机病毒以及来自政府信息网络外的攻击、信息安全人才培养及各相关信息安全课题研究等。该机构成立与升格的意义在于，政府在信息安全（包括网络安全）中的角色发生转变，由参与者变为管理者，由被动应对变成主动施策，由着眼局部安全变成注重整体安全。

2005 年 5 月，日本决定在“IT 战略本部”下设立“信息安全政策委员会”，替代原来的“推进信息安全措施委员会”，同时决定将“内阁官房信息中心”（NISC）变为“信息安全政策委员会”的事务局。这与日本网络安全战略起步阶段相比，最大的变化在于：(1) 将国家网络安全问题应对由具体措施和办法提升至国家政策层面，具有强制力。“措施”和“政策”的用词之差，表明日本政府对网络安全的认识定位发生重大变化。措施是具体方法和对策，而政策则是需要贯彻执行的重大决策，一是具有强制力要贯彻执行，二是具有主动性要提前决策，三是具有整体性要全面规划。(2) 日本网络安全领导和管理机构级别升高，权力增强。“信息安全政策委员会”虽由“推进信息安全措施委员会”发展改组而来，但机构级别和成员构成发生重大变化，议长从由内阁官房副长官担任改为由内阁官房长官直接担任，由 IT 担当大臣担任代理议长，成员包括国家公安委员会委员长、总务大臣、经济产业大臣、防卫大臣、外务大臣及民间专家，这在政府内部形成一个具有更高指导力的领导中心。同时，“内阁官房信息安全中心”（NISC）由内阁官房的二级部门升格为直属部门，可以充分实施管理职能。(3) 实现了日本网络安全政策制定部门和行政管理部门的对接统一。“内阁官房信息安全中心”变为“信息安全政策委员会”的事务局，使日本的网络安全政策和网络安全管理实现统一协调、归口管理，极大增强了政策制定的实效性和政策落实的执行力。

在上述加强网络安全领导体制建设的基础上，日本从政府、关键基础设施、企业、个人等四个层面入手，不断推进和加强网络安全建设工作，促使网络安全战略向体系化发展，最终制定出台的2013年版《网络安全战略》，标志着日本网络安全战略正式形成。

一是加强政府层面的网络安全建设。2005年12月13日，“信息安全政策委员会”发布《政府机构信息安全措施统一标准》，全面统一日本各政府机构的信息安全标准，并于2011年4月21日进一步推出四个配套政策，分别是：《政府机构信息安全统一规范》《政府机构信息安全统一管理标准》《政府机构信息安全统一技术标准》和《政府机构信息安全统一管理标准及政府机构统一技术标准制定和实施指南》，对政府机构的信息安全标准作进一步细化。特别是，日本政府于2008年4日正式组建并启动“政府机构信息安全跨部门监视和应急处理小组”（GSOC），开始全面对政府机构信息通信网络中的可疑动态进行统一的实时监视和分析。[①]

二是加强关键基础设施层面的网络安全建设。2005年12月13日，“信息安全政策委员会”制定《关键基础设施信息安全措施相关行动计划》（也被称为第1次行动计划）。该计划的重要内容包括：确定了四个工作重点，分别是“安全标准的完善和理念推广”“强化情报共享”“详细说明（信息安全和基础设施的）相互依存关系”“举办跨领域演习”；决定在十个领域[②]实施跨领

① 政府机构信息安全跨部门监视和应急处理小组（Government Security Operation Coordination Team），是日本政府为应对外部网络攻击、加强政府机构紧急状况下的危机处理能力而设立的专门机构。

② 《第1次行动计划》确定了实施跨领域信息安全措施的十个基础设施领域，包括信息通信、金融、航空、铁路、电力、煤气、政府行政服务、医疗、航运、物流。在《第3次行动计划》中，日本又追加了三个实施跨领域信息安全措施的基础设施领域，分别是化学、石油及信用。

域信息安全措施。在此计划推动下，日本开始尝试构建关键基础设施基本信息安全措施和公私情报共享框架，如日本建立了重要基础设施行业情报共享分析机构——“网络安全技术保护、运行维护和分析响应部门”（Capability for Engineering of Protection, Technical Operation, Analysis and Response, CEPTOAR），于2009年2月设立CEPTOAR理事会，以促进各关键基础设施行业间的情报共享。又如，日本每年都要举行跨领域网络安全演习。2009年2月3日，“信息安全政策委员会”制定《关键基础设施信息安全措施第2次行动计划》（即第2次行动计划），对“详细说明（信息安全和基础设施的）相互依存关系”中的“共同威胁情况”进行更新，新增加“应对环境的变化”作为重点。

三是加强个人和企业层面的网络安全建设。2010年5月11日，日本政府在信息安全政策会议上通过了《保护国民信息安全战略》。该战略提出要保护日本国民日常生活正常运转不可或缺的关键基础设施的安全，降低民众在使用信息技术时所面临的风险。根据该战略要求，日本政府在2010—2013年四年内，分别制定“安全·日本”年度计划，细化并推进网络安全建设。

四是加强整体层面的网络安全建设。2013年6月10日，日本推出首份《网络安全战略》，从国家层面对日本网络安全建设提出全面规划和设计。2013年版《网络安全战略》设定的日本网络安全战略目标是应对日益增长的网络风险、实现“网络安全立国”，明确提出，“网络空间把全球连接在一起，要保障国家安全、做好危机管理、促进经济发展、保证国民安全和安心，就要既应对日益严峻的网络空间风险，又要促进网络空间与现实空间的一体化融合，重点是确保网络空间的可持续发展。为此，日本通过将构建‘全球领先、强韧和有活力的网络空间’纳入社会体系，致力于建设网络攻击响应能力强、充满创新、誉满全球的社会，实现

‘网络安全立国’目标”。[1] 为实现这一战略目标，要按照四大基本原则，加强五方责任，从三个方面推进措施建设，加强全社会的动态响应能力。四大基本原则包括：一是确保信息自由流通；二是应对网络风险日益严峻的新举措；三是加强风险管理；四是基于社会责任义务的举措与互助。五方责任包括：一是国家的责任；二是关键基础设施部门的责任；三是企业和教育研究机构的责任；四是普通用户和中小企业的责任；五是网络企业的责任。要加强的三个方面措施包括：一是建设强韧的网络空间；二是构建有活力的网络空间；三是构建全球领先的网络空间。[2]

日本网络安全战略形成阶段的特征是：信息安全机构组成“松散”，设置“随意”。日本国家层面的信息安全机构负责制定和推进国家信息安全政策，协调各省厅及地方信息安全事务，由首相和国务大臣等担任领导，成员则由首相任命的专家组成，一般为兼职。随着形势发展和管理需要，任何机构和组织都可以成立相应的信息安全组织，以支援政府的信息安全体制，最大限度地利用社会资源为国家服务，为社会服务。这种松散、随意的信息安全体制，有利于打破传统“科层体制”的羁绊，吸引社会参与，扩大并增强维护网络安全的力量，消除条块分割的弊病，但也导致国家网络安全建设的松散和随意，缺乏自上而下的统一性。

日本网络安全战略形成阶段的问题主要在于：“内阁官房信息安全中心”存在先天不足。具体表现在：一是该中心缺

① 『サイバーセキュリティ戦略——世界を率先する強靭で活力あるサイバー空間を目指して』，平成 25 年 6 月 10 日，http：//www. nisc. go. jp/active/kihon/pdf/cyber-security-senryaku-set. pdf（上网时间：2016 年 11 月 19 日）。

② 『サイバーセキュリティ戦略—世界を率先する強靭で活力あるサイバー空間を目指して—』，平成 25 年 6 月 10 日，http：//www. nisc. go. jp/active/kihon/pdf/cyber-security-senryaku-set. pdf（上网时间：2016 年 11 月 19 日）。

乏立法基础，仅根据首相指令成立，难以依法行政。二是该中心没有专职人员，仅依靠从各省厅和私营企业借调人员维持运行，且每两年轮换一次，人员轮换过频，很难保持工作连续性。三是该中心职责不清、权力不足。虽然日本2013年版《网络安全战略》要求加强内阁官房信息安全中心，但没有确定该中心在内阁官房中的权责定位。特别是在日本当时的体制机制下，一旦发生重大网络安全事件，首相官邸应急部门会马上出面应对协调，而不是由信息安全中心出面。同时，该中心虽名为日本政府网络安全事务领导核心，却没有调查权，不能开展自主调查，更得不到相关省厅（如总务省、经济产业省、防卫省、外务省、警察厅等）的主动配合支持。尽管后来根据《国家行政组织法》第3条的规定，日本在内阁官房信息安全中心下设了“第3条委员会”，给其赋权，使其可以在发生网络安全事件时领导开展调查，但这种赋权只是临时授权性质。四是该中心没有相关保密法律和措施，限制了该中心的国际合作。由于国际网络安全合作常涉及国家和商业机密，没有相关的保密法律和措施，不仅难获合作方信任，也限制了合作的领域、范围和内容。

日本网络安全战略形成阶段的时间跨度大，历经十年，推进迟缓，主要原因在于：（1）日本政府只认识到网络安全战略的技术支点，对政府层面的支点认识较晚。约翰·阿奎拉（John Arquilla）和戴维·伦菲尔德（David Ronfeldt）认为信息战略研究有两个支点：其中一个支点是技术层面，主要关注信息和网络空间的安全和保障；另一个支点是政治层面，强调“软实力”的施用和影响。[①] 这就导致日本较晚才从政府层面考虑构建网络安全战

① John Arquilla and David Ronfeldt, *The Emergence of Noopolitik: Toward an American Information Strategy*, RAND, 1999, pp. 1 – 2.

略。（2）日本政权交替过频。战略是国家层面的长远规划。从2006年6月安倍第一次上台至2012年12月安倍第二次上台，日本几近"一年一相"，期间还经历了自民党和民主党的政权更迭，政策的制定与实施缺乏延续性，无法从长远上进行规划战略。（3）日美关系摇摆，使日本对美国网络安全理念的接受与战略的对接遇阻。自2006年6月安倍上台首访中国后，日美关系开始趋冷。到2009年9月鸠山由纪夫执政时期，鸠山内阁大幅调整对美政策，日美关系急剧波动，双方在一系列问题上发生分歧。虽经后任菅直人和野田佳彦两届内阁积极修复，但直到安倍第二次上台访美后才完全修复，安倍在2013年第183届国会上明确表示，"通过和奥巴马总统的会谈，紧密的日美同盟关系已彻底恢复。双方一致认为，日美不仅在政治、经济和安全领域，在亚太地区，乃至国际社会的共同课题上也具有相同的战略意识，并具有相同目的。我向内外显示了紧密的日美同盟关系已经恢复，并明确了一点，即日美将携手维持世界的和平与稳定"。[①]（4）经济低迷和自然灾害拖累。在此期间，日本不但经济低迷，而且遭受"3·11"东日本大地震特别福岛核电站泄漏事故的影响，严重拖累日本网络安全建设。

三、战略升级阶段（2015年至今）

对网络安全战略升级的理解应包含两方面含义："一方面，国家安全战略内涵的变化将对信息资源的获取、加工、存储、传递、控制和使用等过程提升到影响国家安全的高度；另一方面，

① 首相官邸：『第百八十三回国会における安倍内閣総理大臣施政方針演説』，平成25年2月28日，http://www.kantei.go.jp/jp/96_abe/statement2/20130228siseuhousin.html（上网时间：2016年3月9日）。

信息（技术）手段在国家安全战略中发挥了关键性作用。”[①] 自2015年以来，日本网络安全战略在上述两方面完成战略升级，实现了与日本国家安全战略的对接。

此阶段始于2015年1月，标志是“网络安全战略本部”和“内阁网络安全中心”的设立，重点是2015年版《网络安全战略》的推出和实施。该阶段的特征是升级，具体表现在两个方面：

一是组织机构升级，即：“信息安全政策委员会”升级成“网络安全战略本部”，“内阁官房信息安全中心”升级成“内阁网络安全中心”。

“信息安全政策委员会”升级成“网络安全战略本部”的意义在于：第一，获得法律授权。“信息安全政策委员会”是根据《信息技术（IT）基本法》在“IT战略本部”之下设立的机构，是“IT战略本部”的下属职能部门。[②] 因此，“信息安全政策委员会”并没有得到明确的法律授权对各政府部门进行指导协调，只能通过内阁官房长官的权威或内阁官房的日常计划、立案等综合协调权来推行相关措施。[③] 相对于此，升级后的“网络安全战略本部”是根据《网络安全基本法》设立的，具有法律授权。第二，职能扩大。《网络安全基本法》第25条规定，网络安全战略本部的职能是：（1）制定《网络安全战略》并推动实施；

① 汪晓风著：《网络战略——美国国家安全新支点》，上海：复旦大学出版社，2015年版，第75页。

② 在《关于信息安全政策委员会设置》中，“高度信息通信网络社会推进战略本部令（2000年政令第555号）第4条中规定，为推进公私一体化跨部门信息安全措施的实施，高度信息通信网络社会推进战略本部设立了信息安全政策委员会。”在该本部令第4条中还规定“此政令规定内容之外，其他本部工作的必要事务，由本部长决定。”

③《内阁法》（昭和二十二年一月十六日法律第五号）12条2款规定，内阁有重要政策方针的制定决定权等综合指导权。

（2）制定国家行政机关及独立行政法人的网络安全措施基准，并根据该基准进行相关评估（包括监查），以及推进根据该基准制定的措施落实；（3）对国家行政机关发生的网络安全重大事项进行评估（包括查明原因）；（4）除前三点外，其他网络安全措施中重要计划的调查审议、跨部门的计划、相关行政机关经费预算方针及落实措施方针等。第三，权限提升。（1）《网络安全基本法》第30条规定了对相关行政机关负责人的约束规定。在“网络安全战略本部”做出决定后，相关行政机关的负责人必须及时向“网络安全战略本部”提供相关网络安全的资料信息，并协助行使职能。除此之外，应网络安全战略本部长的要求，相关行政机关一把手必须要提供“网络安全战略本部”所需的网络安全信息和情报，并详加说明。特别是，在《信息技术（IT）基本法》《知识产权保护法》《宇宙基本法》等相似法律中，在相关法律的战略本部履职所必须时，相关行政机关负责人要“尽可能”提供“必要帮助”。相对于此，在《网络安全基本法》中使用“必须提供帮助”的措词，突出“责任与义务”属性，赋予“网络安全战略本部”最大的权限。日本写有此种权限的法律，只有《国家安全保障委员会设置法》。[①]（2）《网络安全基本法》第31条规定了对相关行政机关负责人以外人员的约束规定。这些人员在“网络安全战略本部”有需求时，都必须提供必要帮助，人员主要包括：地方公共部门及独立行政法人一把手、国立大学法人的担当者、大学共同利用机关法人的一把手、日本司法支援中心理事长、特殊法人及认可法人中本部指定部门负责人、与网络安全问题相关的国内外关系人及部门负责人等等。第四，领导行政级别提升。《网络安全基本法》第34条规定，“网络安全战略本部”的主管大臣是日本首相。尽管担任本部长的内阁官房长官也是内

① 《国家安全保障委员会设置法》第六条第2款。

阁大臣，但日本首相才是本部的主管大臣。与此类似的“知识产权本部”和“IT综合战略本部”的主管大臣也是日本首相。第五，增加发布行政命令职能。《网络安全基本法》第35条规定，“网络安全战略本部”具有发布行政命令职能，所发布的行政命令称为“网络安全本部令”。

“内阁官房信息安全中心”（NISC）扩编升格为“内阁网络安全中心”（新NISC）①，从网络安全政策执行部门成为网络安全战略的执行部门，工作职能较升格前有大幅拓展，除承担内阁官房日常的计划、立项、综合协调事务外，还负责“网络安全战略本部”的行政事务，特别是拥有对各省厅网络安全的监控和调查权，大大推进整个政府的网络安全措施。

二是网络安全战略升级，即：从2013年版《网络安全战略》升级为2015年版《网络安全战略》。与2013年版《网络安全战略》相比，日本2015年版《网络安全战略》最大变化主要有四个方面：（1）网络安全战略被纳入到日本国家安全保障战略之中，升级为国家战略。2013年底，安倍射出“安保三箭”，日本政府推出首个《国家安全保障战略》，并以此为基础重新修订《防卫计划大纲》和《中期防卫力量整备计划》，“安倍军事学”正式登场。这三份文件均对网络安全做出明确规定，成为升级版网络安全战略的核心主旨。（2）网络安全战略建立在《网络安全基本法》之上，升级为法律文件，使日本网络安全战略依法而定，有法可依，并使日本网络安全战略的制定和执行机构具有法律地位和执法权。（3）网络安全战略有《特定秘密保护法》护航，升级为涉密领域。《特定秘密保护法》的出台，使日本网络安全战略的性质发生变化，从公开变为公密结合，不但可与外国进行全方位网络安全合作，如与美国进行网络军事合作，而且还

① 英语缩写未变，内容有变，为示区别，称为“新NISC”。

为网络安全战略的具体实施提供了法律保护，特别是在“个人号码制度”推行方面具有决定性作用。（4）网络安全战略的目标、基本原则、举措更加明确。2013 年版《网络安全战略》设定的日本网络安全战略目标、基本原则、举措比较笼统，2015 年版《网络安全战略》在 2013 年版的基础上，有了新拓展，更加清晰和明确。2015 年版《网络安全战略》设定的网络安全战略目标，在坚持“网络安全立国”的基础上，明确提出要“创造并发展自由、公正、安全的网络空间”。2015 年版《网络安全战略》提出的基本原则中，除了第一项基本原则遵循了 2013 年版外，其他四项原则都是新增的，分别是：确保信息自由流通、法治、开放性、自律性、多方合作。2015 年版《网络安全战略》提出的实现战略目标的政策更加具体，更具有可操作性，而且更加突出了安全保障的性质，一是明确了措施实施的三个方向，即从事后应对转为先发制人、变被动为主导、从网络空间向融合空间发展；二是明确了必须适应形势变化制定的政策，即提高经济活力及可持续发展（创造安全的物联网系统、推进企业经营的安全意识、营造安全商业环境）；实现国民能安全安心生活的社会（保护国民和社会的措施、关键基础设施保护措施、保护政府机关的措施）；国际社会的和平稳定与日本安全（确保日本安全、国际社会的和平稳定、与世界各国的合作）；跨领域措施（推进研发、人才的培养和保障）。[①]

至此，日本网络安全战略的概念已基本清晰：日本网络安全战略是日本国家安全战略的重要组成部分，是有关日本网络安全建设的一系列政策和措施，是日美同盟由“单向转向双向”的重

① 『サイバーセキュリティ戦略について』，平成 27 年 9 月 4 日，http：//www. nisc. go. jp/active/kihon/pdf/cs-senryaku-kakugikettei. pdf（上网时间：2016 年 2 月 9 日）。

要支柱，是日本迈向政治、经济和军事大国的重要“试金石”。

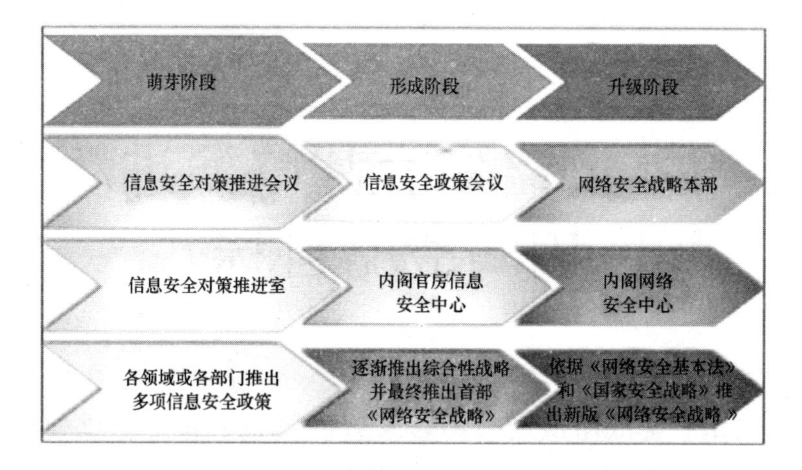

图 1—2　日本网络安全战略总体演进图

第二章

日本网络安全战略演进动因与战略目标

网络安全战略演进是动态发展的过程，在这个过程中有着众多的政治体制内和体制外的推动力量。在政治体制内，首先，日本网络安全战略是国家层面的安全战略，要服从服务于国家安全保障战略，体现日本国家安全观的定位和要求。其次，日本作为多党制国家，党派政治的推动力量也是网络安全战略能否形成并施行的决定性因素。再次，日本是西方民主制度下的法制国家，法律是日本网络安全战略和政策形成、推进的前提和根本保障。在政治体制外，首先，现代科学技术的发展是日本网络安全战略演进的大背景。其次，网络安全风险的不断加大是日本制定网络安全战略的直接动因。再次，日美同盟是日本调整网络安全战略必须考虑的核心因素。同时，日本网络安全战略演进又有着明确的战略目标，始终围绕着重返“普通国家”和打造“强大日本”、打造经济发展新引擎、谋求网络权力进行。

第一节　日本网络安全战略的主观推动力量

在国家安全研究领域中，对于国家安全政策的研究，主要的侧重点在于决策过程中的政治因素，而非技术因素。[①] 日本网络安全战略在决策过程中的政治因素是其政治体制内的主导力量。政治体制是国家政治体系的运作形式，国家战略的推出，是国家政治体制内运作的结果。首先，“综合安全观”决定日本网络安全战略是国家安全保障战略的组成部分，国家安全保障战略的变化必然要带动网络安全战略的变化。其次，日本作为实行议会内阁制的代议民主制国家，国家层面的网络安全战略必须要通过立法，由政党提出立法提案，再由国会通过，将“网络安全”上升到法律层面方可实现。再次，网络安全战略的最终实现，必须由其配套法律明确相关权力义务、指导方针、实施计划及措施保障等等。

一、国家力量：“综合安全观”是根本动力

国家安全位于国家利益的核心地位。所谓国家安全，是指国家利益特别是重大国家利益免受威胁或危害的状态，包含国家的政治安全、军事安全、经济安全、文化安全等内容。[②] 第二次世界大战后，日本的国家安全有两大支柱：一是“专守防卫”原则；二是“日美同盟”基础。随着 20 世纪 70 年代石油危机和“布雷顿森林体系”崩溃带来的巨大冲击，日本经济开始被迫转型升级，不断增加对外投资和拓展海外市场，海外利益保护特别是保护海外人员和财产安全日益成为重要课题。日本认识到：“在思考国家安全时，在目标方面，不仅要防备其他国家的侵略，还要将经济等更广阔领域的目标作为高度重要的国家目标。在实

① ［美］罗杰·希尔斯曼、劳拉·高克伦、帕特里夏·A. 韦茨曼著，曹大鹏译：《防务与外交决策中的政治》，北京：商务印书馆，2000 年版，第 1 页。

② 黄旭东：《意识形态建设与国家安全维护》，《湖北社会科学》2009 年第 7 期，第 16 页。

现这些目标时，要将军事要素抑制在最小限度，而最大限度地充分运用非军事手段。”[①] 1980 年，大平正芳首相首次正式提出“综合安全保障”概念，即：“日本的安全保障，就是要针对各类威胁保护国民生活。为此需要进行‘三个层次的努力’：努力消除威胁并致力于改善国际环境；努力联合理念和利益一致的国家共同实现安全；努力独立应对威胁。”[②] 日本国家安全保障局局长谷内正太郎曾组织编撰《日本外交与综合安全保障》[③] 一书，阐述“综合安全观”的重要性。国家安全保障局次长兼原信克也曾在其专著《战略外交原论》[④] 中，论证了“综合安全观”的重要性。这说明“综合安全观”理念深深影响着安倍的执政团队，特别是其国家安全核心团队更是把这一理念不断融入国家安全实践。

民族国家的战略传统，是对国家利益稳定性的认识与追求，一旦形成就很难发生根本的改变。[⑤] 2013 年 12 月 17 日，安倍内阁召开会议，推出《国家安全保障战略》《防卫计划大纲》和《中期防卫力量整备计划》三份重要安全政策文件，实质性转变了二战后日本网络安全政策立场，正式将“网络安全”提升到国家安全战略高度。《国家安全保障战略》在宗旨中明确，网络安全属于国家安全保障，强调：“国家安全保障战略是日本安全保障的基本方针，是海洋、宇宙、网络、政府开发援助、能源等国

① 卫藤沈吉、山本吉宣著：『総合安保と未来の選択』，讲谈社，1991 年版，第 556 页。

② 政策研究会著：『大平総理の政策研究会報告書』，自由民主党委员会出版局，1980 年版，第 10 页。

③ 谷内正太郎著：『日本の外交と総合的安全保障』，ウェッジ出版社，2011 年版。

④ 兼原克信著：『戦略外交原論』，日本经济新闻出版社，2011 年版。

⑤ 程亚文：《世界政治中的“时间”——试论 21 世纪初世界政治的范式变迁》，《欧洲研究》2004 年第 4 期，第 3 页。

家安全保障相关领域的政策指南”。[①] 这三份安全文件充分体现出大平正芳提出的综合安全观的“三个层次的努力”。

第一个层次是“努力消除威胁并致力于改善国际环境”。第一，是确立威胁。《国家安全保障战略》将网络安全列入国家安全保障面临的挑战和问题，认为“网络空间已成为社会活动、经济活动、军事活动等所有活动的必要领域。一方面，受到窃取国家秘密情报、破坏社会关键基础设施系统、妨害军事系统等网络攻击的风险越来越大。在日本，以社会系统为首的所有系统都在网络化。推进信息自由流通能带来经济成长和技术创新，网络空间为此提供平台。因此，保护网络空间，是确保日本安全的必要之举”。[②] 第二，是努力应对威胁。《国家安全保障战略》提出，“保护网络安全是确保日本绝对安全的必要领域。随着网络安全的重要性在日本安全保障中的不断提高，日本将推进网络安全政策的推出。例如，现内阁已经着手落实，用新《网络安全战略》替代 2013 年发表的《网络安全战略》。”[③] 第三，是致力于改善国际环境。《国家安全保障战略》强调对网络空间相关国际法律的主导权，以此来改善国际环境，明确表示：“对于网络空间，基本理念是确保信息的自由流通。因此，要与有共同理念的国家合作，以现在通行的国际法为前提，积极参与策划（网络空间）国际规则，积极为发展中国家的能力构建提供

① 内閣官房：『国家安全保障戦略について』，平成 25 年 12 月 17 日，http：//www. cas. go. jp/jp/siryou/131217anzenhoshou/nss-j. pdf（上网时间：2016 年 11 月 18 日）。

② 内閣官房：『国家安全保障戦略について』，平成 25 年 12 月 17 日，http：//www. cas. go. jp/jp/siryou/131217anzenhoshou/nss-j. pdf（上网时间：2016 年 11 月 18 日）。

③ 松崎みゆき：『防衛省・自衛隊によるサイバーセキュリティへの取組と課題』，日本世界和平研究所，2015 年 4 月 22 日，http：//www. iips. org/research/data/note-matsuzaki20150422. pdf（上网时间：2015 年 11 月 2 日）。

帮助。”[①]《防卫计划大纲》也提出，“在技术革新飞速发展的背景下，确保作为国际共有的宇宙空间和网络空间的和平利用，是包括我国在内的国际社会的重要课题”。[②]

第二个层次是“努力联合理念和利益一致的国家共同实现安全”。日本实现共同安全的基础是日美合作，在《国家安全保障战略》中写明，“强化在弹道导弹防御、海洋、宇宙空间、网络空间、大规模灾害应对等更广泛安全保障领域的合作，提升日美同盟的控制能力和应对能力”。[③] 日本实现共同安全的手段是广泛合作，在《国家安全保障战略》中明确提出，“必须要在广泛的领域加强国际合作。为此，要在技术和应用两方面开展国际合作。除与相关国家扩大情报共享外，还要推进网络防卫合作”。[④]

第三个层次是“努力独立应对威胁”。日本在2010年12月17日出台的《2011年后防卫计划大纲》中，[⑤] 首次将网络安全明确列为国家安全保障问题，提出了以下几个工作重点：一是加强国家整体应对，日本在《国家安全保障战略》中提出强化本国网络安全的战略措施，“要守卫网络空间不受非法行为的危害，确

① 内閣官房：『国家安全保障戦略について』，平成25年12月17日，http://www.cas.go.jp/jp/siryou/131217anzenhoshou/nss-j.pdf（上网时间：2016年11月18日）。

② 内閣官房：『平成26年度以降に係る防衛計画の大綱』，2013年12月17日，http://www.cas.go.jp/jp/siryou/131217anzenhoshou/ndpg-j.pdf（上网时间：2015年10月3日）。

③ 内閣官房：『国家安全保障戦略について』，平成25年12月17日，http://www.cas.go.jp/jp/siryou/131217anzenhoshou/nss-j.pdf（上网时间：2016年11月18日）。

④ 内閣官房：『国家安全保障戦略について』，平成25年12月17日，http://www.cas.go.jp/jp/siryou/131217anzenhoshou/nss-j.pdf（上网时间：2016年11月18日）。

⑤ 防衛省・自衛隊：『防衛省・自衛隊によるサイバー空間の安定的・効果的な利用に向けて』，平成24年9月，http://www.mod.go.jp/j/approach/others/security/cyber_security_sisin.html（上网时间：2016年8月10日）。

保网络的自由和安全。保护我国重要的社会系统不受包括可能有国家参与的网络攻击的影响。为此，全国上下要全面推进跨组织、跨领域的措施，进一步加强网络空间的保护和对网络攻击的应对能力。因此，平时就要以风险评估为基础，在系统地设计、构建、应用领域，防止危害的扩大、查明原因、防止发生类似事件等领域，加强公私合作。另外，也要综合研究加强安全人才积累、保护操作系统、应对供应链风险等的问题，采取必要的措施。为进一步强化全国上下对于网络安全的应对能力，要在强化有关机构并明确职责分工的同时，推进各种措施来加强网络事项的监察、调查、分析、国际协调等能力以及承担这些任务的组织机构。"[①] 二是加强专业防御力量，日本在《中期防卫整备计划》中规定："为充分应对网络攻击，确保网络安全，就要考虑加强机能整合与高效资源分配，提高自卫队的各种指挥管理系统和信息通信网络的耐攻击性，强化情报收集能力和调查分析功能，在实战中测试对网络攻击的应对能力，以上两个方面都必须要进一步完善。为确保在网络空间拥有对网络攻击方的压倒性优势，要了解对手利用网络空间进行破坏的能力。要与民间部门合作，通过与同盟国开展战略对话和联合演习，及时掌握关于网络安全的最新风险、应对策略、技术动向等。由于网络攻击的手法高明且繁杂，必须要留住专业的优秀人才。在此基础上，还要有计划地培训优秀人才，就是要增加内部的专门教育培训，积极派遣人员到国内外高等教育机构学习，实施特殊的人事管理措施等。对于网络攻击，政府要一致全面应对。对此，要从平时做起，通过给防卫省、自卫队提供经验和人才来强化与各政府部门间的紧密合

① 内閣官房：『国家安全保障戦略について』，平成 25 年 12 月 17 日，http：//www. cas. go. jp/jp/siryou/131217anzenhoshou/nss-j. pdf（上网时间：2016 年 11 月 18 日）。

作，除此之外，还要加强训练和演习。”[①]

政策理念必须有机制保障，作为政府的主导思想，“综合安全观”需要政府加强安全事务的统筹，由各个部门和各类资源形成合力，这就需要良好的顶层设计和国家层面的总体统筹。在日本国家安全委员会的指导下，秉持“综合安全观”理念，日本国家安全保障局副局长兼内阁网络安全中心（NISC）长官高见泽将林主持制定2015年版《网络安全战略》，重新评估日本网络安全面临的形势，提出新日本网络安全战略的目标、原则、措施，确定日本网络安全的体制和未来方向。此战略被安倍称为“未来网络安全政策的指南针”和“日本安全保障的重要战略支柱”，[②]显示出很强的整体性和长远性。

二、党派力量：各党派共同推进是直接动力

冷战后，精英团体的认知越来越影响到国家政策的制定。相比较单个决策者而言，精英团体中的成员具有更高的一致性，并且受到团体内部环境的影响，尤其是受到内部信仰和共识的影响，而这种信仰和共识的变化，可能会对政策制定产生深远的影响。[③]网络安全问题超越党派间的利害对立，在某些具体方面即使触及党派对立，但由于众多国民期待相关战略、法律得以通

① 防衛省・自衛隊：『中期防衛力整備計画（平成26年度—平成30年度）について』，平成25年12月17日，http：//www. mod. go. jp/j/approach/agenda/guideline/2014/pdf/chuki_seibi26－30. pdf（上网时间：2015年10月24日）。

② 首相官邸：『サイバーセキュリティ戦略本部』，平成27年5月25日，http：//www. kantei. go. jp/jp/97＿abe/actions/201505/25cyber＿security. html（上网时间：2015年11月1日）。

③ Mark P. Lagon，“The Beliefs of Leaders：Perceptual and Ideological Sources of Foreign Policy After the Cold War”，in Marc A. Genest eds.，*Conflict and Cooperation：Evolving of International Relations*，pp. 499－505.

过，因此关键不在于能否通过，而在于要在日本“综合安全观”的最新体现——《国家安全保障战略》确定后，由各党派共同推进。2013年12月17日，日本在《国家安全保障战略》中确定，“为进一步强化日本网络防护和应对能力，应综合推进各种政策”，拉开了各党派争相制定《网络安全基本法草案》的序幕，在此过程中日本各党派表现出“一党主导、多党合作”的模式。

“一党主导”就是自民党的主导作用。日本《国家安全保障战略》出台后，为体现执政党的主导作用，日本自民党首先成立包括内阁部会、总务部会、国防部会、经济产业部会、财务金融部会、信息通信战略调查会、IT战略特命委员会等组织机构在内的“网络安全措施联合会”，开始广泛就网络安全立法征求各方意见。其次，与共同执政的公明党一起成立了“网络攻击应对研究委员会”，与公明党在网络安全立法方面协调立场、保持一致。再次，在自民党内部成立了“强化网络安全体制措施工作组”和“执政党强化网络安全体制工作组”，用以具体操作相关立法事宜。2014年4月15日，自民党“网络安全对策联合会”向内阁官房长官菅义伟递交该委员会制定的《加强日本网络安全体制的建议》,[①] 该建议的主要内容是由自民党主导制定《网络安全基本法》和加强网络安全组织机制建设。此后，由自民党众议员平井卓也担任组长、公明党众议员远山清彦担任代理组长的自民党“强化网络安全体制措施工作组”连续召开四次会议，并于2014年5月15日制定了《网络安全基本法纲要》。6月11日，平井卓也向众议院提交了《应将基本法草案作为内阁委员会法律提案的建议》[②]，该建议指出网络已经带来巨大威胁，网络安全是日本成功举办2020年东京奥运会的必要

---

① 参见平井卓也议员的个人主页记录，http://www.hirataku.com/policy/（上网时间：2016年2月9日）。

② 2014年6月11日第186届国会众议院内阁委员会，第23号。

条件，为此，要强化日本的网络安全体制，加强培养人才和技术能力，更要加强包括地方公共团体和民间企业等各种主体的合作及国家支持力量。

"多党合作"主要是日本民主党等在野党积极同步开展工作。在自民党积极从事网络安全立法的同时，民主党也与内阁等政策部门召开三次联合会议，研讨网络安全立法事宜。为在网络安全相关立法中体现民主党的地位和作用，民主党对自民党提出的网络安全相关草案提出具体补充意见，民主党议员大野元的个人主页记录了民主党对《网络安全基本法提案》补充意见的主要内容，其中包括：一是要在更广阔的范围内讨论网络安全相关法律中关于网络空间的安全保障和紧急事态下如何加强防卫能力的问题；二是网络安全相关法律要加入保护公民人权的内容；三是网络安全相关法律的制定须及时向国会报告；四是建议去除对公民承担网络安全相关义务的要求，改为努力得到国民的理解和支持，共同保卫网络安全；五是法律在定义网络安全相关事项时，要突出对日本国家安全保障有重大影响的项目，并大力强化相关组织机构的机制体制建设。①

在自民党主导、各党派共同推动下，《网络安全基本法》于2014年5月22日分别在日本自民党和公明党党内审议通过，于6月10日通过民主党的党内审议。至此，除共产党外，日本在野党全部表示赞成。在2014年6月11日第186届国会上，日本众议院内阁委员会顺利通过该法律提案，并于6月12日送交参议院审议。在2014年10月23日第187届国会上，日本《网络安全基本法》高票获得通过；10月29日又在参议院高票通过，并于11月

① http://blogos.com/atricle/88166（上网时间：2015年6月9日）。

12日正式公布，同时附带发表了“要确保日本网络安全”的决议，[①] 再次强调日本将进一步加强网络安全战略的决心。

“一党主导、多党合作”模式最重要的证明是，《网络安全基本法》是作为众议院内阁委员会提出法案立法通过的。在日本这样的议院内阁制国家，法案分为内阁提出的法案（阁法）和议员提出的法案（议员立法）两种，两者的主要差异体现在重要程度、通过率和执行力上。在2014年6月11日的众议院内阁委员会上，以自民党议员平井卓为首的自民党、民主党和无所属俱乐部、日本维新会、公明党、大家党和生活党等党派的多名议员共同提案[②]推出《网络安全基本法草案》，并决定以“众议院内阁委员会”的名义提出议案。之所以是这样的程序，一是推进网络安全的基本措施在政治上需要一个强有力的领导团队，这就要从立法上确定这一框架；二是网络安全关系到每个政府部门，需要时间进行协调权衡，但由于形势紧迫，就需要在议员和政党的主导下尽快出台《网络安全基本法》。事实是，内阁提出的法案，会避免意想不到的反对声音，协调好执政党内、执政党和在野党、政府和执政党、各政府部门之间的关系。

由此可见，在日本网络安全战略形成的过程中，日本各党派有着共同的紧迫感和责任感，合力将网络安全提升到法律层面。

三、法制力量：确立相关配套法律是强制动力

“基本法”在日本现行法律制度中具有重要地位。一般来说，所谓的“基本法”就是在国家行政管理的某些重要领域，提出制

① 参见第186届国会众议院内阁委员会（2014年6月11日）及第187届国会参议院内阁委员会（10月23日）的议事录。

② 其他提案者包括远山清彦（公明党网络攻击对策研究委员会委员长）、原口一博（民主党）、松田学（日本维新会）等。

定有关国家制度、政策等方面的理念与基本方针，同时规定相关行政主体和施政措施等内容的法律。日本“基本法”的法律定位介于宪法和一般法律之间，既体现国家意志和政策判断，又是对宪法的补充和完善，是对宪法的相关理念进行补充解释从而指导一般法律和政策。因此，在已经制定“基本法”的国家行政管理领域，政府要按照“基本法”来制定政策措施。这就意味着，“基本法”在相关行政管理领域是具有“母法”性质的上位法，主要作用就是对相关行政管理领域的一般法律或政策进行规范、指导，其内容大多是抽象的、框架性的、指导性的。

从1947年3月31日推出的《教育基本法》起，日本开始就国家重要课题制定相关基本法。基本法的出现，使原来三层法律体系“宪法→法律→命令”变成四层法律体系“宪法→基本法→法律→命令”。从20世纪90年代末以来，日本开始在社会变化和科技发展带来的国家行政管理新领域、新课题方面频繁制定基本法，作为政府施行国家战略或政策的法律依据，以法律的强制力保证相关国家战略或政策落地施行。

第二次世界大战后，日本为将安保政策与宪法相统一，制定各种自我限制的法律或条款，以确保日本仅拥有行使自卫所需要的最低限度的军事力量。在“专守防卫”的原则下，行使集体自卫权、“海外派兵”、参加联合国维和行动等等均属违宪。同时，自卫队的装备也限制在“自卫”所需的最低水平。由于网络安全存在跨境、溯源、日渐军事化等诸多新特性，这些限制性法律或条款面对网络安全这个新课题，形成种种障碍和束缚，既不能适应网络安全的需要，更不能为网络安全提供法律依据。特别是由于网络已经关系到政治、经济、生活等方方面面，需要顶层设计、整体规划、综合施策，必须要有相关配套法律来从立法上规定权利和义务，最终推动网络安全战略相关配套体制机制的形成和对应责任部门的成立运行，以切实推进网络安全战略的落地和实施。这就需要制定一部“基本法”作为母法，起到最终推动作用，才可以从国家的整体层面迈出网络安全战略的第一步。

日本2014年11月6日推出的《网络安全基本法》正是充分利用了日本基本法的法律定位，满足日本从国家层面规划并实施网络安全战略的需求，为之提供法律依据。《网络安全基本法》明确规定，“本法的目的是：制定网络安全措施的基本理念，明确国家及地方公共团体的职责等，制定网络安全战略及其他网络安全措施的基本事项，并通过设置网络安全战略本部等，结合《建设高度信息通信网络社会基本法》（平成十二年法律第一百四十四号），综合、有效地推进网络安全的相关措施，以提高经济社会活力和保持可持续发展，创造国民可以安全、安心生活的社会，并为确保国际社会的和平与安全、保障我国的安全做出贡献。”① 同时，《网络安全基本法》从法律层面确定了网络安全战略施行的行政主体、框架内容、基本措施。

1. 在行政主体方面，主要是确立了网络安全战略的国家级最高领导机构。《网络安全基本法》规定，日本政府将新设内阁官房长官为首长的“网络安全战略本部”，全面领导协调各政府部门的网络安全措施。新成立的“网络安全战略本部”还将与日本国家安全保障委员会、信息技术综合战略本部（IT战略本部）等相关部门加强合作。《网络安全基本法》同时还规定，电力、金融等重要社会基础设施运营商、网络相关企业、地方自治体等有义务配合网络安全相关举措或提供相关情报。这说明，从《网络安全基本法》开始，日本已经将网络安全问题放在整个国家层面来统筹规划。

---

① 総務省電子政府e-Gov：『サイバーセキュリティ基本法』，平成26年11月12日，http：//law. e-gov. go. jp/htmldata/H26/H26HO104. html（上网时间：2016年9月20日）。

2. 在战略规划方面，主要是确定了网络安全战略的框架和内容。《网络安全基本法》第12条，对《网络安全战略》的制定主体责任、战略主要内容、制定审议审批程序都做出了明确的规定：(1) 政府对制定《网络安全战略》负主体责任。《网络安全基本法》规定，政府为全面有效地实施网络安全措施，必须要制定关于网络安全的基本计划，即《网络安全战略》。(2)《网络安全战略》应规定以下事项：一是关于网络安全的基本方针；二是关于确保国家政府机构的网络安全措施；三是推进确保“社会重要基础行业方面”的网络安全措施，这些社会重要基础行业领域包括社会重要基础行业领域及其所属组织、团体（包括地方公共团体)。(3)《网络安全战略》的审议审批必须要遵循一定的程序。《网络安全基本法》规定，首相必须要将《网络安全战略》提交内阁审议决定；政府在制定《网络安全战略》后，要及时提交国会并向社会公布。(4) 除前三项外，要全面有效地实施网络安全措施相关的其他事项。①

3. 基本措施方面。一是明确信息化是根本保障，确定网络安全和信息化是“一体之两翼，驱动之双轮”的相互保障关系。《网络安全基本法》特别写明，《网络安全基本法》实施后，要继续施行《建设高度信息通信网络社会基本法》，两个法律相辅相成、并行发展。二是明确了日本实现网络安全的11项主要措施，包括：确保国家行政机构等的网络安全、确保关键信息基础设施的安全、引导私营企业和教育研究机构等自觉维护网络安全、推动国内各级政府组织和企事业单位等携手开展网络安全合作、加大对网络犯罪的打击力度、提升涉及国家安全的重大网络安全事

① 総務省電子政府 e-Gov:『サイバーセキュリティ基本法』，平成26年11月12日，http://law.e-gov.go.jp/htmldata/H26/H26HO104.html（上网时间：2016年9月20日）。

件的应对能力、发展网络安全产业并提高国际竞争力、提高网络安全核心技术研发能力、加强网络安全专业人才培养、促进网络安全教育培训和宣传、积极推进网络安全国际合作。

2016 年 2 月，日本对实施仅一年的《网络安全基本法》进行修订，向国会提交了《网络安全基本法及关于促进情报信息处理法的修正法案》，2016 年末《网络安全基本法》修订案在国会通过后立即实施，这些都进一步反映出日本网络安全战略相关配套法律所具有的强制性。其结果就是：一方面，扩大了日本政府网络安全监管保护范围，将日本所有政府机构、事业单位及国企的网络全部纳入实时监控保护范围。另一方面，加强了日本网络安全人才选拔，设立了“国家网络安全执业资格”等考试制度，建立了网络安全人才库，计划从 2017 年到 2020 年共选拔 3 万名网络安全人才。同时规定，获得执业资格的人员如泄密，将处一年以下有期徒刑和 50 万日元以下罚款。

第二节　日本网络安全战略的客观推动力量

信息化的快速发展、网络风险的不断加大以及巩固日美同盟的需要，对日本网络安全战略发展提出具体要求，形成外部动力。这些外部动力不因网络安全战略的存在而存在，只因自身的需要而推动网络安全战略的演进。正是这些力量的存在，决定着网络安全战略的重要性和紧迫性，体现着网络安全战略演进的作用和价值。

一、技术力量：日本信息化的快速发展

在 2014 年制定的《网络安全基本法》中，日本明确提出，“伴随着互联网及高速信息通信网络的不断进步、完善以及信息

通信技术在世界范围内的快速发展普及，'网络安全'问题也随之而来，且越来越深刻。"[①] 在这一法律界定的背后，隐含了日本对信息化与网络安全二者关系的理解。日本认为，信息化和网络安全是相伴相生、密不可分的，正是信息化的飞速发展对网络安全提出越来越高的标准和要求。

所谓信息化，广义上是指通过信息技术的开发与运用来促进社会发展，并使社会对信息的依赖程度越来越高；狭义上是指信息技术被社会所开发和利用的程度。[②] 没有信息化，就没有网络安全问题。信息技术的快速发展和应用，从"科技改变一切"的技术角度推动着日本网络安全战略的发展。虽然网络安全战略的目标、内容和措施在信息化发展的不同阶段必然有所不同，但从总体表现来看，信息化发展进程越快，信息化覆盖面越广，网络安全战略调整也会越加频繁，对网络安全战略的推动作用也就越直接、越明显。日本信息化的每个阶段都高度重视网络安全，并制定与之配套的网络安全战略或政策。随着信息化的不断推进，网络空间对国家战略和政策的承载能力越来越强，体现出"相伴相生"的动态进程，实质是信息化所呈现的技术属性在不停推动着网络安全战略发展。

（一）信息技术的快速应用为网络安全战略发展创造巨大的环境空间

信息化塑造网络空间。信息技术的不断应用使网络空间越来越需要网络安全，2003 年 12 月在日内瓦召开的"信息社会世界峰会"（WSIS）发表了《原则和行动计划宣言》，该宣言明确提

① 総務省電子政府 e-Gov：『サイバーセキュリティ基本法』，平成 26 年 11 月 12 日，http：//law. e-gov. go. jp/htmldata/H26/H26HO104. html（上网时间：2016 年 9 月 20 日）。

② ［日］北川高嗣、西垣通著『情報学事典』，弘文堂，2002 年版，第 439 頁。

出，加强包括信息安全和网络安全及保护隐私和消费者信任框架，是发展信息社会和增强用户信心的先决条件，要促进、发展和落实一种全球性的网络安全文化。① 以2000年制定的《信息技术（IT）基本法》为起点，日本快速开启信息化进程。2000年还自称信息化落后于世界发达国家的日本，到2016年底时，信息化已经取得巨大成就，信息技术覆盖了国民生活的诸方面。2017年2月1日，日本内阁官房长官兼网络安全战略本部长菅义伟在“网络安全月”开幕式上称，“近年来，不但个人计算机和智能终端已经联网，而且家用电器、汽车等各种产品都已经开始融入网络，网络空间已经成为日本从老到少各年龄段人群的活动场所。”②

从世界角度看，经过21世纪以来的高速信息化建设，日本已经是信息化大国，信息技术应用水平处于世界前列。据世界银行报告调查统计数据，2015年度，在世界七大人口大国之中，日本互联网普及率最高，智能手机普及率仅落后于美国，位列世界第二。③（参见图2—1）

从日本自身来看，信息技术在日本国内正被广泛应用，信息化为网络安全战略发展创造的环境空间越来越大，最有代表性的三个数据就是智能手机普及率、网民数量、企业上网数量。据日本总务省2016年7月22日发布的《2016年度信息通信技术应用

① 俞晓秋、张力、唐岚、张晓慧、张欣、李艳：《国家信息安全综论》，《现代国际关系》2005年第4期，第41页。

② 首相官邸：『サイバーセキュリティ月間における菅内閣官房長官メッセージ』，平成29年2月1日，http：//www.kantei.go.jp/jp/tyokan/97_abe/20170201message.html（上网时间：2017年2月19日）。

③ 中国产业信息网：《2016年全球移动应用市场发展概况分析》，2016年8月22日，http：//www.chyxx.com/industry/201608/440215.html（上网时间：2017年1月31日）。

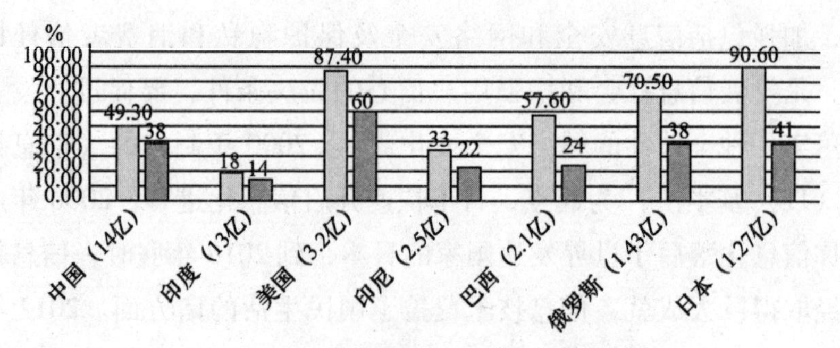

图2—1　全国人口大国互联网普及率与智能手机普及

资料来源：此图依据日本总务省公开数据整理。

情况调查结果》[①] 显示：

2015年度，日本智能手机的普及率再创新高，达到53.1%，较2014年度44.7%高出8.4个百分点，增长迅猛（参见图2—2）。

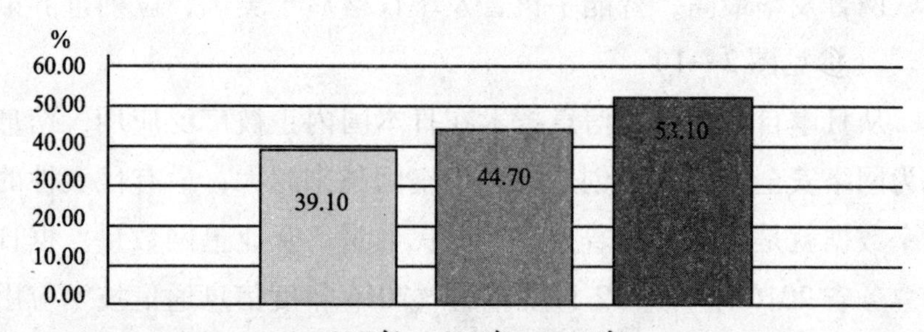

图2—2　日本智能手机普及率

资料来源：依据日本总务省公开数据整理。

---

① 総務省：『平成27年通信利用動向調査の結果』，平成28年7月22日，http：//www. soumu. go. jp/menu _ news/s-news/01tsushin02 _ 02000099. html（上网时间：2017年2月6日）。

2015 年度，日本以家庭为单位的智能手机普及率达到 72%，较 2010 年的 9.7% 大约翻了 7.4 倍多（参见图 2—3）。

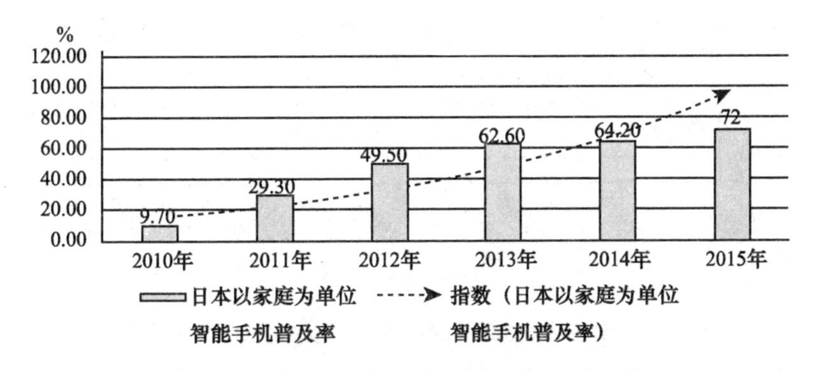

图 2—3　日本以家庭为单位的智能手机普及率

资料来源：依据日本总务省公开数据整理。

2015 年度，日本网民人数创下新高，达到 1.0046 亿人，占了日本总人口的 83%。根据日本总务省统计数据，自 2001 年以来，日本的网民数一直在不断攀升。从 2001 年至 2015 年，仅 15 年时间，日本网民数量就从 5593 万人增至 1.0046 亿人，增长了 4453 万人，几近是 2001 年的 1.8 倍（参见图 2—4）。

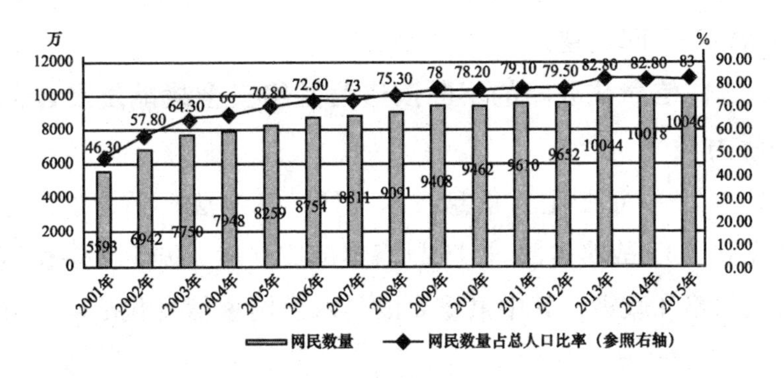

图 2—4　2001—2015 年日本网民数量及占总人口比率

资料来源：依据日本总务省公开数据整理。

2015 年度，日本企业上网数达到 100%（参见图 2—5）。

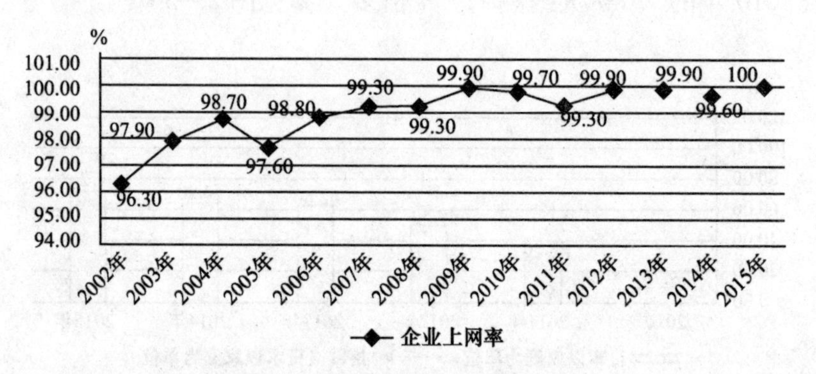

图 2—5　2002—2015 年日本企业上网率

资料来源：依据日本总务省公开数据整理。

日本总务省的调查统计结果，不仅显示出日本信息化的快速发展，同时也显示出日本民众愈加重视网络安全问题，担心网络病毒感染信息设备的人员比率由 2014 年的 39. 7% 上升到 2015 年的 47. 8%，要求加强网络安全措施的人员比率由 36. 3% 上升到 44. 2%。2015 年，有 78. 6% 的日本家庭担心上网安全，有 98. 9% 的日本企业采取了网络安全措施。这些数据充分说明，日本信息化程度越高，对网络安全的需要越大，其网络安全战略的发展动力和空间也越大。

（二）信息化战略的不断演进为网络安全战略发展注入动力和活力

日本 2000 年制定《信息技术（IT）基本法》后，以该法为基础设立了 IT 战略本部。[①] IT 战略本部成立后，制定了多份国家信息化战略和政策，其中最重要的是六份国家信息化战略，分别

① 首相官邸：『高度情報通信ネットワーク社会推進戦略本部 第 60 回議事録』，平成 25 年 3 月 28 日，http：//www. kantei. go. jp/jp/singi/it2/dai60/gijiroku. pdf（上网时间：2015 年 9 月 20 日）。

是：《e-Japan 战略》（2001 年 1 月）[①]、《e-Japan 战略 II》（2003 年 7 月）[②]、《信息新改革战略》（2006 年 1 月）[③]、《i-Japan 战略 2015》（2009 年 7 月）[④]、《新信息通信技术战略》（2010 年 5 月）[⑤]、《建设世界最先进信息国家宣言》（2013 年 6 月）[⑥]。这些战略和政策具有共性特点：一是都反映了当时国内外信息化形势和技术动态，确立了日本一定时期内的信息化奋斗目标。二是都强调网络安全（信息安全）的重要性，包含着对网络安全的需求和限定，要求必须加强相关建设。如，《e-Japan 战略》全文共三次提到“信息安全”；《e-Japan 战略 II》全文共 47 次提到“信息安全”；《信息新改革战略》全文共 24 次提到“信息安全”；《i-Japan 战略 2015》全文共 10 次提到“信息安全”；《新信息通信技术战略》全文共 6 次提到“信息安全”；《建设世界最先进信息国家宣言》全文共 11 次提到“信息安全”。

（三）信息化为网络安全战略的发展提供技术支撑

网络安全战略发展的基础是信息技术的发展，有信息技术的

---

① 首相官邸：『e-Japan 戦略』，平成 13 年 1 月 22 日，http：//www.kantei.go.jp/jp/it/network/dai1/pdfs/s5_2.pdf（上网时间：2015 年 9 月 20 日）。

② 首相官邸：『e-Japan 戦略 II』，平成 15 年 7 月 2 日，http：//www.kantei.go.jp/jp/singi/it2/kettei/030702ejapan.pdf（上网时间：2015 年 9 月 20 日）。

③ 首相官邸：『IT 新改革戦略—いつでも、どこでも、誰でもITの恩恵を実感できる社会の実現—』，平成 18 年 1 月 19 日，http：//www.kantei.go.jp/jp/singi/it2/kettei/060119honbun.pdf（上网时间：2015 年 9 月 20 日）。

④ 首相官邸：『i-Japan 戦略 2015—国民主役の「デジタル安心・活力社会」の実現を目指して—』，平成 21 年 7 月 6 日，http：//www.kantei.go.jp/jp/singi/it2/kettei/090706honbun.pdf（上网时间：2015 年 9 月 20 日）。

⑤ 首相官邸：『新たな情報通信技術戦略』，平成 22 年 5 月 11 日，http：//www.kantei.go.jp/jp/singi/it2/100511honbun.pdf（上网时间：2015 年 9 月 20 日）。

⑥ 首相官邸：『世界最先端 IT 国家創造宣言について』，平成 25 年 6 月 14 日，http：//www.kantei.go.jp/jp/singi/it2/kettei/pdf/20130614/siryou1.pdf（上网时间：2015 年 9 月 20 日）。

支撑才会有网络安全，只有在一系列信息技术的标准和流程下，网络安全才有标准、流程，从这个意义上说网络安全实际上是信息技术应用的安全。当前世界信息技术发展日新月异，新技术新手段层出不穷，如果没有信息化的快速发展，就难以做好网络安全工作。

信息化为网络安全战略提供技术支撑主要体现在网络安全相关体系是依据信息技术标准建立的。如日本为确保网络安全，于2001年创立了“信息安全评价与认证制度”（JISEC）。该制度是以信息技术相关产品的信息安全国际评价标准ISO/IEC15408为基础建立的，目的是对信息技术相关产品的网络安全性能进行评价，主要由日本“信息处理推进机构”（IPA）负责检测认证，只有通过检测取得认证的信息技术相关产品才可以在日本市场销售。

二、风险力量：日本面临的网络风险不断加大

日本特殊的岛国环境和自然地理条件，在给日本民族带来巨大的物质和精神压力的同时，也形成了日本民族与生俱来的强烈危机意识，这种危机意识加强了日本民众特别是日本政府决策层对网络安全风险的认知。

个人的个性与知觉，能够将客观环境加工成为“操作性现实”，进入领导者的脑海中，进而影响政策的制定，但是个人的个性与知觉还受到其所处的外部环境的影响。[①] 随着网络风险的不断加大，日本政府决策层对网络空间的风险意识也不断增强，“对环境的认知和环境本身的影响对于决策和普遍政治行为至关

① ［美］罗伯特·杰维斯著，秦亚青译：《国际政治中的知觉和错误知觉》，北京：世界知识出版社，2003年版，第30—45页。

重要”[①]。与安全相关的诸多行为以及战略和政策的制定，往往都与“恐惧”相关。[②] 安倍及其内阁成员对网络风险的认知是十分清楚且充满忧虑的。安倍 2013 年 9 月 12 日在“日本—东盟网络安全合作部长级会谈”上称，“我在 8 年前担任内阁官房长官兼网络安全政策担当大臣，与那时相比，现在的网络威胁日趋复杂、日益严重”。[③] “现在，日本的治安方面，虽然刑事犯罪数量有所改善，但正面临着网络犯罪、网络攻击、国际恐怖等重大威胁。这些威胁正在随着网络空间的扩大而与现实社会融合成一体，这是随着世界上国际形势和经济形势的变化而变化的，必须要根据威胁的性质和发生的原因而采取新措施。”[④] 日本内阁官房长官、网络安全战略本部长菅义伟强调，“从个人信息泄露、经济犯罪到关键基础设施遭到破坏，日本受到网络攻击的风险不断加大。”[⑤] 从目前看，日本面临的网络安全风险呈现出“严重化、扩散化、国际化”三个趋势。[⑥]

（一）日本面临的网络安全风险日益严重化

2015 年 5 月，日本发生了有史以来最严重的网络安全事

---

① ［美］詹姆斯·多尔蒂、小罗伯特·普法尔茨格拉夫著，阎学通、陈寒溪等译：《争论中的国际关系理论》，北京：世界知识出版社，2003 年版，第 192 页。

② Shiping Tang，“Fear in International Politics：Two Positions”，*International Studies Review*，No. 10，2008，pp. 451 –455.

③ 首相官邸：『日・ASEANサイバーセキュリティ協力に関する閣僚政策会議』，平成 25 年年 9 月 12 日，http：//www. kantei. go. jp/jp/96_abe/actions/201309/12asean. html（上网时间：2017 年 2 月 19 日）。

④ 首相官邸『「世界一安全な日本」創造戦略について』，平成 25 年 12 月 10 日，https：//www. kantei. go. jp/jp/ singi/hanzai/kettei/131210/kakugi. pdf（上网时间：2015 年 11 月 3 日）。

⑤ 首相官邸『サイバーセキュリティ月間における菅内閣官房長官メッセージ』，平成 29 年 2 月 1 日，http：//www. kantei. go. jp/jp/tyokan/97 _ abe/20170201message. html（上网时间：2017 年 2 月 19 日）。

⑥ 谷脇康彦著：『我が国のサイバーセキュリティ戦略』，ITUジャーナル，2015 年 11 号。

件——“政府养老金机构客户信息泄露事件”，125万条用户信息被泄露，信息包括客户养老金编号、姓名、年龄、住址等。其直接原因就是该机构员工打开携带木马病毒的电子邮件所导致的。据日本政府机构信息安全跨部门监控和快速反应协调小组（GSOC）统计，自2012年以来已知的针对日本政府机关的网络安全事件逐年增加，2015年达到约613万件，较2014年的399万件大幅增长约50%，是2011年的66万件的近9.29倍[①]（参见图2—6）。

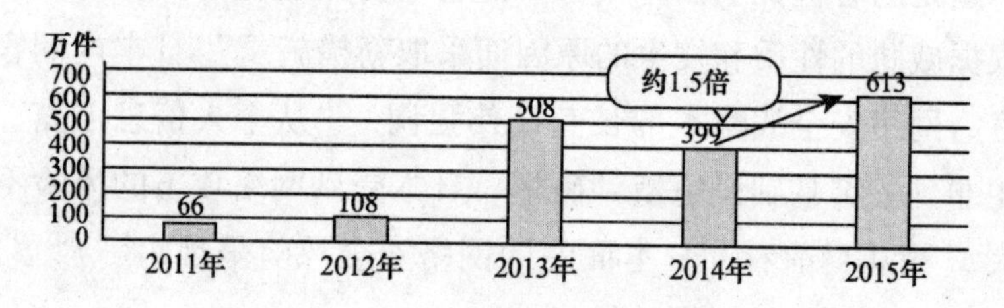

图2—6　针对日本政府机构的网络安全事件

资料来源：依据日本网络安全中心公开数据整理。

被日本政府机构信息安全跨部门监控和快速反应协调小组（GSOC）拦截的针对日本中央政府的可疑电子邮件数量也出现大幅增长，2015年被拦截的疑似网络攻击的电子邮件数为1981个，较2014年的789个增长了约1.5倍，较2012年的415个增长了约3.77倍（参见图2—7）。

（二）日本面临的网络安全风险日益扩散化

随着日本网民的不断增加和智能终端的快速普及，网络风险

① 资料引自：NISC：『サイバーセキュリティ政策に係る年次報告（2014年度）』，2015年7月23日，http://www.nisc.go.jp/active/kihon/pdf/jseval_2014.pdf（上网时期：2017年1月19日）。NISC：『サイバーセキュリティ政策に係る年次報告（2015年度）』，2016年6月13日，http://www.nisc.go.jp/active/kihon/pdf/jseval_2015.pdf（上网时间：2017年1月19日）。

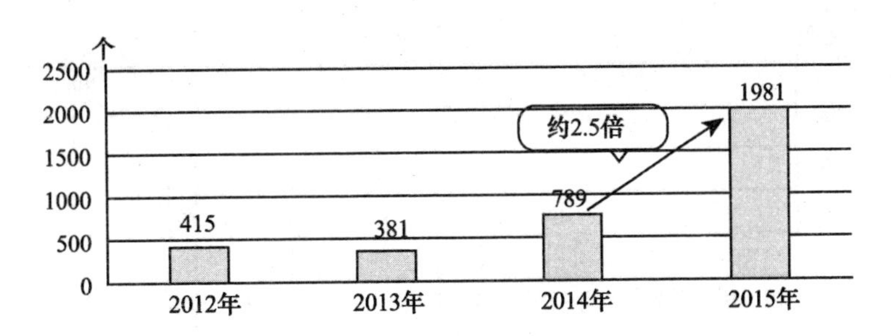

图 2—7　疑似攻击日本中央机关的电子邮件数

资料来源：依据日本网络安全中心公开数据整理。

快速由政府机构、企事业单位等组织机构向日本全社会扩散，使需要保护的目标对象日益增多。特别是随着物联网的发展，越来越多的物品，如电视、冰箱、空调、摄像头、汽车、智能电表都可能成为网络攻击的对象，网络安全风险呈现不断扩大趋势。据日本网络安全中心统计，截止到 2016 年，世界物联网设备已从 2013 年的 30.3 亿个增至 63.9 亿个，增长了 1.1 倍。[①] 日本网络安全中心预计，到 2020 年，全球将有 200 多亿个物联网设备，较 2016 年的增幅达到 225%。[②] 日本网络安全中心认为，这些设备既可以是被攻击的对象，也可以被“黑客”劫持成为攻击源（参见图 2—8）。

（三）日本面临的网络安全风险日益全球化

近年来全球网络安全事件不断，如 2016 年美国大选中的“邮件门”和“干扰门”事件、雅虎 5 亿用户资料被盗事件、德国核电站检测出恶意程序事件等等。日本也无法幸免，不仅发生

---

① 『サイバーセキュリティ政策に係る年次報告（2015 年度）』，2016 年 6 月 13 日，http：//www. nisc. go. jp/active/kihon/pdf/jseval_2015. pdf（上网时间：2017 年 1 月 19 日）。

② 『サイバーセキュリティ政策に係る年次報告（2015 年度）』，2016 年 6 月 13 日，http：//www. nisc. go. jp/active/kihon/pdf/jseval_2015. pdf（上网时间：2017 年 1 月 19 日）。

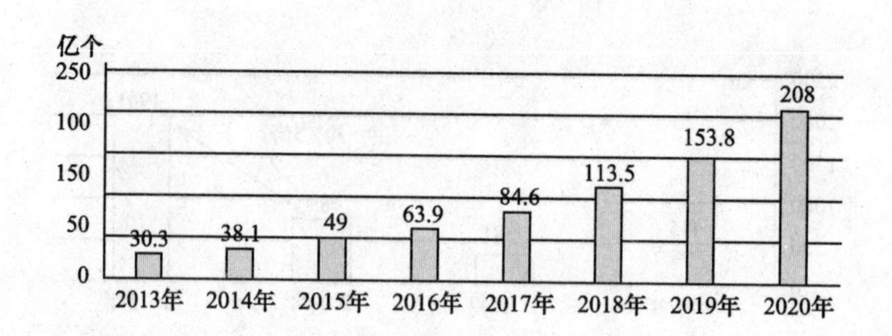

图 2—8　世界物联网设备增长趋势

资料来源：依据日本网络安全中心公开数据整理。

养老金机构个人信息泄露事件等多起网络安全事件，而且从 2013 年起，境外对日本的网络攻击数量连续两年出现爆发性增长。据日本官方统计数据显示，2015 年日本政府及企业受到来自境外的网络攻击 213523 次，是 2014 年 115323 次的约 1. 85 倍，而 2014 年又是 2013 年 63655 次的 1. 81 倍①（参见图 2—9）。

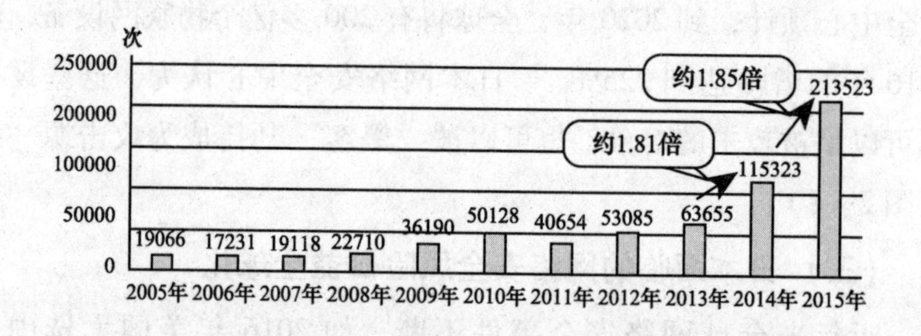

图 2—9　境外对日本政府及企业的网络攻击数量

资料来源：日本信息通信研究机构（NICT）数据，依据日本外务省公开数据整理。

从 2020 年东京奥运会不断加强网络安全的进程和规划上，也可以清楚直观地看到风险力量对日本网络安全战略的

① 外務省：『日本のサイバー外交』，平成 28 年 12 月，http：//www. mofa. go. jp/mofaj/files/000172488. pdf（上网时间：2017 年 2 月 23 日）。

推动作用。日本自2014年开启“2020东京奥运会”筹备工作后，在反恐和安保方面压力不断加大。特别是2012年伦敦奥运会曾遭到超过2亿次网络攻击的前车之鉴，使日本对可能面临的网络风险丝毫不敢怠慢。安倍对此特别强调，“为成功举办2020年东京奥运会，必须要绝对确保我国的网络安全。”[①] 为此，日本政府在网络安全战略方面的主要举措有：（1）2014年日本制定《网络安全基本法》，旨在加强政府各部门间、政府与民间之间在网络安全领域的协调合作，以更好地共同应对网络攻击。（2）2015年版《网络安全战略》明确提出，“本战略着眼于2020年东京奥运会，指明了未来三年网络安全措施的基本方向。”[②] 同时，派出时任奥运担当大臣远藤利明在2015年底率团专程赴美国学习网络安全经验做法并寻求合作。（3）2016年日本修订《网络安全基本法》，增设“确保信息处理安全援助师”制度，计划在2020年东京奥运会前选拔出至少3万人的网络安全人才，以应对网络风险。（4）2017年1月25日，日本网络安全战略本部召开第11次会议，议定为确保2020年东京奥运会和残奥会进行网络安全风险评估[③]，拟于2017年6月开始研究更新《网络安全基本法》和《网络安全战略》，于2018年推出《网络安全基本法修订案》和新版《网络安全战略》，于2019年推出更有力的网络安全措施，将日本网络安全战略推向新的高度，确保2020年东京奥运会的网络系统安全（参

① 首相官邸：『サイバーセキュリティ戦略本部』，2015年5月25日，http://www.kantei.go.jp/jp/97_abe/actions/201505/25cyber_security.html（上网时间：2015年11月1日）。

② 『サイバーセキュリティ戦略について』，平成27年9月4日，http://www.nisc.go.jp/active/kihon/pdf/cs-senryaku-kakugikettei.pdf（上网时间：2016年2月9日）。

③ 『サイバーセキュリティ戦略本部第11回会合』，平成29年1月25日，（上网时间：2017年2月1日）。

见图 2—10）。

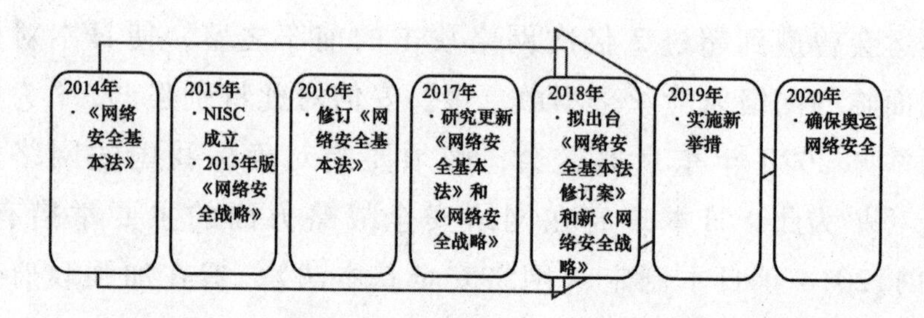

图 2—10　日本奥运安保启动以来日本网络安全战略演进

资料来源：依据 2017 年日本网络安全战略本部第 11 次会议公开数据整理。

三、同盟力量：日美同盟内容的深刻变化

日本对网络安全的认识有一个发展过程，正如 21 世纪政策研究所的一份研究报告所说，“自 2000 年以后的近十年内，（日本）认为网络安全仅是技术层面的问题，而非关系到国家安全保障和危机管理的问题。”① 日本真正认识到网络安全战略是国家层面的战略、关系到国家安全保障和危机管理的起点，是日美同盟内容的深刻变化，网络安全成为日美安保合作的重要领域。这一变化解决了日本网络安全战略发展中的三个重大问题。

一是解决了日本网络安全战略的核心概念问题。美国政府长期将“网络安全”一词囊括于“信息安全”的概念之中，直到 1999 年 12 月发布《新世纪国家安全战略》才首次在国家安全战略中正式运用“网络安全”这一概念，并将之从“信息安全”概念中剥离出来。2011 年 5 月，美国推出《网络空间国际战略：网

① ［日］21 世紀政策研究所著：『サイバーセキュリティの実態と防衛』，2013 年 5 月，http：//www. 21ppi. org/pdf/thesis/130611. pdf（上网时间：2016 年 6 月 29 日）。

络世界的繁荣、安全与开放》,[①] 全面开启网络安全国际合作，并将此作为加强“伙伴关系”的一个重要支柱。在此基础上，在2011年6月21日华盛顿举行的“日美安保磋商会议”（亦称日美“2+2”会议）上，美国将日本纳入国际网络安全合作体系，首次将网络安全纳入日美安保体制，开始把网络安全作为加强与日本“伙伴关系”的重要支柱之一。时任美国国防部长盖茨在美日联合记者发布会上表示，美日双方加强网络安全合作，是进一步深化扩大美日安保合作的新举措。[②] 自此以后，为与美国网络安全战略保持一致，实现与日美同盟合作的对接，日本也逐渐将“网络安全”的概念从“信息安全”的概念中剥离出来，并在2014年底推出的《网络安全基本法》中正式确认了“网络安全”这一概念。

二是解决了日本网络安全战略的根本定位问题。日美网络安全合作成为日美安保的重要领域，意味着日本网络安全战略已经超越了其传统认识中的“技术、民间、经济”三个层面，上升到国家安全层面。2012年4月底，日本首相野田佳彦访美，在双方首脑会谈中，野田和奥巴马一致确认2011年6月和2012年4月两次“日美安保磋商会议”所达成的共识，特别是重申网络安全合作在日美同盟中的重要性，明确表态双方将积极开展政府间网络安全合作。这是日美首脑会谈第一次将网络安全纳入会谈议题，标志着网络安全的根本战略定位已经上升到国家层面，成为

① The White House, “International Strategy for Cyberspace: Prosperity, Security, and Openess in a Networked World”, May 2011, http://www.whitehouse.gov/sites/default/files/rss_viewer/international_strategy_for_cyberspace.pdf（上网时间：2016年7月15日）。

② 外務省:『日米安全保障協議委員会（「2+2」）共同記者会見』，平成23年6月21日，http://www.mofa.go.jp/mofaj/area/usa/hosho/kaiken1106.html，（上网时间：2016年7月9日）。

日美同盟的重要内容。2013年10月3日，日美安保磋商委员会再次启动“日美安保磋商会议”，这是该会谈自2011年6月运行以来首次在日本东京举行。这次会议的主旨是要在网络空间“应对共同威胁、设立共同目标”，会议发表的《日美共同声明》① 中一共13次提及网络安全问题，一再强调网络安全是日美同盟的新领域，两国要加强合作，特别是要加强在保密和装备建设上的合作，要将网络领域合作纳入到即将修订的《日美防卫合作指针》框架中，设立共同目标，设立新的日美网络安全协调机制“网络防卫政策工作组”（CDPWG），以共同应对共同威胁。该工作组是日美网络安全合作领域的主要平台，职能是加强日本自卫队和美军的网络防御合作，包括共享网络安全相关信息、共同训练、联合演习等。② 上述举措进一步将日本网络安全战略定位在国家战略中的安全保障领域。

三是解决了日本网络安全战略的基本内涵问题。日美网络安全合作的逐步机制化、常态化，不断丰富着日本网络安全战略的基本内涵。截至2016年底，日本和美国在网络安全方面形成了“日美网络安全对话”“日美网络防卫政策工作组”（CDPWG）和“日美网络经济政策合作局长级会谈”三个政府间常态化机制，其中“日美网络安全对话”已举办四次，“日美网络防卫政策工作组”（CDPWG）会议已举行五次，“日美网络经济政策合作局长级会谈”已举行七次，达成的数十项网络安全成果涵盖了政治、军事、经济等诸方面，极大丰富了日本网络安全战略基本内涵。

---

① 外務省:『日米安全保障協議委員会共同発表―より力強い同盟とより大きな責任の共有に向けて―』，2013年10月3日，http://www.mofa.go.jp/mofaj/files/000016027.pdf（上网时间：2016年9月10日）。

② 外務省:『日米安全保障協議委員会共同発表―より力強い同盟とより大きな責任の共有に向けて―』，2013年10月3日，http://www.mofa.go.jp/mofaj/files/000016027.pdf（上网时间：2016年9月10日）。

如“日美网络安全对话”，日方代表团由外务省网络政策担当大使带队，成员包括内阁官房、内阁网络安全中心、内阁情报调查室、外务省、警察厅、总务省、经产省、防卫省、文部科学省等多个部门的高级官员。美方则由美国国务院网络安全事务协调官带队，成员来自国务院、国土安全部、司法部、国防部等。双方对话领域涵盖政治、经济、军事、文化、情报安全等多个范畴，广泛交换网络安全信息、协调网络安全政策、探讨网络安全战略、交流网络安全经验。2013 年 8 月日美防长会谈决定设立“日美网络防卫政策工作组”，并于 2013 年 10 月正式成立该工作组。该工作组是日美进行网络安全深入合作的会谈平台，每年召开两次。

表 2—1　日美网络安全合作进程表

日　　期	内　　容
2009 年	驻日美国商会（ACCJ）出版《网络经济白皮书：发挥日本网络经济的全部潜力》，呼吁展开“日美网络经济对话”
2010 年 6 月	日美就开展“网络经济政策合作局长级会谈”达成一致
2010 年 11 月	举行第一次“日美网络经济政策合作局长级会谈”
2011 年 6 月 9 日	举行第二次“日美网络经济政策合作局长级会谈”
2011 年 6 月 21 日	举行“日美安保磋商会议”，将网络安全纳入日美安全合作机制
2011 年 9 月	举行“日美安全保障中网络安全问题的日美战略政策第一次对话”
2012 年 3 月 21 日	举行日本经团联与驻日美国商会的“民间网络对话”
2012 年 3 月 22 日	举行第三次“日美网络经济政策合作局长级会谈”
2012 年 4 月 30 日	日美首脑会谈，就加强两国间网络安全合作达成共识
2012 年 10 月 18 日	举行第四次“日美网络经济政策合作局长级会谈”
2013 年 1 月 17 日	日美举行外务防务处长级会谈，着手修订《日美防卫合作指针》，并商讨将网络安全问题纳入新版《日美防卫合作指针》的具体问题
2013 年 5 月 9 日	为落实 2012 年日美首脑会谈共识，举行第一次“日美网络安全对话”

续表

日　期	内　容
2013年10月	举行“日美安保磋商会议”，决定修改《日美防卫合作指针》，并设立“日美网络防卫政策工作组”（CDPWG）
2013年12月5日	日美首次举行涉网络安全军事演习
2014年2月3日	举行第一次“日美网络防卫政策工作组”会议
2014年3月12日	举行第五次“日美网络经济政策合作局长级会谈”
2014年4月10日	举行第二次“日美网络安全对话”
2014年4月24日	日美首脑会谈，就共同协调东盟等国加强网络安全达成共识
2014年8月18日	举行第二次“日美网络防卫政策工作组”会议
2014年8月18日	举行第二次“日美网络安全对话”
2014年9月16日	举行第六次“日美网络经济政策合作局长级会谈”
2014年10月8日	日美联合发布修订《日美防卫合作指针》中期报告，强调日美应加强网络安全合作
2014年11月16日	在全球G20峰会上发表《日美澳首脑会谈联合公告》，宣布日美澳三国将加强网络安全合作
2014年12月19日	举行“日美安保磋商会议”，进一步加强网络安全合作
2015年4月1日	举行第三次“日美网络防卫政策工作组”会议
2015年4月27日	举行“日美安保磋商会议”，发表新版《日美防卫合作指针》，将网络安全列为重点合作领域
2015年7月	举行第三次“日美网络安全对话”，就进一步扩大日美网络安全范围达成共识
2016年1月20日	举行第四次“日美网络防卫政策工作组”会议
2016年2月25日	举行第七次“日美网络经济政策合作局长级会谈”
2016年7月27日	举行第四次“日美网络安全对话”
2016年10月19日	举行第五次“日美网络防卫政策工作组”会议

第三节　日本网络安全战略目标

战略是一门指导人们调动一切力量与资源以实现既定目标的

艺术。[1] 信息技术有着广泛的应用性和通用性，既可民用，又可军用，既可防御，又可进攻，仅在网络安全方面，网络防御和网络攻击就是浑然一体难以区分。对于一个日渐右倾的日本来说，将网络安全政策上升为国家战略，且不断丰富和完善网络安全战略，不断推进网络安全建设，所追求的自然不可能仅仅是“网络安全”那么简单，除现实需要外，还有其深远的政治考虑。日本在2015年版《网络安全战略》中公开提出的目标是积极创造“自由、公正、安全的网络空间”，努力“提升经济活力、确保可持续发展”“实现国民安心、安全生活的社会”“致力于国际社会的和平稳定与日本安全”。[2] 事实上，日本网络安全战略的真正目标主要是助力其重返“普通国家”并打造“强大日本”、打造日本经济新引擎、谋求网络权力。

一、助力“普通国家”和“强大日本”

自20世纪90年代小泽一郎在《日本改造计划》中提出日本要重新成为“普通国家”以来，修改“和平宪法”、谋求日本国家正常化、开启所谓“第三次开国”，就成为日本右翼势力的目标追求，而安倍更是将此描绘为“美丽国家”，究其实质，深藏的是日本再次成为政治、经济、军事大国的野心。多伊奇（Karl Wolfgone Deutsch）在《国际关系分析》一书中曾提出，“与纯粹的经济利益或对战略和实力的冷静考量相比，领导们更多是被他

① 李少军：《论战略观念的起源》，《世界经济与政治》2002年第7期，第4页。

② 『サイバーセキュリティ戦略について』，平成27年9月4日，http://www.nisc.go.jp/active/kihon/pdf/cs-senryaku-kakugikettei.pdf（上网时间：2016年2月9日）。

们顽固坚持的世界形象所推动和驱使”。[①] 作为日本首相的安倍便是如此。自2012年12月第二次上台执政，安倍便谋求使日本重返“普通国家”，并着力打造“强大日本”。2013年2月，安倍在访美演讲中称，“日本现在不是，将来也决不会做二流国家……我们要建设一个强大的日本，强大到足以做更多的事……首先是经济强大，同时还要国防强大。”[②] 2013年2月28日，安倍在第二次上台后的首次施政演说中开篇明义，提出其再次执政的目的是打造“强大日本”，要修改宪法，让“宪法回到国民手中”，使日本成为一个“受到国际社会广泛尊重的国家”。[③] 2014年1月，安倍在其新年感言中再次强调，夺回强大日本的战略才刚刚开始，这是应朝着日本建设新国家迈出一大步的时刻。[④]

日本推进网络安全战略对“普通国家”和“强大日本”的助力主要表现在：既可以提供平台，也可以提供工具手段。对此，日本2015年版《网络安全战略》指出：“2020年日本将举办东京奥运会，其胜利召开的前提是确保各种社会系统的安全万无一失，同时，这也是日本对外展示强大日本的绝佳良机。”[⑤]

日本之所以将网络安全战略用于助力“普通国家”和“强大

---

① ［美］卡尔·多伊奇著，周启朋等译：《国际关系分析》，北京：.世界知识出版社，1992年版，第95页。

② 首相官邸：『日本は戻ってきました』，平成25年2月2日，http://www.kantei.go.jp/jp/96_abe/statement/2013/0223speech.html（上网时间：2016年8月9日）。

③ 首相官邸：『第百八十三回国会における安倍内閣総理大臣施政方針演説』，平成25年2月28日，http://www.kantei.go.jp/jp/96_abe/statement2/20130228siseuhousin.html（上网时间：2016年8月9日）。

④ 首相官邸：『安倍内閣総理大臣 平成26年年頭所感』，平成26年年1月1日，http://www.kantei.go.jp/jp/96_abe/statement/2014/0101nentou.html（上网时间：2015年9月10日）。

⑤ 『サイバーセキュリティ戦略について』，平成27年9月4日，http://www.nisc.go.jp/active/kihon/pdf/cs-senryaku-kakugikettei.pdf（上网时间：2016年2月9日）。

日本”目标的实现，主要原因在于：（1）网络空间是不受日本和平宪法限制的新兴领域。日本成为“普通国家”的最大障碍是第二次世界大战后制定的和平宪法。虽然日本右翼势力全力推进修宪，但碍于重重阻力，只有逐步推进，难以在短时间内完成全面修宪。由于在制定和平宪法时还没有网络，所以在和平宪法中并无网络的相关规定，也就不存在突破宪法的问题。特别是由于网络的特殊属性，网络安全在网络攻击和网络防御方面难以划清界限。因此，日本可以打着“网络安全”的旗号，在网络空间以“普通国家”身份进行活动，从拥有网络空间“自卫权”“集体自卫权”逐步向“攻击权”过渡，利用网络空间的无边界性开展网络空间防卫，最终突破日本本土防卫限制，实现从“虚拟”突破向“实质”突破的迈进。（2）领域广阔。日本已经认识到了“虚拟空间”与“现实空间”同等重要并不断融合的现状，认识到网络已日益渗透到政治、经济、文化、生活的方方面面，是无数领域、空间、平台形成的巨大集合。日本也正在努力推进网络空间与现实空间相互融合的“融合空间”建设，着力打造“物联网”社会，在有“网络安全”护航后，“物联网”就成为其实现“强大日本”的强大基础。（3）影响力巨大。网络拥有着巨大的宣传作用和经济增长潜力，在“网络安全”的前提下，可以在有形和无形中给日本重返“普通国家”提供巨大的思想推力和舆论动力，也可以成为“强大日本”的经济基础，在拉动经济增长的同时也推动着“强大日本”建设。（4）网络可以为日本重返“普通国家”和打造“强大日本”提供多种渠道和手段，可以强政治、强经济、强军事。强政治，就是可以通过“网络安全”建设，促进日本政府体制向集中领导转型。强经济，就是可以通过“网络安全”建设直接推动“网络安全”产业和信息技术的快速发展，提升网络经济。强军事，就是可以在巩固日美同盟的同时，加强日本自身军事网络化及网络部队建设，在军事保障、军用网络、军事通信以及电子战、信息战等方面，实现网络强军和网络建军。

二、打造经济发展新引擎

日本长期实行经济立国，充分体验到经济实力增长对其国际地位的影响力。日本坚信，在其向政治大国的转型中，经济实力仍是重要基础和保障，只有持续保持强大的经济实力，日本才有可能向政治、经济、军事三位一体的大国转型成功。

但自从20世纪90年代“泡沫经济”崩溃，日本经济陷入长期困局，虽然21世纪初出现了短暂复苏迹象，但整体依旧持续低迷。据日本内阁府经济数据显示，从1992年至2012年，日本经济年均增速仅为0.8%。安倍上台后，提出从2013年到2023年日本实际年均GDP增速达到2%的目标，并先后射出了“安倍经济学”的“老三箭”和“新三箭”，但治标难治本，收效甚微。从2015年第四季度起，日本经济再次陷入衰退，2015年度实际GDP增速只有0.8%，第四季度实际GDP增速环比下滑0.4%；2016年度实际GDP增速只有1%；2017年2月，日本央行称2017年日本实际GDP增速有望达到1.5%，但事实是，日本2017年第一季度实际GDP增长率仅为1.0%，且2017年6月8日，日本内阁府即对实际GDP增速进行了修正，修正值比初值有较大幅度下调。[①] 对于安倍提出的2013—2023年经济发展目标，时间已经过半，距离目标却越来越远，如何拉动经济增长成为日本政府需要长期面对的难题。在日本新的国家安全战略中，经济持续稳定发展既是日本的国家安全重要目标，也是日本维护国家安全的

---

① 以上数值可参见内阁府：『国民経済計算（GDP統計）』，http://www.esri.cao.go.jp/jp/sna/menu.html（上网时间：2017年6月17日）。

重要基础，日本急需打造新的经济发展引擎来全面推动日本经济增长。

对于安倍政权来说，虽然连续推出旧新“经济三箭”，实行所谓“安倍经济学”，但日本经济难以重回持续增长的轨道，严重影响安倍内阁的执政业绩，安倍内阁急需通过经济发展巩固执政基础。特别是，2017 年 3 月日本自民党大会通过修改党章决议，将自民党总裁的任期由“最长两届六年”延长至“最长三届九年”，为安倍执政到 2021 年 9 月提供了体制上的保障。为此，安倍政府更需拉动经济增长来提高支持率、获得选民选票。

日本虽然意识到掣肘自身经济恢复的积弊，却始终难以自己克服，无法做到“自我革命”，这成为日本经济“失去的 20 年”的重要原因之一。所以，利用网络新经济的推动来改造日本经济结构，是日本政府最迫切需要的，希望可以自外而内地推动日本经济进行“倒逼式改革”。日本网络安全中心 2015 年 12 月公布的一份报告显示，至 2020 年，网络空间将为日本创造经济价值 228 万亿日元（约合 1.9 万亿美元），带动投资 32 万亿日元（约合 2630 亿美元），并全面带动日本各领域经济增长，其中制造业和医疗业、保险业、金融业创造的网络经济产业价值最高，占网络空间创造经济价值总量的比例位居前三位，分别是 16%、12% 和 11%[①]（参见图 2—11）。这就需要在确保“网络安全”的前提下，大力发展网络经济。对此，安倍早在日本网络安全战略本部成立后的第一次会议上就明确指出，“网络是经济增长和创新的必要领域，因此，确保网络安全，是实现日本（经济）增长战略

① 『2020 年に向けた政府のサイバーセキュリティの取組』，2015 年 12 月 14 日，https://digitalforensic.jp/wp-content/uploads/2016/03/community-12-2015-05-2.pdf（上网时间：2017 年 3 月 8 日）。

不可或缺的必要基础。”① 因此，当网络经济蓬勃发展，成为世界经济的重要动力时，日本也将大力促进网络经济作为其重要的经济发展手段，加速推进网络安全，其核心思想就是“在信息整合社会，日本企业可在创造新型商业模式的同时，完善现有商业模式，以对经济起到重大牵引作用。为最大限度发挥这一作用，需要产业界、学术界和政府共同制定相应措施。提供高品质服务一直是日本的强项，因此实现更高水平的网络安全，是企业提升价值及提高国际竞争力的源泉”②。

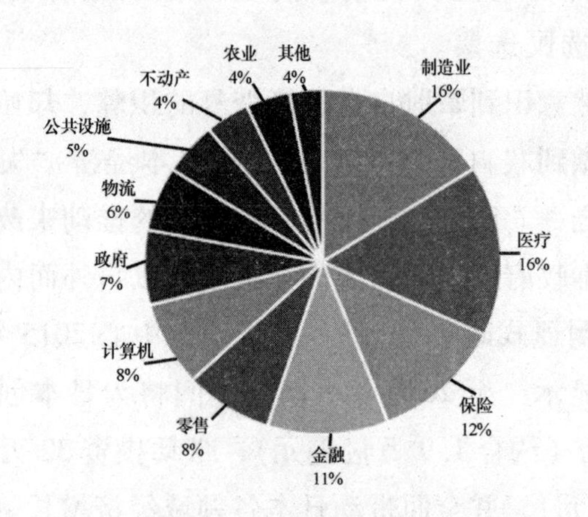

图 2—11　2020 年日本各领域网络经济产生价值在网络空间创造总价值中的比例预测

资料来源：依据日本网络安全中心公开数据整理。

① 首相官邸：『サイバーセキュリティ戦略本部』，平成 27 年 2 月 10 日，http：//www. kantei. go. jp/jp/97 _ abe/actions/201502/10cyber _ security. html（上网时间：2017 年 2 月 5 日）。

② 『サイバーセキュリティ戦略について』，平成 27 年 9 月 4 日，http：//www. nisc. go. jp/active/kihon/pdf/cs-senryaku-kakugikettei. pdf（上网时间：2016 年 2 月 9 日）。

在此基础上，日本认为，在一切都关联网络的现实空间与网络空间高度融合的社会，即“互融互通的信息社会”，要转变观念，认识到网络安全不再是“成本”，而是创造产品和服务的“投资”，从而增加企业价值和提高企业国际竞争力。[①] 在看到网络新经济对世界经济的推动作用，特别是在美国成功经验的带动下，日本政府更加确信网络对日本经济有着重大的推动作用，意图将网络经济打造成日本经济新引擎，重点是利用网络经济调整日本经济结构、提高经济活力、升级日本产业。

在2015年版日本《网络安全战略》中，日本将打造经济新引擎放在首要位置，提出要提高日本经济的活力，实现日本经济持续发展，并提出三项重大措施：一是打造“物联网”社会。主要是充分利用物联网社会的活力，全面振兴新兴产业，以网络安全设计理念为核心，实现物联网的整体安全，促进相关主体的信任与合作，共同创造出具有高附加值的新兴产业。同时，以贯彻网络安全来确保各种新商机、新模式不断涌现，以安全可靠的创新促进经济发展。二是提高信息技术企业的安全意识，提高信息产业品质。主要是深化日本信息技术企业领导层的安全意识，更新经营理念，在不断培养网络安全人才和提高组织规划能力的同时，全面提升日本信息技术产业的安全品质，降低风险系数，以确保日本信息产业持续健康平衡发展。三是创造网络安全商业环境。主要是在日本创造良好的企业运营环境，吸引国内外企业来日本投资发展，推动日本经济发展。同时，为日本国内创造公正、公平的市场环境，提高日本商业国际竞争力。最关键是要保护日本企业的核心技术、制造方法的安全保密，保护日本企业的

---

① 首相官邸：『サイバーセキュリティ戦略本部』，平成27年5月25日，http：//www. kantei. go. jp/jp/97_abe/actions/201505/25cyber_security. html（上网时间：2016年10月8日）。

市场核心竞争力。

三、谋求网络权力

国际政治素来不乏大国权力博弈，在网络空间这一“第五维地缘战略空间”中同样存在着大国权力博弈，主权国家为应对网络时代国家主权所遭遇的挑战，正在不断将国家主权向网络空间延伸。由于网络空间发展速度超乎所有行为体的预期，因此对互联网以及网络空间不同属性的理解，导致治理网络空间存在不同的秩序和规则之争。在现行国际体系中，各国因信息化发展程度以及网络资源掌握程度的不同，对国家主权在网络空间的行使有着不同的认识。因此，网络空间总体上处于无序、混乱和不平等所带来的威胁和挑战中，网络权力结构处于不断变化的构建期。对于权力，摩根索（Hans J. Morgenthau）认为必须考虑权力的构成要素，指出权力包括有形的以及无形的权力，国家在无政府状态下的国际社会中追求权力最大化。①

“谁控制互联网，谁就控制天下”，随着网络权力渗透至世界各个角落，网络权力已成为未来世界最强大的控制力，网络武器的威力甚至胜过原子弹。② 无数的网线、交换机、调制解调器和处理器构成各国激烈搏杀的新“战场”，无数的二进制代码无休止地进行着渗透、阻塞和攻击，与此同时，各国进行着对网络硬件（如计算机、网络的基础设施）的物理破坏与反破坏，目的就是争夺制网权。③ 实质上，目前无政府状态下的网络空间权力竞

① ［美］汉斯·摩根索著，卢明华等译：《国际纵横策论——争强权，求和平》，上海：上海译文出版社，1995年版，第151—189页。

② 东鸟著：《中国输不起的网络战争》，长沙：湖南人民出版社，2010年版。

③ 程群：《美国网络安全战略分析》，《太平洋学报》2010年第7期，第72—82页。

争已经造成“安全困境”：“无政府状态下，某些国家追求权力，以避免受到袭击，从而确保自身安全的行为，会引起其他国家的不安，并采取同样的措施以追求自身的权力，其后果是形成处于循环的竞争局面，没有哪个国家能够通过这种竞争获得全面和绝对的安全。”[①] 2011 年 5 月，美国白宫、国务院、国防部、国土安全部、司法部、商务部联合发布《网络空间国际战略》，这是世界上第一份明确表达主权国家在国际网络空间中权利和责任的战略文件，标志着国家主权正式延伸到网络空间，网络空间日渐成为国际竞争与合作的重要领域。在这种状态下，日本通过推进网络安全战略也加入对网络权力的争夺之中，并且更注意网络权力特殊性，即“软实力”。约瑟夫·奈的《灵巧领导力》一书中指出，“不同类型的网络提供不同形式的权力”[②]，并且“软权力”正在变得日益重要[③]。日本之所以谋求网络权力，一是网络权力已经成为国家实力的象征，二是可以成为强化日本国际地位的支柱，三是可以巩固安倍政权。

具体来说，网络“软权力”有两大支撑：一是以技术标准为基础的“强制性网络权力”；二是以网络规则为基础的“制度性网络权力”。这决定着网络权力的大小和应用，即限制别人并保护自己。日本的网络安全战略正是积极谋求“强制性网络权力”和“制度性网络权力”，积极参加并谋求主导国际网络规则和技术标准的制定。

国际网络规则方面，由于现行的国际体系是以西方大国标准

---

① John H. Herz, “Idealist Internationalism and The Security Dilemma”, *World Politics*, Vol. 2, Issue2, January 1950, pp. 157 – 159.

② ［美］约瑟夫·奈著，李达飞译：《灵巧领导力》，北京：中信出版社，2009 年版，第 41 页。

③ ［美］罗伯特·基欧汉、约瑟夫·奈著，门洪华译：《权力与相互依赖》（第 3 版），北京：北京大学出版社，2002 年版，第 257—272 页。

来确定的，国际法原则也是以西方大国标准为主，服务于西方大国对国际权力的追求。日本在网络安全战略中强调“法律的主导地位”，积极参与国际网络规则的制定，希望按日本的意图引导国际网络规则的制定，同时，大力主张现有国际法适用于网络空间，特别是支持《联合国宪章》中关于“自卫权”的条款适用于网络空间，来为日本自动具有“网络自卫权”制造依据。日本称，“以国际法为首的国际规则和规范也应适用于网络空间，应实现网络空间的国际法治。在网络空间不断扩大并被世界各利益攸关方使用的情况下，为保证国际社会的和平稳定，要寻求制定基于自由民主普世价值观的国际规则和规范。日本将为国际社会确立、实践这些规则和规范，为各国基于自身情况稳步引入这些规则和规范，做出积极贡献。”[①] 为此，日本积极参加联合国第一委员会下属的与网络安全相关的“政府专家会议”，早在 2013 年 6 月就向联合国提交关于《国际法也适用于网络活动》的报告，并称，“未来，日本将从现行国际法适用于网络空间的立场出发，积极参与国际法适用于网络空间具体案例的研讨，致力于网络空间国际规则和规范的形成”[②]。

国际技术标准方面，日本积极参加各种有关网络技术的国际组织活动，积极提出技术方案和标准。日本 2015 年版《网络安全战略》还突出强调“日本还要在实行各种国际标准化措施的同时，建立框架机制，促进以网络安全技术为中心的各种国际标准

① 『サイバーセキュリティ戦略について』，平成 27 年 9 月 4 日，http：//www. nisc. go. jp/active/kihon/pdf/cs-senryaku-kakugikettei. pdf（上网时间：2016 年 2 月 9 日）。

② 『サイバーセキュリティ戦略について』，平成 27 年 9 月 4 日，http：//www. nisc. go. jp/active/kihon/pdf/cs-senryaku-kakugikettei. pdf（上网时间：2016 年 2 月 9 日）。

的制定、普及和相互承认”,[①] 充分显示日本控制网络规则制定权的野心。据日本内阁官房统计，2013 年起，日本参与有关网络空间规则制定的国际活动次数日趋增多，2013 年 3 次，2014 年 9 次，2015 年 15 次。同时，日本 2016 年 7 月在外务省新设立网络安全保障政策室，主要职能就是推动国际网络规则的制定，这从另一个侧面反映日本正加紧争夺网络空间规则和技术标准制定权的图谋。

实质上，网络已经成为承载并连接各国政治、军事、文化、经济等的载体，在此之上的网络权力因所支配资源量的急剧上升而成为超越任何一个单一性国际权力博弈工具的作用，打着“积极和平主义”旗号滑向危险军国主义边缘的日本是必然要谋求这种网络权力的。

① 『サイバーセキュリティ戦略について』，平成 27 年 9 月 4 日，http://www.nisc.go.jp/active/kihon/pdf/cs-senryaku-kakugikettei.pdf（上网时间：2016 年 2 月 9 日）。

第三章

日本网络安全战略的实施

战略实施即战略执行，是为实现战略目标而对战略规划的实施与执行。战略实施决定着战略的成败与优劣，是战略研究的重点与关键，既可以呈现战略的全貌，也可以发现战略的内涵。好的战略并不一定能被成功实施，只有被成功实施的战略才是好战略。日本网络安全战略是根据网络的特点和网络安全的本质属性，借鉴美国可行经验，结合自身实际情况，通过自上而下开展顶层设计、突出重点领域能力建设、注重战略实施整体保障来推进实施落地的。

第一节　自上而下开展顶层设计

顶层设计来自于系统论，是从全局战略高度，对某个领域或项目的各方面、各层次、各种因素进行统筹协调，整体高效地推进并实现目标。在网络空间与现实空间所呈现出的快速融合大背景下，日本不断从顶层设计高度来实施网络安全战略，统合日本网络安全的全部力量，以求用网络安全顶层设计来带动网络空间发展，推进网络安全战略全面实施和落实。日本网络安全战略的顶层设计是从构建法律政策框架、形成组织领导体系、整体规划分配经费预算等三个重大问题入手的，目的是让法律政策成为网络安全战略的“规范之手”，让组织领导体系成为网络安全战略的“引导之手”，让经费预算成为网络安全战略的“推动之手”。

一、构建法律政策框架

法律政策既是日本网络安全战略规划的基础和依据，也是实施的标准和要求。在网络安全战略演进过程中，日本一直将构建法律政策框架作为网络安全顶层设计的核心，充分体现网络安全战略的核心理念与目标，包括：（1）以战略的前瞻性为网络安全战略校准方向和设定轨道，使网络安全战略具有清晰目标和明确标准，在总体上描绘出网络安全的方法路径。（2）理顺网络安全战略内涵要素之间的关系，使之围绕核心理念和目标形成关联、匹配和有机衔接，确保网络安全战略整体推进、全面实施。（3）确保可操作性和可行性，实现理念统一、分工合作、功能协调、资源共享、参数标准、环节衔接。日本最终形成基本法、战略、政策三位一体的法律政策框架（参见图3—1）。

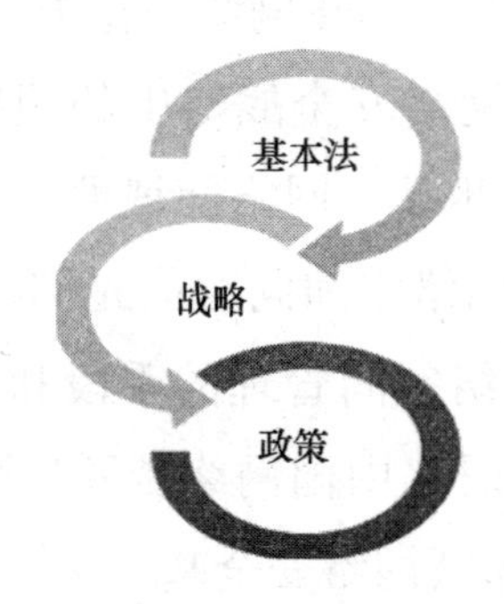

图3—1　日本网络安全战略法律政策框架

立法与行政关系的理顺是日本网络安全战略法律政策框架形成的标志。日本从21世纪初开始推进网络安全战略起，就将构建法律政策框架放在首位。但由于客观上受限于网络发展的阶段性和主观上受限于自身认识的局限性，日本在法律和政策相互关系的确定上进展缓慢，长期以行政政策为主构建网络安全战略的法律政策框架，使其网络安全战略的法律政策框架长期缺少核心支柱。特别是在2000年1月呈交给小渊惠三首相的《21世纪日本的构想：日本的“瓶颈”就在日本之内——用自立与协治建设新世纪》报告中，日本明确提出在网络时代需要用新治理思维推进网络安全建设，并对这种新治理思维进行了界定，提出：“所谓新的治理是在国家与社会之间建立多元的相互关系的形态，不是让‘官’垄断统治，而是有多种群体参加并共同负责的机制。”[①]正是在这种观念影响下，日本运用各种政策来调节、指导网络安全建设，而不是用来管理、监督网络安全。比如，在这个时期，网络安全战略唯一可凭借的法律依据是《信息技术（IT）基本法》第7条，该法条明确规定，在日本信息技术领域是“民间主导”。[②] 2013年，日本在制定首部《国家安全战略》的同时，开始重新思考网络空间的治理方式，将网络安全写入到《国家安全保障战略》中，这标志着日本在网络安全方面的战略决策发生根本变化，确立了国家在网络安全战略中的领导地位和管理责任。2014年5月，美国司法部以“网络间谍罪”起诉五名中国军人，开启以国内法处理国际网络空间问题的先例，并把法律当成美国进行“网络威慑”和网络空间管理的手段和工具。在此背景下，日本一边随美国炒作所谓“中国网络威胁”，一边着手制定并于2014年11月推出了首部《网络安全基本法》，为日本网络安全战

① 首相官邸：『21世紀日本の構想：日本のフロンティアは日本の中にある—自立と協治で築く新世紀—』，2000年1月，http://www.kantei.go.jp/jp/21century/houkokusyo/0s.html（上网时间：2016年8月19日）。

② 《IT基本法》第7条规定：在高度信息通信网络社会形成之际，以民间为主导作为原则，国家和地方（政府等），要以促进公平竞争、制定规则以消除建设高度发达信息通信网络社会的障碍，以及改善环境提升民间活力为中心采取各项措施。

略的法律政策框架构建了主支柱。《网络安全基本法》的主要作用在于：(1) 明确界定了网络安全的概念，任何网络安全问题都需要依据法律政策框架来解决。(2) 明确阐明了网络空间是国家重要战略资产，任何针对日本的网络空间进行攻击的行为都是违法行为，日本有权采取必要措施保卫网络安全。(3) 明确了国家、政府、企业、教育研究机构及国民在网络安全中的权利和义务。(4) 赋予网络安全战略和网络相关政策的法律效力。(5) 以法律规定网络安全建设内容。(6) 授权成立国家网络安全领导组织机构，形成网络安全领导核心。自此，日本网络安全战略形成了以基本法为支柱的法律政策框架，特别是《网络安全基本法》第4条规定国家有责任制定并实施有关网络安全的各项措施，从根本上将全部法律政策框架置于国家网络安全战略之中，实现在国家战略基础上的网络安全战略统合。

日本网络安全战略基本法律政策框架（参见表3—1）形成的时间跨度长，政策涉及的领域多，主要特点有：

表3—1　日本网络安全的基本法律政策框架文件

2000年1月21日	《关于反黑客等基础建设行动计划》
2004年12月7日	《政府在采取信息安全政策中的作用和职能修定》
2006年2月2日	《第一期信息安全基本计划》（设立信息安全日）
2006年6月15日	《安全日本2006》
2007年6月14日	《安全日本2007》
2008年6月19日	《安全日本2008》
2009年2月3日	《第二期信息安全基本计划》
2009年6月22日	《安全日本2009》
2010年1月29日	《关于设立“信息安全月”通告》
2010年5月11日	《保护国民信息安全战略》
2010年7月22日	《信息安全2010》

续表

2011年4月12日	《关于网络安全性和可靠性问题的公告》
2011年7月8日	《信息安全2011》
2011年7月8日	《信息安全研究开发战略》
2011年7月8日	《信息安全公众意识（培养）计划》
2011年7月8日	《信息安全人才培养计划》
2011年7月8日	《关于设立公众意识/人才培养委员会和技术战略委员的决定》
2012年6月22日	《信息安全研究开发路线图》
2012年7月4日	《信息安全2012》
2013年6月10日	《网络安全战略》（2013年版）
2013年6月27日	《网络安全2013》
2013年10月2日	《网络安全国际合作政策》
2014年5月19日	《新信息安全人才培养计划》
2014年7月10日	《信息安全研究开发战略（修订版）》
2014年7月10日	《新信息安全公众意识（培养）计划》
2014年7月10日	《网络安全2014》
2014年9月30日	《关于开展信息安全国际活动的决定》
2014年11月25日	《加强日本网络安全推进体制的措施方针》
2015年9月4日	《网络安全战略》（2015年版）
2015年9月25日	《网络安全2015》
2016年3月26日	《构建安全物联网的一般框架》
2016年3月31日	《网络安全人才培养综合强化方针》
2016年8月2日	《企业经营网络安全构想》
2016年8月31日	《网络安全2016》

一是具有点面结合性，即具体领域与整体战略相结合，既有培养网络安全人才、保护关键基础设施、研究开发网络安全技术、培养公众网络安全意识、网络安全国际合作及构建安全物联网等具体领域的法律政策文件，也有信息安全基本计划、信息安全战略、网络安全战略等整体战略面的法律政策文件。这就保证了网络安全战略可以用不同手段和方法应对不同网络安全问题。

同时，可以有效应对网络安全技术风险，建立行之有效的安全管理体制，从而提高网络安全的应对能力。

二是具有短期和长期结合性，即短期计划与长期安排相结合，不但有《安全日本 2006》《安全日本 2007》《安全日本 2008》《安全日本 2009》《信息安全 2010》《信息安全 2011》《信息安全 2012》《网络安全 2013》《网络安全 2014》《网络安全 2015》《网络安全 2016》等年度网络安全安排，还有《第一期信息安全基本计划》《第二期信息安全基本计划》《保护国民信息安全战略》，2013 年版《网络安全战略》、2015 年版《网络安全战略》以及计划中的 2018 年版《网络安全战略》等基于三年期的计划安排。这样，面对网络安全形势的复杂变化和快速发展，日本网络安全战略既可以实现动态更新，又可以连续性规划，特别是对突发事件和重大风险，可以快速反应、及时处理。同时，也可以不断总结经验教训，丰富和发展网络安全战略内容。

三是具有专业性和体系性，确保核心部门和关键领域的网络安全至关重要。根据网络威胁形势的变化和信息技术的发展，出台专业性和体系性的网络安全政策，直接关系到网络安全战略的实施水平和效果。如在日本政府机构网络安全政策（参见表 3—2）和关键基础设施保护政策（参见表 3—3）方面，日本都在专业领域制定了一系列具有体系性的网络安全政策或规定。在政府机构网络安全政策方面，日本政府不断对《政府机构信息安全措施统一基准》进行修订和细化，从 2005 年至 2016 年间共更新九版，并在《政府机构信息安全措施统一基准（指定项目版）》的基础上形成了标准体系《政府机构信息安全措施统一基准汇编》，这个标准体系又分为《统一技术标准》和《统一管理标准》，目的就在于以《统一技术标准》灵活应对信息技术的调整发展变化，以《统一管理标准》来不断提高日本政府的网络安全管理水平，充分体现技术和管理两手抓、两手都要硬的思路。

表3—2　日本政府机关网络安全相关政策文件

2000年7月	《关于制定信息安全政策的指针》
2001年10月	《为保证电子政务信息安全的行动计划》
2002年12月	《关于制定信息安全政策的指针（修订版）》
2003年9月	《关于及时正确处理信息安全事件的对策》
2003年9月	《关于对各省厅信息系统漏洞开展检查的决定》
2004年7月	《关于评价各省厅信息安全措施的基本方针》
2005年9月	《关于加强政府机关信息安全的基本方针》
2005年9月	《政府机关信息安全措施统一基准（指定项目版）》
2005年12月	《政府机关信息安全措施统一基准（整体版）》
2007年4月	《政府机关信息系统加密相关事项指针》
2007年6月	《政府机关信息安全措施统一基准（整体第二版）》
2008年2月	《政府机关信息安全措施统一基准（整体第三版）》
2009年2月	《政府机关信息安全措施统一基准（整体第四版）》
2011年3月	《（确保）中央政府信息系统连续运行规划指针》
2011年4月	《政府在采购信息系统方面的安全标准手册》
2011年4月	《政府机关信息安全措施统一基准汇编（2011版）》
2012年4月	《政府机关信息安全措施统一基准汇编（2012版）》
2014年5月	《政府机关信息安全措施统一基准汇编（2014版）》
2016年8月	《政府机关信息安全措施统一基准汇编（2016版）》
2016年10月	《为应对高级网络攻击的风险评估指针》

表3—3　关键基础设施保护政策

2005年12月	《保护关键基础设施信息安全行动计划》
2009年2月	《保护关键基础设施信息安全第2期行动计划》
2012年4月	《保护关键基础设施信息安全第2期行动计划（修订版）》
2014年5月	《保护关键基础设计信息安全第3期行动计划》
2015年5月	《保护关键基础设施信息安全第3期行动计划（修订版）》
2017年1月	《保护关键基础设施信息安全第4期行动计划（草案）》

四是具有灵活性和适应性。如在日本政府机构网络安全管理中，日本政府制定了日本涉密信息分类分级制度作为统一管理标准。在实际工作中，各政府部门可以根据各自情况加以变更或追加，但不能低于统一标准要求。这就相当于日本政府对涉密信息分类分级划定底线，不设上限。其结果就是，日本按此原则，根据信息的机密性、完整性和可用性划分出不同等级（参见表3—4、表3—5、表3—6）。

表3—4　关键基础设施保护政策

信息等级	划分标准
机密性 3级信息	行政事务处理的信息中，相当于秘密文件的机密性信息
机密性 2级信息	行政事务处理信息中，不需作为秘密文件的机密性信息，但如果有泄露，有可能使国民的权利受到侵害或为行政事务带来障碍的信息
机密性 1级信息	机密性2级信息及机密性3级信息以外的信息
备注	机密性3级信息和机密性2级信息均属“应保密信息”

表3—5　日本政府信息完整性等级划分标准

信息等级	划分标准
完整性 2级信息	行政事务处理的信息（除书面外）中，因篡改、错误或破损，有可能使国民权利受到侵害或者行政事务的确切执行受到阻碍（轻微除外）的信息
完整性 1级信息	完整性2信息以外的信息（书面除外）
备注	完整性信息分两级，完整性2级信息是“需保障安全信息”

表 3—6　日本政府信息可用性等级划分标准

信息等级	划分标准
可用性 2 级信息	行政事务处理的信息（除书面外）中，由于消失、遗失或该信息不能利用，有可能导致国民的权利被侵害或行政事务稳定的执行受到阻碍（轻微除外）的信息
可用性 1 级信息	可用性 2 级信息以外的信息（书面除外）
备注	可用性信息分两级，可用性 2 级信息称之为“需稳定信息”

五是具有战略性和目标性。网络安全战略的法律政策框架主要是以 2020 年东京奥运会为目标，进行长远规划和战略设计，主要有：（1）确保政府网络安全。主要是强化“政府跨部门信息安全监视和快速反应”（GSOC）能力，从 2017 年开始启用新监视系统，同时加强体制、设备及设施建设，并制定具体规划。（2）强化网络安全综合分析能力。加强外国网络安全政策、网络威胁形势、网络攻击技术等的综合研究分析，并培养专家人才、用好专家人才。（3）强化境内外的网络安全情报搜集能力。政府机构、独立行政法人和重要基础设施等部门和人员要加强相关情报搜集汇总和参谋能力，构筑并加强公私一体机制，不断完善和加强内阁网络安全中心的体制机制和能力建设。（4）强化网络安全国际合作。完善国际合作体制，以构筑与网络安全紧急应对部门的伙伴关系为抓手，拓展国际合作窗口。（5）培养和招募人才。在政府内部主要是通过推进任期制和跨部门人事交流制度，确保有能力的人才到内阁网络安全中心工作。在国家层面主要是通过加强网络安全技能教育培训和技术考核认证来实现人才培训和招募。

二、形成国家组织领导体系

国家组织领导体系是顶层设计和推动网络安全战略实施的部

门，决定着网络安全战略制定的质量和实施的流程、效果。国家组织领导体系的形成主要取决于法律授权、融入国家组织领导体系、自身组织机构健全和形成有效机制体制。

日本网络安全战略的国家组织领导体系是以网络安全战略本部和内阁网络安全中心为核心建立的，网络安全战略本部是日本网络安全战略的最高决策和执行部门，内阁网络安全中心是网络安全战略本部的事务局，负责具体实施操作。

法律授权方面，明确法律授权、依法行政。《网络安全基本法》提出设立网络安全战略本部，并规定其职权为："（1）制定网络安全战略并实施；（2）制定国家行政机关、独立行政法人及指定法人的网络安全基准并监督评价，并根据该基准制定实施相关政策；（3）对国家行政机关发生的重大网络安全事件的处理进行评估，并进一步查明事件原因；（4）对网络安全相关的重要政策制定进行调查研究，负责制定政府跨部门网络安全计划、网络安全相关经费预算、施政方针和评价等，同时全面指导协调网络安全政策的实施。"①（如图3—2）这样，日本网络安全战略本部就具有了政策制定权、经费预算管理权、监督评价权、调查执法权、组织领导权。

在融入国家组织领导体系方面，将网络安全组织领导体系纳入国家组织领导体系。根据《网络安全基本法》，网络安全战略本部直接对日本首相和内阁负责，掌握日本网络安全工作最高领导权和决策权。同时，成立日本内阁网络安全中心（NISC），作为事务局承担网络安全战略本部的日常事务职能，形成日本网络安全事务的管理中心。为确保该组织领导体系融入国家组织领导

① 衆議院：『サイバーセキュリティ基本法案』（第一八六回），平成26年11月6日，http://www.shugiin.go.jp/internet/itdb_gian.nsf/html/gian/honbun/houan/g18601035.htm（上网时间：2015年10月25日）。

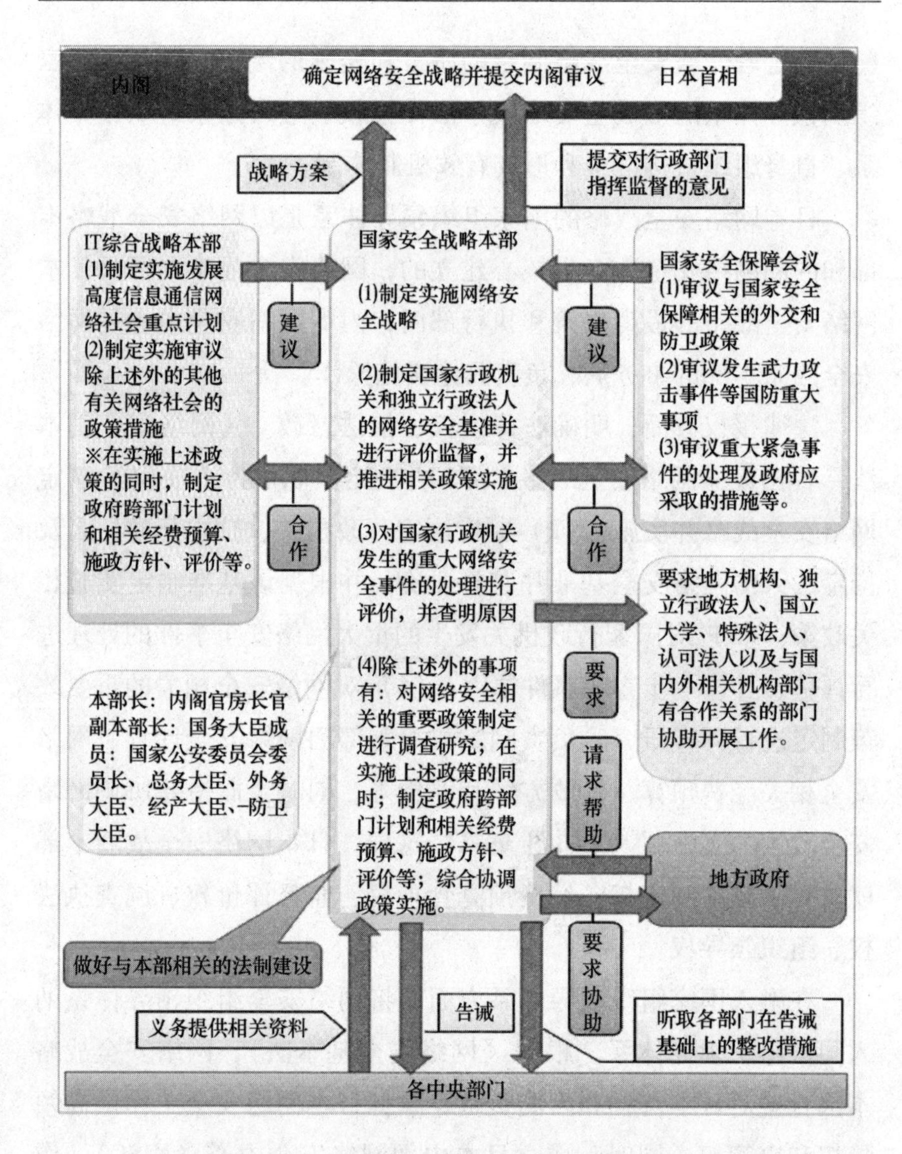

图 3—2　日本网络安全战略本部的职能与权限

体系，日本主要从五个方面进行制度性安排：一是将网络安全组织领导体系与国家安全组织领导体系相衔接。《网络安全基本法》第 27 条规定，日本内阁官房长官兼任网络安全战略本部长，由于日本内阁官房长官既是日本首相的第一助手，又是日本国家安全保障委员会（NSC）核心“四大臣会议”的成员，所以，网络安全组织领导体系自然与国家安全领导体系相衔接。二是将网络安全组织领导体系与信息化组织领导体系相衔接。本来日本网络安全战略本部就是由日本IT综合战略本部下的“信息安全政策委员会”升级而来的，日本的网络安全事务也是从信息化事务中剥离出来的，只有继续两者相辅相成的关系才能做好网络安全。基于此，日本2014年11月推出的《网络安全基本法》规定由信息通信技术（IT）政策担当大臣担任副本部长。[①] 虽然2015年10月日本修订《网络安全基本法》规定网络安全战略本部副本部长由网络安全专职国务大臣担任，但IT政策担当大臣仍为网络安全战略本部成员。三是将网络安全组织领导体系与内阁组织领导体系相衔接。在2015年修订后的《内阁官房组织令》[②] 第4条2款3点中规定，日本首相从内阁官房副长官助理中挑选一名担任“内阁网络安全中心”的一把手，该官员全权负责内阁网络安全中心的事务，协助内阁官房长官、内阁官房副长官、内阁危机管理监及内阁情报通信政策监开展工作。具体实施中，为在体制上确保该官员能从平时到紧急事态都能全面应对，该官员要一身兼三职，即内阁官房副长官助理、国家安全保障局副局长和网络安全中心长官。四是将网络安全组织领导体系与政府军事及执法部门组织领导体系相衔接。《网络安全基本法》规定，日本网络安全战略本部成员包括国家公安委员会委员长和防卫大臣。同时，日本首相安倍任命日本内阁官房副长官助理、国家安全保障局副局长、日本防卫省情报本部前副部长高见泽将林兼任内阁网络安全

① 『サイバーセキュリティ戦略本部の運営等について』，平成27年2月10日，http://www.nisc.go.jp/conference/cs/dai01/pdf/01shiryou01.pdf（上网时间：2016年9月10日）。

② 『内閣官房組織令』（昭和三十二年政令第二百十九号）（抄），http://www.nisc.go.jp/law/pdf/soshikirei.pdf（上网时间：2016年9月20日）。

中心（NISC）长官，在实际操作环节将网络安全与政府军事及执法部门紧密衔接在一起。五是将网络安全组织领导体系与国家内政、外交及经济部门相衔接。《网络安全基本法》规定，网络安全战略本部成员包括总务大臣、外务大臣、经济产业大臣及东京奥运会专职大臣。

在自身组织体系建设方面，日本不断加强网络安全核心组织建设，拓展组织领导体系。日本的主要作法是：

1. 加强内阁网络安全中心建设（参见图3—3）。内阁网络安全中心是由原内阁官房信息安全中心升格、增员、扩权而来，除由信息安全变为网络安全外，两者在日语名称上最重要的变化是机构的前缀由“内阁官房”变为“内阁”，显示出其级别和服务对象的变化，即从内阁官房下属机构变成内阁直属机构，同时由过去服务内阁官房长官变成直接服务日本首相和内阁。另外，两者的英语简称虽都为“NISC”，但英文全称发生重要变化，“内阁官房信息安全中心”的英文名为“National Information Security Center”（国家信息安全中心），“内阁网络安全中心”的英文名称为“National center of Incident readiness and Strategy for Cybersecurity”（国家网络安全事件防御和应对中心），着重突出行动性和目的性，说明其性质已经发生本质变化。这种本质变化在2015年修订的《内阁官房组织令》[①] 第4条2款中充分体现出来，该组织令规定“内阁网络安全中心”的职权是：(1) 监视分析政府等行政机关信息系统相关网络的异常情况。(2) 在为各政府部门的网络安全提供保障的同时，如果发生重大网络安全事件，要查明原因（内阁情报调查室负责的事务除外）。(3) 为确保政府机构的网络安全，实施必要的监查、提出建议、提供情报等。

① 『内閣官房組織令』（昭和三十二年政令第二百十九号）（抄），http://www.nisc.go.jp/law/pdf/soshikirei.pdf（上网时间：2016年9月20日）。

(4) 为确保政府机构的网络安全，进行必要的监查。(5) 为确保其他方面的网络安全，进行规划、立项及协调。由此可见，内阁网络安全中心最大扩权之处在于强化了监控政府网络系统职能，增加了掌握网络安全规划立项、指导协调、监视督查、调查分析、快速反应和救援等职能。

2. 拓展组织领导体系。(1) 在中央政府核心要害部门增设"网络安全和信息化"审议官（部长助理）级岗位，加强网络安全工作领导。2015 年 12 月，日本内阁决定，为防止信息外泄，提高应对网络攻击的能力，从 2016 年起，在日本外务省、防卫省、警察厅、公调厅等 12 个核心要害部门设专职审议官，在内阁网络安全中心（NISC）指导下开展网络安全工作。(2) 在日本政府各部门增设专职岗位，加强网络安全具体工作的指导协调。从 2016 年起，日本内阁网络安全中心推行网络安全指挥新机制，从各省厅选拔网络安全人才培训两年后，派回原单位担任网络安全专员，享受特殊待遇，按照内阁网络安全中心指示协调本单位网络安全工作。

3. 实现内阁网络安全中心机构实体化，并不断扩编。内阁网络安全中心现有六个职能部门（参见图 3—3），职员总数也从成立之初的约 80 人，增加到 2016 年度的 180 人。[①]

在网络安全体制机制建设方面，日本积极构建危机处理协调体制、情报共享体制、重点领域政策推进体制。(1) 建立危机处理协调体制。对于网络安全的危机管理，《网络安全基本法》规定：日常网络安全危机管理，由网络安全战略本部的事务局——内阁网络安全中心——应对；大规模网络安全突发事件，由内阁

---

① 『サイバー防衛強化へ監視人員を増員　戦略本部が方針』，『日本經濟新聞』2016 年 1 月 25 日，http://www.nikkei.com/article/DGXLASFS25H6V_V20C16A1PP8000/（上网时间：2017 年 3 月 9 日）。

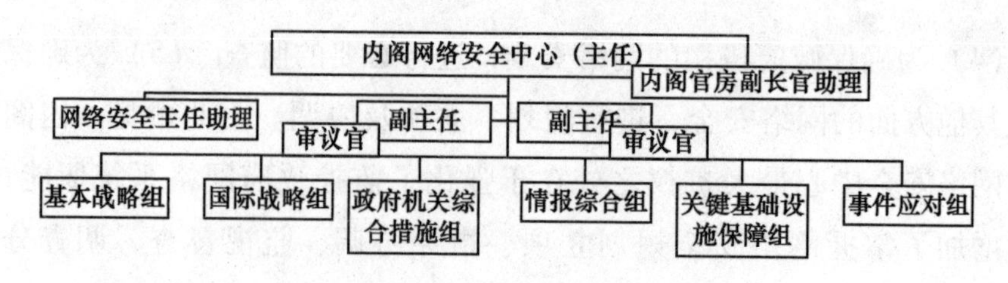

图 3—3　内阁网络安全中心组织图

资料来源：依据日本网络安全中心公开数据整理。

危机管理监、负责危机管理的内阁官房副长官助理、紧急事件应对室来应对；发生武力攻击时，由国家安全保障局应对。为适应这一机制，负责危机管理的内阁官房副长官助理将兼任内阁网络安全中心主任和国家安全保障局副局长。（2）建立情报共享体制。《国家安全保障战略》《中期防卫力量整备计划》《2014 年后防卫计划大纲》《网络安全基本法》都明确要求，网络安全相关部门要加强合作、分担责任。在加强相关部门合作中，最重要的是建立情报共享体制，在对国家安全产生重大影响的网络安全事件发生时，防卫省和自卫队、警察厅等相关责任省厅要快速准确地向内阁网络安全中心提供情报。（3）建立重点领域政策推进体制。日本网络安全战略本部建立“网络安全意识和人才培养专门调查会”“研究开发战略专门调查会”“关键基础设施专门调查会”“网络安全措施推进委员会”，有目的、有计划的推进在相关重点领域的网络安全建设。

三、整体规划分配经费预算

政府经费预算是推动网络安全战略实施的首要动力。从 2012 年起，日本政府开始对网络安全经费的投入进行整体考虑规划分配。日本 2012 年 7 月推出的《信息安全 2012》规定，自即日起日本“信息安全政策委员会”将负责政府网络安全项目相关经费预算的整体规划分配。[①] 2014 年 11 月推出的《网络安全基本法》，则从法律上规定网络安全战略本部在政府网络安全项目相关经费预算方面的权利和责任。这是日本从国家层面来解决、协调网络安全战略实施中的跨部门项目的经费保障问题，也是开始将网络安全相关经费预算项目纳入到国家年度经费预算的整体规划中来，从国家层面就综合网络安全项目经费预算进行整体规划分配，以国家财力支持、推动网络安全战略的实施。具体操作上，由网络安全战略本部进行政府网络安全相关项目经费预算的规划分配和监督，由相关省厅负责经费预算的执行。这样，在网络安全经费预算方面有统有分、灵活高效，既可充分发挥网络安全战略本部的指挥、协调和监督作用，又可充分调动相关部门的主动性和积极性。

根据日本网络安全战略本部网络安全经费预算数据[②]，日本网络安全项目经费预算在总体投入上呈现出起点高、增速猛、总额大的特点。在网络安全经费预算投入总额方面：2012 年度共投入 369.5 亿日元，2013 年度投入 249.3 亿日元，2014 年度投入 567.2 亿日元，2015 年度投入 839.6 亿日元，2016 年度投入 570.5 亿日元，2017 年度预计投入 598.9 亿日元，六年共计 3195

① 『情報セキュリティ2012』，2012 年 7 月 4 日，http://www.nisc.go.jp/active/kihon/pdf/is2012.pdf（上网时间：2017 年 3 月 9 日）。

② 预算数据来自 NISC 公布的“2012—2017 年日本网络安全年度预算（政府案）”：『政府の情報セキュリティ予算について（平成 25 年）』，http://www.nisc.go.jp/conference/seisaku/dai34/pdf/34shiryou03.pdf；『政府の情報セキュリティ予算について（平成 26 年）』，http://www.nisc.go.jp/conference/seisaku/dai38/pdf/38shiryou0700.pdf；『政府のサイバーセキュリティに関する予算（平成 27 年）』，http://www.nisc.go.jp/conference/cs/dai01/pdf/01shiryou07.pdf；『政府のサイバーセキュリティに関する予算（平成 28 年）』，http://www.nisc.go.jp/conference/cs/dai06/pdf/06shiryou05.pdf；『政府のサイバーセキュリティに関する予算（平成 29 年）』，http://www.nisc.go.jp/conference/cs/dai11/pdf/11shiryou05.pdf（上网时间：2017 年 3 月 9 日）。

亿日元，约合196亿元人民币[①]（参见图3—4）。

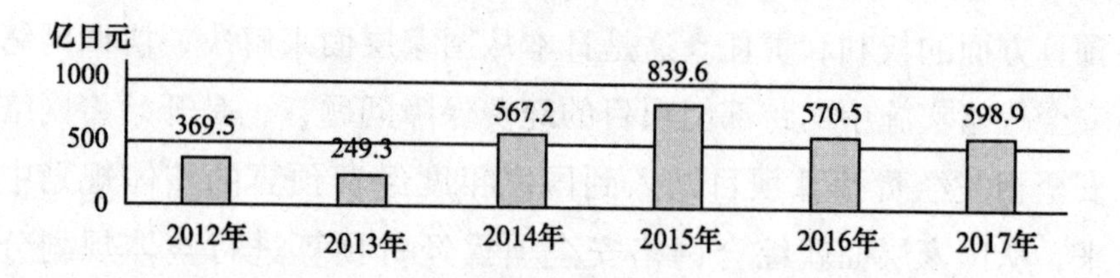

图3—4　日本2012—2017年度网络安全综合项目经费预算

资料来源：依据日本网络安全中心公开数据整理。

从日本网络安全战略本部年度网络安全经费预算数据中可统计项目的经费预算统计数据（参见表3—7和图3—5）来看，日本网络安全相关项目经费预算在部门分配和执行方面的主要特点是有保障、有重点、有先后、有公私、有远见、有明暗、有补充。具体表现在：

表3—7　日本2012—2017年度网络安全战略本部经费预算分配表

（单位：亿日元）

部门	2012年	2013年	2014年	2015年	2016年	2017年	合计
内阁网络安全中心	20.4	13.7	17.2	84.6	21.5	23.9	181.3
总务省	171.8	57.1	17.6	277.6	20.3	22.1	566.5
经济产业省	30.2	58.1	54.8	138.2	93.1	78.7	453.1
防卫省		85.1	184.9	41.2	91.1	14	416.3
警察厅	8	7.2	9.5	8.8	6	12.8	52.3
外务省		1.5	4.5	5	4.2	6.2	21.4
个人信息保护委员会				1.9	2.6	13	17.5
厚生省				12.7	41.4	42.1	96.2

① 按2017年3月20日日元兑人民币汇率1日元=0.0613元人民币折算。

续表

部门	2012 年	2013 年	2014 年	2015 年	2016 年	2017 年	合计
文部科学省				1.9	11.6	12.4	25.9
金融厅					0.3	0.5	0.8
国土交通厅					0.3	0.6	0.9

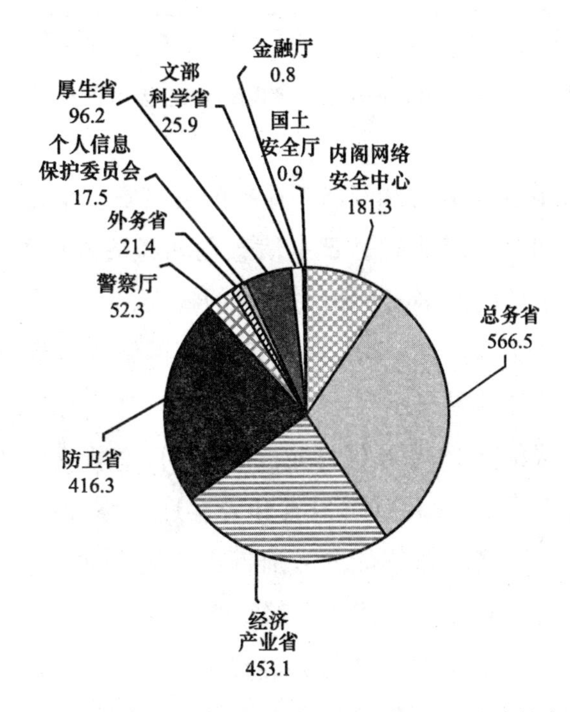

图 3—5 日本 2012—2017 年度各部门可统计网络安全综合项目相关经费预算所占份额（单位：亿日元）

1. 自 2013 年以来，日本政府保障内阁网络安全中心（内阁官房信息安全中心）经费预算稳中有升，运行平稳。内阁网络安全中心（内阁官房信息安全中心）2012—2017 年度共投入经费预算约 171.3 亿日元，其中：2015 年度投入约 20.4 亿日元，2013 年度投入约 7.3 亿日元，2014 年度投入约 13.6 亿日元，2015 年度投入约 84.6 亿日元，2016 年度投入约 21.5 亿日元，2017 年投入约23.9亿日元[①]（参见图3—6）。

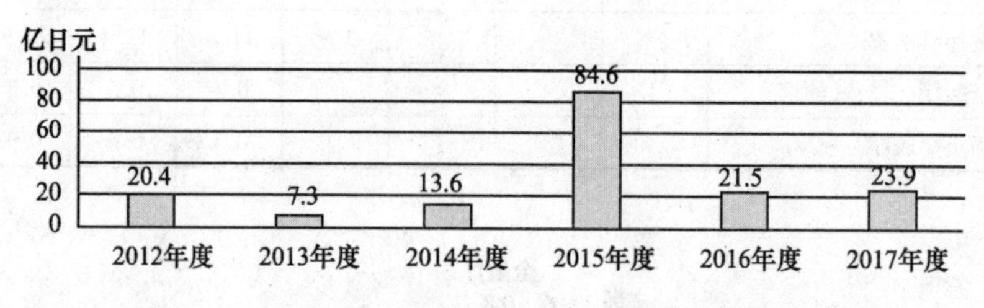

图3—6　日本2012—2017年度内阁网络安全中心经费预算

2. 重点确保总务省和经济产业省的网络安全基础建设资金充足。总务省和经济产业省是日本信息化和经济发展的核心部门，确保对这两个部门网络安全相关经费的投入，主要为日本的信息化和经济发展保驾护航。2012—2017年度网络安全战略本部经费预算概要的统计结果显示（参见图3—5），总务省和经济产业省至少分到经费预算1019.6亿日元，占六年间总投入的约32%。

3. 先军后警，加大对防卫省和警察厅网络攻防能力资金投入。日本负责网络攻防职能的政府部门主要是防卫省和警察厅。2012—2017年度网络安全战略本部经费预算概要的统计结果显示（参见图3—5），防卫省至少分到经费预算416.3亿日元，占六年间总投入的约13%。而负责民众网络安全的警察厅至少分到经费

---

① 以上数据来自NISC公布的2012—2017日本网络安全年度预算（政府案）：1.『政府の情報セキュリティ予算について（平成25年）』，http：//www.nisc.go.jp/conference/seisaku/dai34/pdf/34shiryou03.pdf；2.『政府の情報セキュリティ予算について（平成26年）』，http：//www.nisc.go.jp/conference/seisaku/dai38/pdf/38shiryou0700.pdf；3.『政府のサイバーセキュリティに関する予算（平成27年）』，http：//www.nisc.go.jp/conference/cs/dai01/pdf/01shiryou07.pdf；4.『政府のサイバーセキュリティに関する予算（平成28年）』，http：//www.nisc.go.jp/conference/cs/dai06/pdf/06shiryou05.pdf；5.『政府のサイバーセキュリティに関する予算（平成29年）』，http：//www.nisc.go.jp/conference/cs/dai11/pdf/11shiryou05.pdf（上网时间：2017年3月9日）。

预算为52.3亿日元，仅占六年间总投入的1.6%。军警在网络安全战略本部可统计经费预算中相差约八倍，表明日本在网络安全方面，相对于民事防卫更重视军事防卫，具有“网络战”能力才是日本真正的目的。

4. 由公到私，网络安全领域不断拓展。2012—2017年度网络安全战略本部经费预算概要可统计项目显示（参见表3—7），自2015年起，日本网络安全战略本部开始向个人信息保护拓展，对“个人信息保护委员会”的经费预算投入不断增加。同时，不断覆盖社会生活领域，对厚生省、金融厅、国土交通厅的经费预算投入不断增加。

5. 立足长远，瞄准网络安全核心技术，不断加大科技研发投入。2012—2017年度网络安全战略本部经费预算概要可统计项目显示（参见表3—7），自2015年起，对文部科学省的经费预算投入不断增加。

6. 暗中补助，以补助金形式将经费划拨给网络安全相关企业及研究机构使用，不但数目大而且不透明。如网络安全战略本部从2013年起开始给经济产业省下属的“独立行政法人情报处理推进机构”（IPA）支付巨额补助金（参见图3—7），意图打造政府所属的“网络战”专业团队。另外，在所有网络安全相关经费之外，2012年日本总务省在追加预算中向“独立行政法人情报通信研究机构”（NICT）一次性支付补助金500亿日元，用于加强日本超速光通信、无线和创新信息安全技术研究。[①] 其实，近年来，日本网络安全经费的快速大幅增长早已引起多方的关注和担心，也成为日本各大媒体的报道热点之一，为不引起外界注意和警惕，日本采取多种“暗补”的形式来增加网络安全经

① 総務省：『平成24年度総務省所管補正予算の概要』，平成25年3月，http：//www.soumu.go.jp/main_content/000209377.pdf（上网时间：2017年3月15日）。

费预算投入。

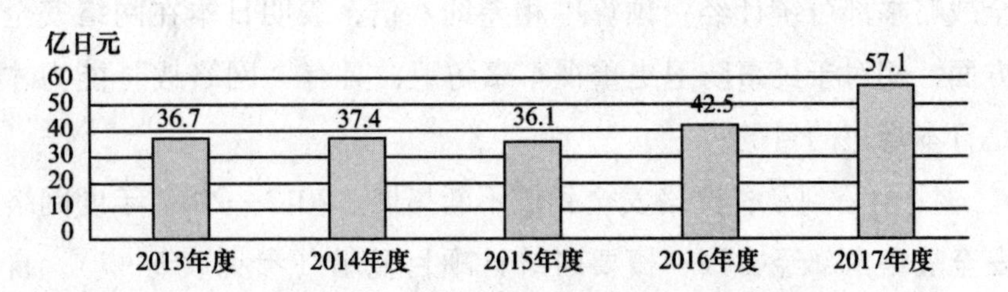

图3—7 2013—2017年度日本网络安全战略本部拨付给独立行政法人情报处理推进机构补助金

7. 以各种途径补充网络安全经费。主要是通过防卫省的军费途径、警察厅的治安经费途径、总务省的信息化经费途径来补充增加网络安全经费预算。从2012—2017年度防卫省、警察厅、总务省的经费预算来看，其网络安全经费远远超过网络安全战略本部规划分配的金额。（参见表3—8和图3—8）

表3—8 2012—2017年度防卫省、警察厅和总务省网络安全经费预算情况

（单位：亿日元）

部门	2012年	2013年	2014年	2015年	2016年	2017年	合计
防卫省	2.2	141	205	91	175	124	738.2
警察厅	23.7	17.8	26.4	27	17	26.5	138.4
总务省	44	36.6	32.1	777.8	463.2	265.6	1619.3

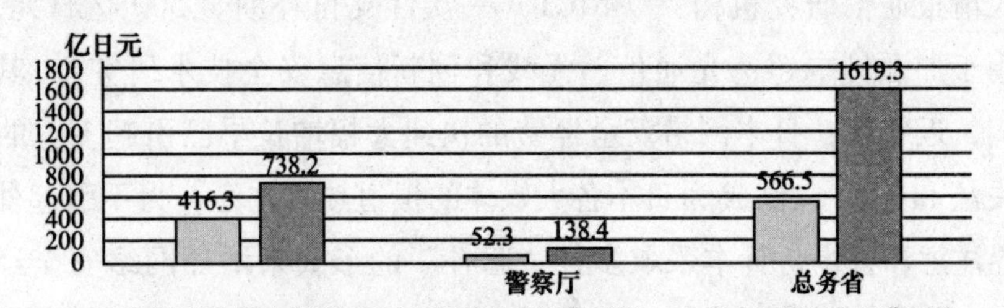

图3—8 防卫省、警察厅和总务省六年（2012—2017）自身网络安全经费预算与网络安全战略本部规划分配网络安全经费预算对比

第二节　突出重点领域能力建设

重点领域能力建设，是日本网络安全战略的一项重要内容。安倍曾明确指出网络安全是日本国家安全的重大课题，是日本国家安全的一个重要支柱，日本必须要进一步加强能力建设，以便能够妥善处理每一种情报，包括跨越国界的高级网络攻击。[①] 为此，日本在网络安全战略的实施中，把加强物联网社会安全能力、关键基础设施保障能力和网络安全攻防能力作为重点领域，不断加大网络安全攻防能力建设力度。

一、物联网社会安全能力建设

物联网涵盖物与物、人与物之间的通信，体系庞大，涵盖面广，应用复杂多样。日本是最早将物联网这一概念付诸实践的国家之一，早在2004年总务省推出的《U-Japan 战略》中就提出要实现人与人、物与物、人与物之间的连接，为日本规划出任何物和人都可随时随地连接沟通的信息社会蓝图。[②] 目前，随着网络空间和现实社会的快速融合，人类社会进入以人工智能为核心的物联网社会新阶段，人们的生活生产模式也随之发生着重大变革，"智慧地球""智慧城市""智慧生活"开始逐步成为现实。在2015年版《网络安全战略》中，日本对物联网有了最新认知，"信息通信革命带来了颠覆性变化，这一变化尚处于黎明期。近

① 首相官邸：『サイバーセキュリティ戦略本部』，平成27年5月25日，http：//www. kantei. go. jp/jp/97 _ abe/actions/201505/25cyber _ security. html（上网时间：2016年10月8日）。

② 総務省：『u-Japanの理念』，http：//www. soumu. go. jp/menu_seisaku/ict/u-japan/new_outline03. html（上网时间：2017年3月29日）。

年来，随着传感器等硬件的发展，便宜、高速的互联网被快速普及，在大数据分析技术不断发展的背景下，不仅电脑，家电、汽车、机器人、手机等所有物品开始连网。随着这种情况的不断发展，现实空间中的人和物也通过网络空间的信息自由流通和正确数据通信，超越物理限制，产生多元联系，带来了一个现实空间与虚拟空间日益高度融合的社会，即‘互融互通的信息社会’。‘互融互通的信息社会’是通过创造性服务，呈几何倍数创造新价值的社会。”[①] 同时，“随着‘互融互通的信息社会’的到来，恶意网络活动的影响将扩大到所有事物和服务。由于网络袭击带给现实空间的损害呈飞跃式增长，可以想象，未来对国民生活的威胁将日益严峻”。[②] 因此，“当企业通过物联网系统提供新型服务时，市场中的个人和企业要求新型服务保证‘网络安全’，即企业通过物联网提供新型服务的前提是保证‘网络安全品质’”。[③] 日本认为打造有“安全品质”的物联网社会，关键在于对物联网社会中两大根本支柱“人”和“物”的安全控制上，只有从控制“人”的安全和控制“物”的安全两方面同时入手，才可以从根本上实现物联网安全。

（一）推行“个人号码”制度来控制“人”

2015 年 9 月，日本国会正式通过《个人号码法》修正案，要求日本从 2016 年 1 月 1 日起正式实施“个人号码”制度。主要内

① 『サイバーセキュリティ戦略について』，平成 27 年 9 月 4 日，http：//www. nisc. go. jp/active/kihon/pdf/cs-senryaku-kakugikettei. pdf（上网时间：2016 年 2 月 9 日）。

② 『サイバーセキュリティ戦略について』，平成 27 年 9 月 4 日，http：//www. nisc. go. jp/active/kihon/pdf/cs-senryaku-kakugikettei. pdf（上网时间：2016 年 2 月 9 日）。

③ 『サイバーセキュリティ戦略について』，平成 27 年 9 月 4 日，http：//www. nisc. go. jp/active/kihon/pdf/cs-senryaku-kakugikettei. pdf（上网时间：2016 年 2 月 9 日）。

容包括：（1）规定适用人员。日本《个人号码法》修正案规定，日本所有公民、企业法人及在日居留超过三个月且拥有固定居所的外国人，均须申领个人号码并办理“号码卡”。其中个人号码为12位，企业号码为13位，该制度首先从个人号码开始实施。（2）涵盖个人详细信息。“个人号码卡”印有个人照片、姓名、住址、出生年月日、性别、4位安全码等个人身份信息，并内嵌智能芯片，芯片中主要存储个人身份和医保、社保等具体信息，今后还可以关联银行账户、出入境、驾照、护照等其他信息。（3）赋予该卡多功能。“个人号码卡”是一种多功能智能卡，依靠集成在智能芯片中的电子密钥实现“多卡一体、一卡多联”，可充当身份证、护照、银行卡、社保卡、医保卡以及会员卡等。

表面上，日本的“个人号码”制度是为降低行政运行成本，完善社会信用体系，提升社会管理水平，方便国民生产生活。实质上，“个人号码”制度的施行也是构建物联网社会和加强物联网社会安全的重要基础之一。一方面，现实社会中的人可以通过“个人号码”加入到物联网社会，在虚拟社会中有可识别的标识，完成现实社会与虚拟社会的融合统一。另一方面，该制度也成为国家在物联网社会中有效控制“人”的安全的关键手段，人以数字为代表被“物”化于物联网中，其一举一动乃至生命全周期都处于国家的监督管理之下，不但可以作为物联网的一部分加以保护，更可以通过物联网来进行管理。

（二）推出物联网安全制度和标准来控制“物”

建立物联网安全制度和标准领导体系。2016年10月31日，日本在网络安全战略本部“研究开发战略专门调查会”新设“加强物联网安全能力建设工作组”，负责物联网安全建设。为确保其权威性，该工作组与日本工业标准调查会——国际标准化委员会（ISO/IEC）国内委员会合作，联合制定物联网安全制度和标准，并形成管理体系（参见图3—9）。该领导体系将负责制定物联网相关的设计、开发和应用基本原则，定义物联网安全的相关专业术语，研究汽车、铁路、农业、医疗、电力等各领域物联网安全相关措施。

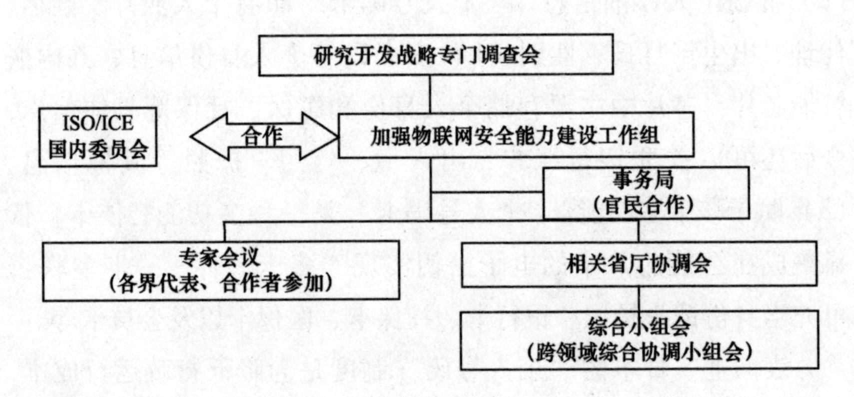

图3—9 建设物联网安全指导体系

发布物联网安全指导方针。2016年8月26日，日本网络安全中心发布《构建物联网系统安全的一般框架》，提出的措施方针有：一是要明确物联网相关标准；二是要实现物联网系统标准化；三是要加强应对物联网风险；四是要制定物联网安全标准；五是要随着物联网的发展而制定不同阶段的规划；六是要划清官产学各领域的责任和分工并展开合作；七是要在个人信息保护、大数据等领域加强安全。2016年末，在网络安全战略本部的综合协调下，日本总务省和经济产业省联合发布《物联网安全指针(1.0版)》，首次对2015年版《网络安全战略》中建立安全物联网的战略设想进行具体规划，全文共提出五方面内容：一是要认清物联网的根本属性来制定基本方针；二是充分认知物联网的风险；三是要安全与设计同步规划；四是要必备物联网安全措施；五是要加强日常维护，保持安全状态并共享涉及安全信息。

具体操作上，为确保物联网中“物”的安全，日本分四个阶段着手开展工作。一是促进企业树立正确的安全观念。让企业视产品网络安全性能为产品质量的重要衡量标准，以网络安全性能提高企业的品牌和国际竞争力。二是在产品开发设计阶段注入安全理念。让企业认识到不从产品开发设计阶段就为产品注入网络安全性能将会付出更大的成本、得不偿失，特别要重视硬件防伪的重要性。三是在产品生产阶段，通过建立物联网层次结构并在每个层次采取有针对性的措施来确保安全。日本将“物”的生产到被应用到物联网的过程划分为四个层次（参见图3—10）：“设备”层次、“（运行）网络”层次、“（应用）平台”层次和“（提供）服务”层次。在“设备”层次，为防止篡改数据和山寨产品，应采取用户认证、加密和硬件防伪等措施；在“（运行）网络”层次，为防止窃听和信息泄露，应采取加密和网络监控等措施；在“（应用）平台”层次，为防止篡改数据和信息泄露，应采取访问控制、日志管理和监控等措施；在“（提供）服务”层次，为防止欺骗式网络攻击、拒绝服务式网络攻击和漏洞攻击，应采取访问控制和漏洞修补等措施。四是根据不同领域和不同服务，设定产品网络系统的安全级别及容错范围，以保证不同信息系统在受到攻击时不产生连锁反应。

二、关键基础设施保障能力建设

对关键基础设施的理解有广义和狭义之分。广义上，关键基础设施是对国家生存发展有关键作用的支持保障体系及相关系统设施。[1] 狭义上的关键设施是“由公共和私营部门的设施组成，

---

[1] 徐德池、朱林主编：《空军信息战》，北京：军事科学出版社，2001年版，第47页。

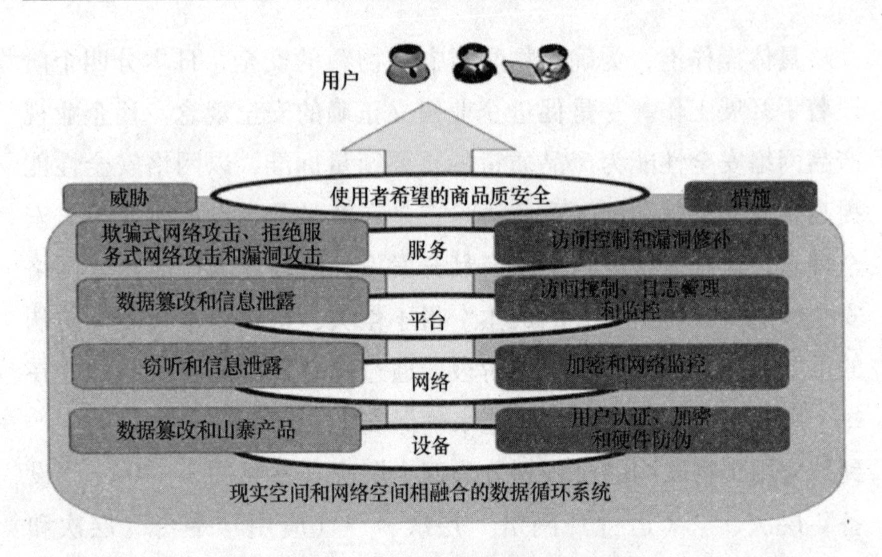

图 3—10　物联网安全层次图

包括农业、食品、供水、公共卫生、应急服务设施、政府、国防工业基地、信息与通信、能源、交通、金融系统、化学与其他危险品、邮政和海运等”。① 随着现代化进程的推进，关键基础设施早已成为国家经济和军事发展、保持政治和社会稳定的根本基础。同时，随着关键基础设施运行、维护和管理的信息化程度不断提高，关键基础设施已经成为网络空间和现实空间融合的重要领域，网络空间的安全与稳定直接影响着关键基础设施安全运行与稳定工作。人们越来越认识到，一旦关键基础设施的信息系统受到网络攻击，所造成的损失和危害将直接波及现实空间，甚至造成难以想象、无法估量的灾难性后果。因此，将关键基础设施看作是国家重要战略资产，从国家安全角度保护支撑其运行的信息系统不受网络攻击，成为世界各国网络安全的最重要任务之

① White House, “The National Strategy to Secure Cyberspace”, February 2003, https://www.us-cert.gov/sites/default/files/publications/cyberspace_strategy.pdf（上网时间：2016 年 8 月 15 日）。

一。日本关键基础设施保障能力建设的重点是形成系列保障措施政策、建立关键基础设施保障核心机构、健全关键基础设施相关网络安全的标准和认证体系。

（一）形成系列保障措施政策

日本在关键基础设施保护措施政策方面持续连贯、不断丰富，从专项政策和综合战略等层面，构建形成了有效的保障措施政策体系。

在专项政策方面，日本早在2000年12月即由刚刚成立的“推进信息安全措施委员会”推出《关键基础设施网络反恐措施特别行动计划》，将信息通信、金融、航空、铁路、电力、燃气和电子政务等七个领域划入网络反恐行动计划，要提升这些领域信息系统的安全水准、促进公私合作、加强技术研发和人才培养等基础工作及开展国际合作，[①] 迈出了日本关键基础设施保护的第一步。2005年9月，日本“信息安全政策委员会”推出《关键基础设施信息安全措施的基本构想》，将关键基础设施保障领域由七个扩大到十个，新增加了“医疗”“供水”“物流”等三个领域，并提出了制定相关政策的基本框架。据此，日本“信息安全政策委员会”在2005年12月推出《关键基础设施信息安全措施行动计划》，从政策上界定关键基础设施的概念，认为关键基础设施是“由提供高度不可代替且对人民社会生活和经济活动不可或缺的服务的商业实体组成，如果其功能被暂停、削弱或根本无法运行，人们的社会生活和经济活动会遭受重大破坏”[②]，同时

---

① NISC：『重要インフラのサイバーテロ対策に係る特別行動計画』，平成12年12月15日，http：//www.nisc.go.jp/active/sisaku/2000_1215/pdf/txt3.pdf（上网时间：2016年8月19日）。

② NISC：『重要インフラの情報セキュリティに係る特別行動計画』，2005年12月13日，http：//www.nisc.go.jp/active/infra/pdf/infra_rt.pdf（上网时间：2016年8月19日）。

规定了范围、安全基准、相关责任和义务及至2007年的任务目标等。2009年2月，日本“信息安全政策委员会”推出《关键基础设施信息安全措施行动第2期计划》，这份计划是在首期行动计划实践经验基础上，为适应新形势和新技术而制定的，主要增加风险评估、体制建设、评价监督和未来规划等措施。2012年4月，因日本大地震，日本“信息安全政策委员会”推出《关键基础设施信息安全措施行动第2期计划修订版》，特别更新强化情报共享的内容，并做出详细规定。2014年5月，根据2013年版《网络安全战略》，日本“信息安全政策委员会”推出《关键基础设施信息安全措施行动第3期计划》，将重要基础设施范围增扩至信息通信、金融、航空、铁道、电力、煤气、政府公共服务、医疗、航路、物流、信用、石油、化工等13个领域，并对第2期计划中的安全基准、信息共享、危机应对、风险评估和夯实基础做了完善和修改。[①] 这些政策所体现的日本在关键基础设施保护方面的宗旨是：关键基础设施保护是在公私一体的基础上共同采取的措施，以让国民安心、保障经济增长、增强网络安全能力和提高日本的国际竞争力。

在综合战略方面，《保护国民信息安全战略》提出强化信息共享系统、做实“关键基础设施联络协调委员会”职能、细化安全基准、保持政策连续性和推动相关国际联盟建立等措施。[②] 2013年版《网络安全战略》将关键基础设施保障问题明确列入到网络安全战略规划中，要求针对每一个关键基础设施领域制定相应的安全标准，建立一个跨领域的加密信息共享系统，从关键基

① 『重要インフラの情報セキュリティ対策に係る 第3次行動計画』，平成26年5月19日，http://www.nisc.go.jp/active/infra/pdf/infra_rt3.pdf（上网时间：2016年10月13日）。

② 『国民を守る情報セキュリティ戦略』，2010年5月11日，http://www.nisc.go.jp/active/kihon/pdf/senryaku.pdf（上网时间：2017年3月8日）。

础设施供应链入手加强网络安全，重新审定关键基础设施领域等。[①] 2013 年 10 月的《网络安全国际合作框架方针》提出积极开展各种形式的关键基础设施国际合作。[②] 2015 年版《网络安全战略》则进一步对关键基础设施保障进行战略规划，提出“民间力量不能仅依靠政府，而政府也不能将问题全权交由民间力量解决”，要在公私合作的基础上为关键基础设施保障提供“持续性服务”，对相关威胁和事故要“早发现、早处理”：（1）对关键基础设施的保障要更加具体详细，并根据网络环境的变化“及时更新安全标准”；（2）要不断扩大关键基础设施的范围，并根据实际情况进行分组分级；（3）构建信息收集、分析、共享的双向平台，并加强隐私保护；（4）建立关键基础设施保障监督体制和符合国际标准第三方认证体系。[③]

（二）建立关键基础设施保障核心机构

根据日本关键基础设施既有国有也有私有，且与国民生活密切相关的特殊属性，日本《网络安全基本法》规定，“关键基础设施相关主体的责任与义务是：要深入理解和贯彻网络安全事关（为国民）提供持续稳定服务的理念，在国家和地方政府的大力协助下，积极主动地尽自身之力确保网络安全。”[④] 因此，日本建

---

① 『サイバーセキュリティ戦略——世界を率先する強靭で活力あるサイバー空間を目指して』，平成 25 年 6 月 10 日，http://www.nisc.go.jp/active/kihon/pdf/cyber-security-senryaku-set.pdf（上网时间：2016 年 11 月 19 日）。

② 『サイバーセキュリティ国際連携取組方針』，平成 25 年 10 月 2 日，http://www.nisc.go.jp/active/kihon/pdf/InternationalStrategyonCybersecurityCooperation_j.pdf（上网时间：2017 年 3 月 10 日）。

③ 『サイバーセキュリティ戦略について』，平成 27 年 9 月 4 日，http://www.nisc.go.jp/active/kihon/pdf/cs-senryaku-kakugikettei.pdf（上网时间：2016 年 2 月 9 日）。

④ 衆議院：『サイバーセキュリティ基本法案』（第一八六回），平成 26 年 11 月 6 日，http://www.shugiin.go.jp/internet/itdb_gian.nsf/html/gian/honbun/houan/g18601035.htm（上网时间：2015 年 10 月 25 日）。

立的关键基础设施保障核心机构最大的特点就是在政府主导兼顾公私合作体制基础上的“自助与互助”模式。

政府主导兼顾公私合作体制的主要表现是政府建机构，民间专家或学者主导决策，政府机构负责政策推行。2015 年 2 月 10 日，日本网络安全战略本部设立“关键基础设施专门调查会”，负责关键基础设施保障工作，其成员全部是由日本首相直接任命的各关键基础设施领域的专家，是日本在关键基础设施保障领域的最高领导和决策机构。同时，在“内阁网络安全中心”下设“关键基础设施保障组”，负责关键基础设施保障政策的具体推行。

“自助与互助”模式的主要表现是成立关键基础设施领域性组织“信息共享与分析委员会”（CEPTOAR）。该委员会成立于 2009 年 9 月 26 日，英文全称为：“Capability for Engineering of Protection, Technical Operation, Analysis and Response”（工程保护、技术操作、分析和响应），说明该组织在关键基础设施领域的网络安全方面既具有“信息共享分析”参谋性，又具有事故处置能力的行动性，其成员由各关键基础设施领域相关政府机构、企事业单位和团体的代表组成，本着共同协商、相互协作的精神开展网络安全合作。至 2016 年底，该委员会已经在 2015 年版《网络安全战略》划定的 13 个关键基础设施领域建立 18 个分会，范围覆盖 4264 个政府机关、企事业单位和团体。[①] 为确保其在政府的领导下开展工作，执行网络安全战略的相关战略规划，日本将负责“信息共享与分析委员会”（CEPTOAR）日常工作的事务局设在内阁网络安全中心，名称为“关键基础设施联络协商会”（CEPTOAR-Council）。这样，虽然名义上该委员会是“为关键基

① 『2016 年度セプターの活動状況について』，2017 年 3 月，http：//www. nisc. go. jp/conference/cs/ciip/dai10/pdf/10shiryou04. pdf（上网时间：2017 年 3 月 30 日）。

础设施保障而设立的，包括政府在内且不隶属于任何机关的独立组织”[①]，但实质上是日本“网络安全战略本部”领导下的关键基础设施保障核心机构，职能就是在政府领导下通过关键基础设施领域内的“自助与互助”开展相关网络安全工作。自成立以来，“信息共享与分析委员会”（CEPTOAR）每年都要在“网络安全战略本部”（2015 年前为“信息安全政策委员会”）年度会议后召开关键基础设施领域的年度会议部署全年工作。

（三）健全关键基础设施相关网络安全标准和认证体系

网络安全标准和认证是关键基础设施保护的前提和基础，既需要与国际接轨的设计和规范，又需要本国的实践和经验，更需要政府主导管理监督下的官产学合作推进。从 2010 年起，日本经济产业省开始探索建立并推广与国际标准接轨的操作系统安全标准和认证制度，在 2010 年 12 月至 2011 年 8 月成立“网络安全与经济研究会”，2011 年 10 月至 2012 年 4 月成立“操作系统安全研究专项组”。在此基础上，2012 年 3 月 6 日正式成立“操作系统安全中心”（CSSC），开始在日本推广应用一系列保护关键基础设施网络安全的国际、行业标准。如对所有关键基础设施操作系统执行“IEC52443 标准”（国际电工委员会：工业过程测量、控制和自动化的网络与系统信息安全标准），针对铁路系统执行“ISO/ICE63378 标准”（国际电工委员会：铁路应用、铁道可靠性、可用性、可维修性和安全性标准），针对石油化工企业执行“WIB 标准”（国际仪器用户协会标准），针对电力系统执行“NERC CIPS 标准”（北美电力可靠性协会重要基础设施保护的电气安全标准），针对智能电网执行“NIST IR7628 标准”（美国国家标准与技术研究所智能电网网络安全指南）等。同时，完善工业互联网信息安全

---

① 『セプターカウンシルの創設について』，平成 21 年 2 月 26 日，http://www.nisc.go.jp/active/infra/pdf/cc_dai1.pdf（上网时间：2017 年 3 月 8 日）。

认证体系，主要做法包括：一是在日本经济产业省的扶持下，“操作系统安全中心”（CSSC）与“ISA 安全兼容协会”（ISA Security Compliance Institute）合作，对所有涉及日本国内关键基础设施的信息系统、网络和相关设备程序执行“EDSA 认证”（ISA 安全兼容协会：安全嵌入式设备安全保障认证），2014 年开启自主安全认证“CSSC 认证”，并与“ISA 安全兼容协会”签署相互认证协议；二是逐步推出“操作系统安全管理体系（CSMS）认证制度”，从 2013 年起以国际信息安全管理体系（ISMS）和标准（ISO27001）为参照，开始设计建立“操作系统安全管理体系（CSMS）认证”标准，从 2014 年起在“操作系统安全中心”成员单位内部开始试行，从 2015 年起开始在全日本的关键基础设施相关企业推广，力图将日本标准与国际接轨，进而影响相关国际标准的制定和使用。

三、网络安全攻防能力建设

当前，“核武器”已经不再是终极武器，只是作为遏制力量存在。随着太空军事化和网络军事化趋势的不断加深，网络攻击的破坏力正在急剧增大，新的战场正在形成，以网络攻击为重要手段之一的“混合战”已成为现代战争主流，网络攻防能力日渐成为国家实力的重要支柱。日本的“网络安全”概念本身就带有攻防两方面的含义，日本认为，“在安全保障的语境下，‘安全’（セキュリティ/Security）不仅仅是‘防卫’，还包含‘攻击’的意义。因此，‘网络安全’（cyber security）也从本意的‘于己有利的应用’，而附加‘开发’（exploitation）的意义，变化为‘探究和利用漏洞’”[①]。日本国家安全保障委员会（NSC）在 2013 年

① 21 世紀政策研究所著：『サイバーセキュリティの実態と防衛』，2013 年 5 月，http：//www. 21ppi. org/pdf/thesis/130611. pdf（上网时间：2016 年 6 月 29 日）。

12 月推出的《国家安全保障战略》中明确提出，"作为应对'国际公域的风险'的举措，日本要进一步加强网络空间的防卫和应对网络攻击的能力。"[①] 日本从建立攻防组织力量、建设攻防系统和基地、开展攻防演习三个方面加强网络安全攻防能力建设。

（一）建立网络安全攻防组织力量

日本的网络安全攻防组织力量呈分布式结构，包括军、警、政、企四个体系的网络攻防力量。

日本的军事网络攻防力量是 2014 年 3 月 26 日成立的网络防卫队，这是日本自卫队第一支专职网络战部队，担负着搜集和分析日常网络攻击情报、实时监控军事网络、处置网络安全事件等整个军事相关网络安全的职责。2013 年 12 月的《中期防卫力量整备计划（2014—2018）》将建立网络防卫队列入计划，提出该防卫队"要拥有阻碍对手使用网络的能力"，[②] 即拥有反击能力，可以想象该部队今后将不断加强攻击能力。之后不到半年，仅四个月时间，网络防卫队即宣告正式成立，而且防卫省还明确规定，要"24 小时监视防卫省和自卫队的网络，并应对随时可能发生的网络攻击，同时统管（防卫省和自卫队）网络安全情报的搜集、分析和调研等工作"[③]。这说明日本已经把网络战当作网络攻防的核心任务与关键目标，网络战能力建设已经成为日本网络安全战略发展的重中之重。

---

① 内閣官房：『国家安全保障戦略について』，平成 25 年 12 月 17 日，http：//www. cas. go. jp/jp/siryou/131217anzenhoshou/nss-j. pdf（上网时间：2016 年 11 月 18 日）。

② 防衛省・自衛隊：『中期防衛力整備計画（平成 26 年度—平成 30 年度）について』，平成 25 年 12 月 17 日，http：//www. mod. go. jp/j/approach/agenda/guideline/2014/pdf/chuki_seibi26 – 30. pdf（上网时间：2016 年 3 月 18 日）。

③ 防衛省・自衛隊：『サイバー防衛隊の新編について』，平成 26 年 3 月 25 日，http：//www. mod. go. jp/j/press/news/2014/03/25d. html（上网时间：2017 年 3 月 10 日）。

日本警察网络安全攻防力量是“网络警察”。日本警察厅在《1999 年警察白皮书》[1] 中提出建立“网络警察”体制的构想，并逐步推进。目前日本网络警察共有技术、刑事调查、情报安全等三支网络安全攻防力量：（1）警察厅信息通信局和各地方警察局信息通信部，被日本警察内部称为“技术力量”。特别是警察厅信息通信局信息技术解析课，其前身是 1999 年 4 月成立的信息通信局技术措施课，2014 年改为现名，主要负责日本国内的网络监控和网络安全情报搜集，对网络攻击实施溯源追踪，该课下设的网络反恐措施技术室被称为日本警方的“网络战部队”。（2）警察厅生活安全部网络犯罪调查课，属于刑事调查体系。其前身是 1999 年 5 月成立的生活安全部高科技犯罪对策中心，2011 年 4 月更为现名，负责网络犯罪调查。（3）警察厅警备部网络攻击特别搜查队，属于情报安全体系。2013 年 4 月，日本在负责情报安全工作的警察厅警备局设立 13 支直属网络攻击特别搜查队，共 140 多人，派驻在全国 13 个主要地区（北海道、宫城、东京都、茨城、埼玉、神奈川、爱知、京都、大阪、兵库、广岛、香川、福冈），负责网络攻击的预防、调查和情报搜集，人员除具备网络安全专业知识外，还必须懂英、中、俄、韩等外语，熟悉国际网络安全事务。除情报安全体系的网络安全组织力量是直属派驻形式外，技术体系和刑事体系的网络安全部门都是在地方各级警察部门设有对应部门，在日本国内形成各自的网络体系。与此对应，自 2011 年起，日本警察系统开始从上至下增设“网络警察”部门，并大规模增加人员。根据警

① 警察厅：『平成 11 年　警察白書』，https：//www. npa. go. jp/hakusyo/h11/h11index03. html（上网时间：2017 年 2 月 23 日）。

察厅2011—2017年度经费预算数据[①]，从2011年度至2017年度，日本警察厅从地方到中央共累计新增网络警察1167人以上，其中警察厅本部新增网络警察237人。同时，为加强对“网络警察”的集中统一领导，日本警察厅还先后增设“网络攻击对策官”“长官官房网络安全参事官”“推进网络安全公私合作官”“信息安全对策官”“长官官房网络安全和信息化审议官”。

日本政府网络安全攻防组织力量共有两支，都以内阁网络安全中心为主：一支是2008年4月成立的政府跨部门信息安全监视和应急协调小组（Government Security Operation Coordination team，GSOC），职责是全天候监控政府网络系统，防御对政府网络系统的网络攻击；另一支是2012年6月成立的“网络安全紧急救援队”（Cyber Incident Mobile Assistance Team，CIMAT），职责是处理和调查政府机构的网络安全事件，为受到网络攻击的政府部门提供技术保障和支持，对网络攻击展开追踪溯源。根据“为加强整个政府机关的网络安全，应全面加强独立行政法人及与政府机关共同提供公共服务的特殊法人的网络安全措施”的要求[②]，这两支政府网络安全攻防力量已经将保护对象扩大到各政府机构和相关行政法人。

企业网络安全攻防力量也主要分为两大类。一类是日本军、警、政等国家机构的外围网络安全组织，受这些国家机构领导和经费支持，主要有：防卫省与十家军工企业在2013年7月联合成

① 警察厅：『平成23年度警察庁予算の概要』，『平成24年度警察庁予算の概要』，『平成25年度警察庁予算の概要』，『平成26年度警察庁予算の概要』，『平成27年度警察庁予算の概要』，『平成28年度警察庁予算の概要』，『平成29年度警察庁予算（案）の概要』，https：//www. npa. go. jp/policies/budget/index. html（上网时间：2017年3月37日）。

② 『サイバーセキュリティ戦略について』，平成27年9月4日，http：//www. nisc. go. jp/active/kihon/pdf/cs-senryaku-kakugikettei. pdf（上网时间：2016年2月9日）。

立的“网络防卫合作委员会”（Cyber Defense Council，CDC），[①]职责是共同保护日本军工企业的网络安全，并形成以防卫省为核心的军工企业网络安全保护网；警察厅所属的一般财团法人日本网络犯罪对策中心（JC3），是日本警察厅联合“政府机关、产业界和学术界”三方成立的外围网络安全组织，主要职能是为反网络犯罪组织提供各种专业技术支持和人员帮助；经济产业省下属的独立行政法人情报处理推进机构（IPA），从2016年起，根据日本修订后的《网络安全基本法》，该机构将协助内阁网络安全中心加强各级政府机构及相关行政法人的网络监控、风险探知和网络溯源能力；总务省下属的国立研究开发法人信息通信研究机构（National Institute of Information and Communications Technology，NICT），负责协助内阁网络安全中心处理政府网络安全事务等等。另一类是众多的民间组织和企业，如一般社团法人日本计算机应急响应协调中心，成立于1996年，职责是协调网络运营商、网络安全服务商、政府机构及国内外计算机应急响应小组的网络安全，发布预警通知、提供安全服务、处理网络安全事件、技术研发和教育培训等。通过上述情况可以看出，日本企业网络攻防组织力量过于分散，缺乏统一组织协调，特别是缺乏国家层面的统一领导指挥。为改变这一状况，日本在2017年4月设立“产业网络安全中心”，由日本独立行政法人情报处理推进机构（IPA）负责组建管理，主要职能是组织指导日本企业界的网络安全工作，并通过为企业界培养网络安全人才、检测操作系统安全、调查分析网络攻击，将国家网络安全战略的理念和规划贯彻到整个企业界。因为修订后

① 防衛省・自衛隊：『サイバーディフェンス連携協議会（CDC）の設置・取組について』，平成25年7月，http：//www.mod.go.jp/j/approach/others/security/cyber_defense_council.pdf（上网时间：2017年3月10日）。

的《网络安全基本法》已经将情报处理推进机构（IPA）配属给日本内阁网络安全中心，这意味着“产业网络安全中心”是国家层面对企业界网络安全领导协调机构。

日本网络安全攻防组织力量的建设带有明显的美国烙印和理念，在一定程度上是对美国网络安全攻防力量的借鉴和仿效，如：网络防卫队整合日本自卫队各兵种的网络战力量，按美国网络战部队模式进行打造，包括派队员赴美国学习网络战课程、加强与美军网络情报合作、与美国网络战部队联合训练演习、向美国网络战司令部派驻联络官，俨然成为美国网络战部队日本分队；警察厅13支“网络攻击特别搜查队”类似于美国联邦调查局（FBI）驻各地网络行动队（CAT），警察厅所属的日本网络犯罪对策中心（JC3）实质是日本版的美国联邦调查局（FBI）所属组织国家网络刑事监视与培训联盟（NCFTA）；内阁网络安全中心则在提供网络安全决策方针、领导协调网络安全工作等职能规划上与美国白宫网络安全办公室相类似；新成立的日本“产业网络安全中心”聘请美国国家安全局（NSA）前局长亚历山大担任顾问，意在借助其曾任美国国家安全局局长和美国网络司令部长官的身份、履历和经验，走日本培养、美国训练的培训模式，借美国先进技术经验为日本所用。

（二）建立网络安全保护网和培训基地

为实现对网络安全的动态感知、预警和实时监控，日本防卫省在日本互联网和国际互联网连接点以及涉军系统内部建立网络防卫分析系统、网络情报收集系统和网络监控系统，日本警察厅在国内互联网中安装网络监控系统，日本网络安全中心在政府内部网络上安装网络监控系统。这些系统都是在日本科研机构研发的“网络入侵检测系统”（Intrusion Detection System，IDS）、“入侵防御系统”（Intrusion Prevention System，IPS）、“综合威胁管理系统”（Unified Threat Management，UTM）等网络安全系统基础上按这些部门的各自需求而专门开发的。这样，就在日本网络的外围、内部、核心形成三层网络安全保护网。

目前，日本政府已经建成两个大型网络安全培训基地：一个是日本总务省下属的信息通信研究机构（NICT）在位于石川县能美市的“北陆 StarBED 技术中心”建立“网络竞技场”大型网络攻防演习平台，用以模拟 2020 年东京奥运会网络场景开展攻防演习，训练网络安全人员和检测相关网络安全系统。另一个是日本经济产业省设立的“控制系统安全中心”（CSSC）。该中心在 2012 年 3 月成立，有 32 个企业、大学及研究机构参与建立，在日本宫城县多贺市建立日本首个网络攻防模拟演习场所“东北多贺城总部”，先后成立东京研究中心和多贺城总部及测试基地。主要任务是：对安全操作系统的研发、认证、测试、演习、培训和相关安全意识培养，下设研究开发和实验测试、评价认证和标准化、事故处理、公众意识和人才培养等四个委员会，并承办电力、煤气和建设领域网络安全演习。据理事长新诚一介绍，该中心每年培养与操作系统相关的网络安全人员 1500 多人。① 在多贺城总部建立所谓“正义黑客”培养基地，用以维护关键基础设施安全，具备九种类型的控制装置和系统，配备电力、石化、铁路等关键基础设施的相关系统，单独设立“红队房间”，供技术人员模拟进行网络攻击，以发现关键基础设施网络系统漏洞。攻防软件采用美国国防部使用的网络攻防演习系统，能够模拟世界级的攻防，可进行 300 多种类型攻击的实战演习，并可以通过大屏幕进行观看讲解。该总部负责人高桥信称，建立该中心就是要

① CSSC（技術研究組合：「制御システムセキュリティセンター」）”：『理事長挨拶』，2014 年 5 月，http：//www. css-center. or. jp/ja/aboutus/message. html（上网时间：2017 年 3 月 8 日）。

“开发可抵御网络攻击的技术，创造可依赖的防御与认证机制”。①

（三）开展网络安全攻防演习

网络安全攻防能力是一项极具经验性、实践性和操作性的能力，因此，具备网络安全攻防力量、系统和基地并不代表就具备网络安全攻防能力，而是网络安全攻防力量的“人”的因素与网络安全攻防系统和基地的“装备”的有机结合，即在网络安全攻防演习的实践中不断增长、提高攻防能力，一方面将力量、系统和基地有效、合理、充分地应用到网络安全攻防中；另一方面使网络攻防力量熟练操作设备和程序、掌握攻防套路和方法，同时也能在演习中发现问题解决问题。

日本网络安全攻防演习主要由内阁网络安全中心（NISC）、总务省、经济产业省、防卫厅和警察厅主办，总体上呈现出模式不断多样、规模不断扩大、水平不断提高的特点。

从总体上来看，网络安全攻防演习的规模不断扩大。根据《“创造世界第一安全的日本”进展报告》②，2013 年至 2015 年底，仅日本政府机构就举办网络攻防演习 23 次，有超过 100 家单位及 700 多名网络安全人员参加。2014 年全年，日本警察厅共开展警民网络安全交流 4523 次、召开警民网络安全研讨会 266 次、举办警民网络安全演习 214 次。至 2015 年底，日本警察厅已与 6957 家高科技企业建立网络安全共同防线。从 2015 年 3 月开始，日本每年都举办“3・18 国家网络团体赛”（日本中央省厅应对网络攻击能力对抗赛），以加强日本中央省厅应对网络攻击的

---

① 『「正義のハッカー」養成　サイバー模擬攻防、宮城に施設』，『日本經濟新聞』2013 年 6 月 2 日，http：//www. nikkei. com/article/DGXNASDD280HT_Y3A520C1XX1000/（上网时间：2017 年 3 月 9 日）。

② 首相官邸『「世界一安全な日本」創造戦略について』，平成 25 年 12 月 10 日，https：//www. kantei. go. jp/jp/ singi/hanzai/kettei/131210/kakugi. pdf（上网时间：2015 年 11 月 3 日）。

能力。

从具体事列来看，内阁网络安全中心（NISC）方面主要举办的是“关键基础设施跨领域演习”，该演习从2006年起每年以不同题目举办一次，参加演习人数不断增长，已从2006年时的90人增至2016年的2084人（参见表3—9）。

表3—9 日本2006—2016年“关键基础设施跨领域演习”

举办年度	演习题目	参演人数
2006	灾害带来信息技术故障处理	90
2007	恶意网络攻击带来信息技术故障	120
2008	遭受恶意网络攻击相关者的信息共享	136
2009	大面积停电	116
2010	大规模通信中断	141
2011	电力、煤气等多个关键基础设施事故	131
2012	电力、通信等各关键基础设施及信息技术事故	148
2013	大型信息安全事故	212
2014	信息技术事故发生时的信息共享体制效果检验	348
2015	信息技术事故发生时的信息共享体制效果检验	1168
2016	信息技术事故发生时的信息共享体制效果检验	2084

总务省举办的是“网络防御实战演习”（CYDER）。该演习从2013年开始，由总务省下属的“情报通信研究机构”（NICT）承办。主要是为提高日本政府机构和大型企业的网络防御能力，演习规模超千人，是日本组织的最大规模网络安全演习。主要目的是培训各组织部门的“网络安全事件响应小组”（Computer Security Incident Response Team，CSIRT），在增强这些小组应对网络攻击实战、提高网络安全事故处理能力的同时，还具备搜集网络攻击情报、制定预防措施的能力。其特点是实战化、大规模、模拟真实场景，特别注重技术分析和事故处理，受到网络攻击的快

速反应和有效应对，以提高网络防御的实战能力。立足实际案例分析，不断扩大演习参与范围，从最初的只限于中央机关，到包括关键基础设施部门和企业，再扩大到地方机关和独立行政法人，还将逐步扩大到普通私人企业。2015 年组织 80 多个中央机关和关键基础设施企业的约 200 人参加演习。2016 年度，开展 40 次演习，涉及 400 多个中央和地方政府机构以及关键基础设施企业，参演人员达到 1200 多人。[①]

防卫省也建立“指挥系统和情报信息通信网络模拟实战演习”平台，在自卫队内部开展各种演习训练。

为提高网络安全攻防演习的质量和水平，丰富形式、扩大范围，日本开始通过业务外包来扩大组织演习能力和范围，并逐步扩大外包项目，从演习的项目环节外包到整体项目外包。在环节方面，2015 年 10 月，日本总务省将“网络防御实战演习”（CYDER）中的“网络攻击整体防御模式和实战演习案例实验”环节项目外包给日本 NTT 通信、日立制作所、日本电气（NEC）等三家公司。[②] 在整体方面，为增强组织演习的能力和增加演习的次数，2016 年 7 月，情报通信研究机构（NICT）与日本电气（NEC）签订委托合同，将部分演习任务外包给该公司。2016 年该公司共承担 30 次演习任务。[③]

---

① 総務省：『実践的サイバー防御演習について』，平成 28 年年 8 月 2 日，http：//www. nisc. go. jp/conference/cs/jinzai/dai03/pdf/03shiryou03. pdf（上网时间：2017 年 2 月 8 日）。

② 総務省：『総務省主催の「実践的サイバー防御演習について」を実施』，2015 年 10 月 26 日，http：//www. hitachi. co. jp/New/cnews/month/2015/10/1026b. pdf（上网时间：2016 年 5 月 10 日）。

③『NEC、国立研究開発法人 情報通信研究機構の「地方公共団体を対象とした実践的サイバー防御演習（CYDER）」を支援』，2016 年 7 月 19 日，http：//jpn. nec. com/press/201607/20160719_03. html（上网时间：2016 年 8 月 9 日）。

第三节　注重战略实施保障支撑

网络安全因信息技术属性而离不开技术研发，因网络风险边界日益模糊而离不开国际合作，因虚拟空间和现实空间的快速融合而离不开网络安全意识和人才培养。日本为网络安全战略能够顺利实施，从提高网络安全技术研发能力、拓展网络安全国际合作和加强网络安全意识和人才培养等三个方面来提供保障支撑。

一、提高网络安全技术研发能力

信息技术的快速发展使网络攻击的方式和方法日趋复杂多变，进而造成网络空间面临的风险也瞬息万变。在此情况下，网络安全措施经常落后于网络风险的发展，这使网络安全战略的实施面临巨大的困难和挑战。因此，面对网络空间变幻莫测的风险因素，及时规划制定网络安全技术研发战略，运用国家技术力量研发网络安全核心技术，形成民间“产、学、研”三位一体的网络安全技术研发体系，通过技术研发推动网络安全措施与时俱进，就成为网络安全战略实施的重要保障。

第一，根据网络安全战略实施需要推出对应的研究开发战略，设定技术研发的框架和方向。日本根据《保护国民信息安全战略》、2013 年版《网络安全战略》和 2015 年版《网络安全战略》，先后推出《信息安全研究开发战略》（2011 年 7 月）、《信息安全研究开发战略（修订版）》（2014 年 7 月）和《网络安全研究开发战略框架（案）》（2017 年 3 月），这一系列研发战略都是立足于日本的网络安全实际而制定的，主要体现日本在网络安全技术研发方面从起步时的技术追随模仿模式，到中期的核心技术重点研发模式，再到当前的前沿技术创新开发模式的技术体系快速发展过程，以研究开发战略来指引网络安全技术体系的构建和完善。2011 年的《信息安全研究开发战略》主要是在技术、经费和体制方面向美国看齐，技术上“要以美国等的动向为基础，制定信息安全研发战略”，在经费上对日美两国网络安全研发经费的 GDP 占比进行比较分析，力促从 2011 年开始加大投入，以缩小与美国差距，在体制上学习美国整体规划后由各政府部门分别实施；[①] 2014 年的《信息安全研究开发战略（修订版）》在总结过去经验的基础上，将过去 11 个重点技术研发领域修订为网络攻击预警和防御、操作系统技术安全、大数据技术、标准化评价与认证制度等四个技术核心课题，研发重点在核心技术的掌握；[②] 2017 年的《信息安全研究开发战略框架（案）》则将重点放在物联网技术、人工智能和大数据技术、网络技术创新等前沿技术方面，研发目的也从过去的确保自身网络安全转到增强国际竞争力、创造经济增长新产业和增强日本技术硬实力上来。[③]

第二，运用国家技术力量研发网络安全核心技术。日本将网络安全技术研发置于国家安全层面来考虑，认为“为预测和应对日益复杂多变的网络攻击，日本要掌握攻防技术原理和信息系统结构等自主开发所必须的核心技术”[④]。日本形成总务省、经济产业省、文部科学省和内阁府为支柱的网络安全技术研发体系，以政

① NISC:『情報セキュリティ研究開発戦略』, 2011 年 7 月 8 日, http://www.nisc.go.jp/active/kihon/pdf/kenkyu2011.pdf（上网时间：2017 年 3 月 25 日）。

② NISC:『情報セキュリティ研究開発戦略（改定版）』, 2014 年 7 月 10 日, http://www.nisc.go.jp/active/kihon/pdf/kenkyu2014.pdf（上网时间：2017 年 3 月 25 日）。

③ NISC:『サイバーセキュリティ研究開発戦略骨子（案）について』, 平成 29 年 3 月 3 日, https://www.nisc.go.jp/conference/cs/kenkyu/dai06/pdf/06shiryou05.pdf（上网时间：2017 年 3 月 25 日）。

④『サイバーセキュリティ戦略について』, 平成 27 年 9 月 4 日, http://www.nisc.go.jp/active/kihon/pdf/cs-senryaku-kakugikettei.pdf（上网时间：2016 年 2 月 9 日）。

府力量推动网络安全核心研发。总务省以下属的信息通信研究机构（NICT）为研发平台，分别在2011年和2013年成立网络安全研究所和网络攻击对策综合研究中心，主要对网络攻击监控和分析处理技术、网络安全情报共享和自动化技术、物联网安全技术进行研发；经济产业省以日本控制系统安全中心（CSSC）和产业技术综合研究所（National Institute of Advanced Industrial Science and Technology，AIST）为研发平台，主要对操作系统网络安全技术、网络安全自动诊断修复技术、防止网络攻击技术以及高级加密技术等进行研发；文部科学省以国立情报学研究所（NII）和理化学研究所创新智能集成研究中心为平台，主要就网络攻击检测技术和人工智能、大数据、网络安全一体化技术进行研发；内阁府将网络安全列入到科学技术五年基本计划，重点研发关键基础设施的网络安全技术。

第三，形成民间"产、学、研"三位一体的网络安全技术研发体系。"伴随着物联网产业的发展，未来，对包括咨询和人才培养等网络安全产业的需求将会进一步加大。为此，日本应从网络安全产业需要出发促进产业发展，通过培育能够在国内外发挥重大作用的企业和风险投资公司振兴网络安全产业。（1）为振兴全球网络信息搜集网和具有信息提供、分析能力的产业，利用政府基金对网络安全领域进行大规模集中投资，建立日本网络安全产业的示范项目。（2）对于没有能力独自营造网络安全环境的中小企业，可以充分利用安全可靠的"云服务"，促进"云服务"网络安全审查机制的普及。（3）对于网络安全领域的快速变化，振兴致力于新业务和技术研发创新的风险企业至关重要。"① 为

① 『サイバーセキュリティ戦略について』，平成27年9月4日，http://www.nisc.go.jp/active/kihon/pdf/cs-senryaku-kakugikettei.pdf（上网时间：2016年2月9日）。

此，日本以网络安全产业应用促研发，积极围绕网络安全技术的应用需求采取积极措施，大力推进网络安全技术研发和创新。至2015年3月，已经在“云计算技术”“信息安全技术”“嵌入式系统安全技术”“网络安全商务应用技术”等网络安全核心技术领域完成技术体系构建。[①]

在“云计算技术”领域，以大阪大学、神户大学、东京大学、东京工业大学和九州大学为核心的24所院校（参见图3—11）和日立制作所、NTT数据、国立情报学研究所等36家企业及科研机构，构建“产、学、研”合作体系。

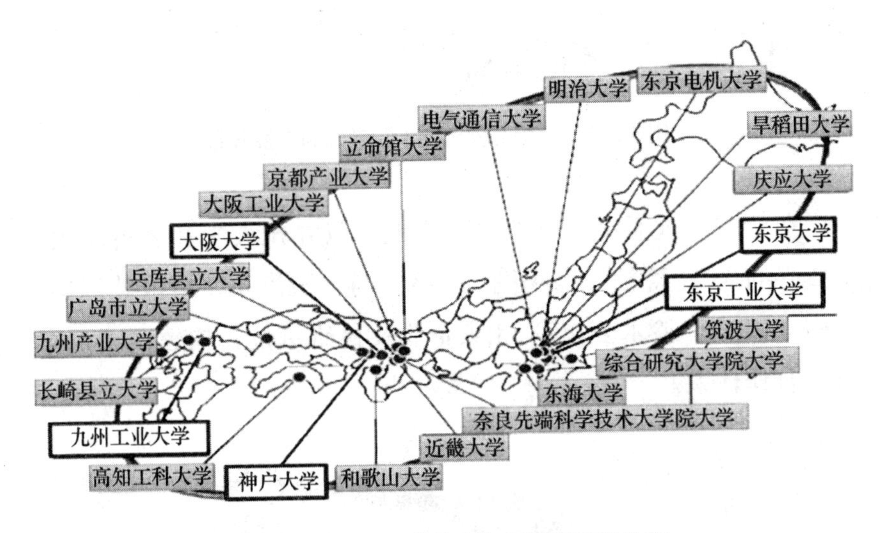

图3—11　“云计算技术”领域的院校分布

在“信息安全技术”领域，以信息安全大学院大学、东北大学、北陆先端科学技术大学院大学、奈良先端科学技术大学院大学和庆应大学为核心的19所院校（参见图3—12）与日本电信电

① 文部科学省：『文部科学省説明資料』，平成27年12月14日，https：//www. nisc. go. jp/conference/cs/jinzai/dai01/pdf/01shiryou0502. pdf（上网时间：2017年3月28日）。

话、信息通信研究机构（NICT）、日本电气（NEC）等10家企业及科研单位，构建“产、学、研”合作体系。

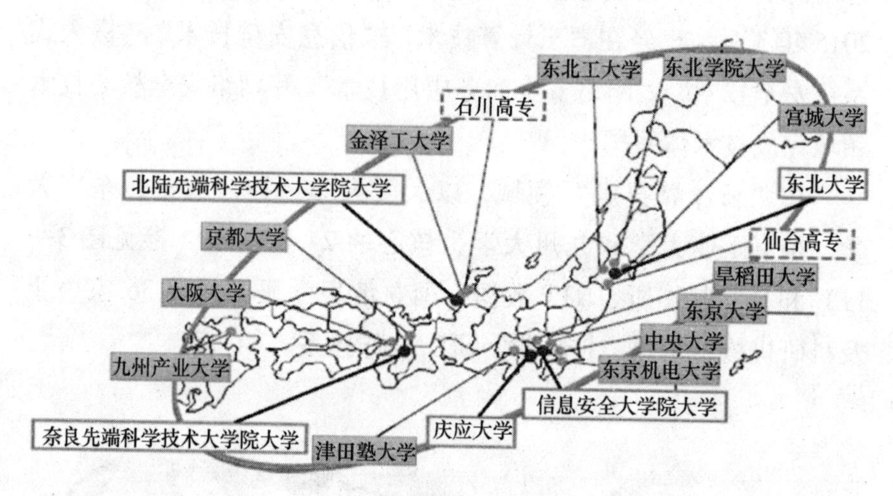

图3—12　“信息安全技术”领域的院校分布

在“嵌入式系统安全技术”领域，以九州大学和名古屋大学为核心的33所院校（参见图3—13）与丰田汽车、情报处理推进机构（IPA）、铃木公司等38家企业及科研单位，构建“产、学、研”合作体系。

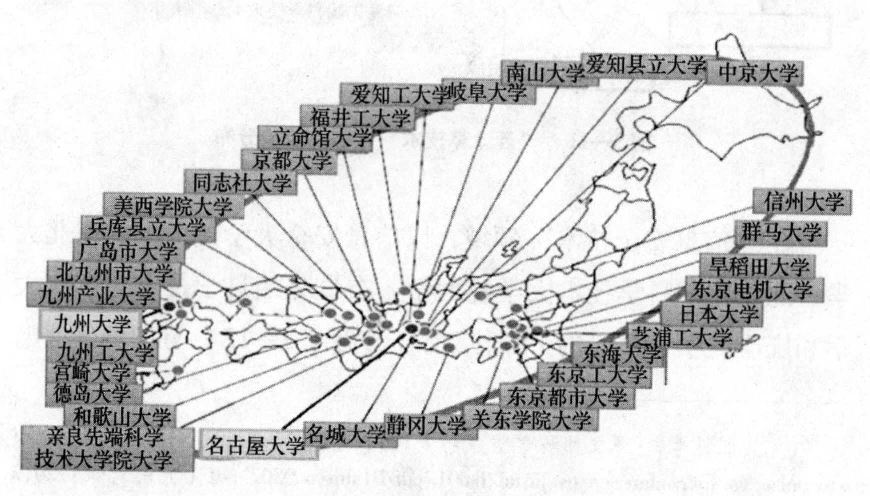

图3—13　“嵌入式系统安全技术”领域的院校分布

在“网络安全商务应用技术”领域，以筑波大学、未来大学和产业技术大学院大学为核心的22所院校（参见图3—14）与日本电气（NEC）、高度情报通信人才培养中心、乐天集团等23家企业及科研单位，构建“产、学、研”合作体系。

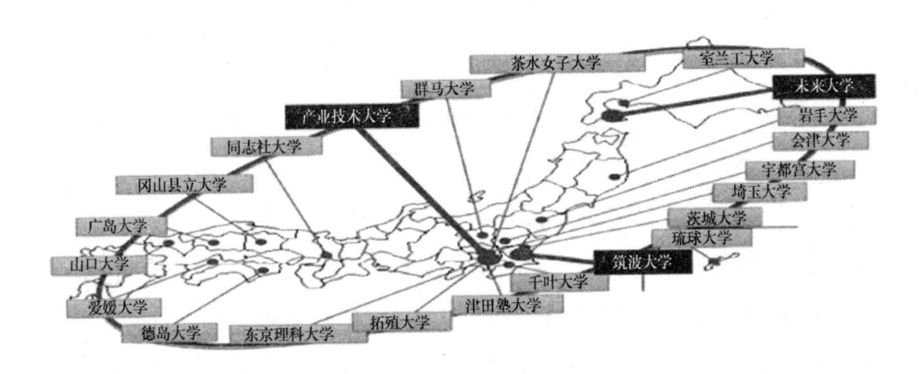

图3—14　“网络安全商务应用技术”领域的院校分布

二、拓展网络安全国际合作

伴随着网络空间迅速发展，互联网已成为信息传播的主要渠道和国际交流的重要手段，社交媒体的兴起进一步提高信息传递效率并降低沟通交流的成本，国际格局正因为网络空间日益发展而面临结构性变革。温特（Alexander Wendt）认为，国家可以被看作是具有意图性、理性和利益考虑等人的特征的行为体，因此国家能够积极参与结构性变革。① 在网络空间所带来的变革中，网络风险全球化的趋势使任何一个国家都不可能完全凭一己之力应对网络风险，围绕网络空间大量的安全性议题必须要通过国际

① ［美］亚历山大·温特著，秦亚青译：《国际政治的社会理论》，上海：上海人民出版社，2005年版，第10—12页。

合作来解决。国际合作是日本外交战略的重要支柱之一，通过国际政策协调、政策意图阐释和价值观传播等途径来维护国家安全和促进国家利益，其核心是塑造形象、促进合作和化解危机。约瑟夫·奈认为，当今世界各国都面临着国家信誉的竞争，国家不仅与其他国家，也与各种组织如新闻媒体、跨国公司、非政府组织甚至个人竞争，竞争内容包括谁的故事更动人、更可信，这就需要规划一种国家叙事（narrative）的策略，以在“充足悖论”的信息时代获得并保持国家声誉。[①] 日本政府意图借助网络安全所必需的国际合作属性，依靠自身信息技术的优势，参与国际网络空间权力分配，积极拓展国际活动空间，树立正面可信的国家形象。其主要借助两个途径：一是签署国家间网络安全协议或开展网络安全对话，至2016年底，日本已经美、英、法、俄、德、澳、以色列、爱沙尼亚、欧盟、中、韩、印等12个国家和地区签署了双边网络安全协议或开展了网络安全对话（参见图3—15）；二是积极参加国际会议推进网络安全合作，如以首相为主的日本内阁高官在“G7”“G20”“日本·东盟”等首脑峰会上积极推进网络安全合作，高级专家和官员则在“G7网络工作组”“联合国政府专家会议”“日本·东盟信息安全政策委员会”“国际网络犯罪条约委员会会议”等场合积极推进网络安全合作等等。

日本的网络安全国际合作主要有“一个中心”和“三个支柱”。“一个中心”是以美国等西方七国（G7）为中心。“三个支柱”是推进网络空间依法治理、形成互信、构筑能力等。简言之，就是要以G7的标准为核心，依靠“三个支柱”来开展网络

① Joseph S. Nye Jr.，“The Pros and Cons of Citizen Diplmacy”，*New York Time*，October 4，2010，http：//www. nytimes. com/2010/10/05/opinion/05iht-ednye. html（上网时间：2016年8月18日）。

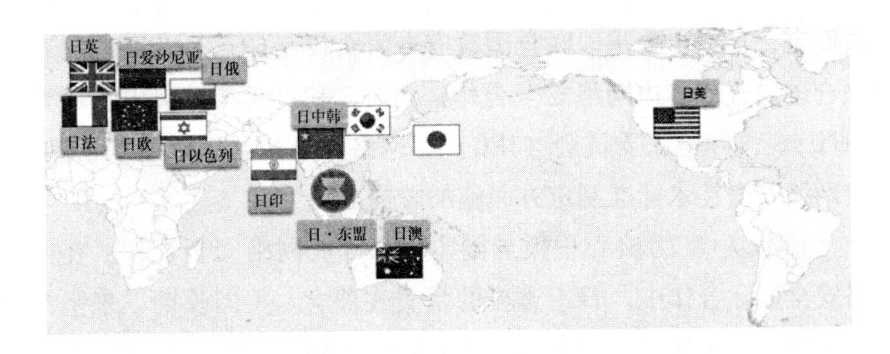

图 3—15　日本网络安全国际合作相关国家和地区分布

外交，具有明显的冷战式“阵营划分”性质，充分显示出“网络空间国际合作的背后仍是对网络主导权的追逐”[①]。日本根据各国对网络空间的主张，将世界国家划分为三派：一派是以美国及其盟友等西方国家为代表的，主张网络空间是全球“公域”，网络空间要信息自由流动，既有国际法适用网络空间，日本属于此派；一派是以中俄为代表的强调“网络边疆”，即网络空间具有国家主权，既有国际法有限适用网络空间；第三派就是以发展中国家为主的“中间派”。在此基础上，日本认为只有积极与国际组织、同盟国家和发展中国家开展网络安全合作，才能构筑自身的网络安全。

日本积极与国际组织开展网络安全合作。“自从国际组织大量出现以来，国际关系中集团外交和多边外交呈现制度化和组织化趋势。各国或国家集团都借助于一定的国际组织来进行国际交往，协调矛盾、处理纷争、加强合作。”[②] 日本与国际组织开展网络安全合作，意图通过多边网络安全合作来增强自身在国际组织的地位和作用，拉拢部分国家，同时对国际网络安全标准和规则制定施加影响，以在国际网络安全矛盾和纷争中取得主动权。具

① 刘勃然：《奥巴马网络新政评析》，《社科纵横》2012 年第 8 期，第 67 页。
② 余敏友：《论国际组织的地位与作用》，《法学评论》1995 年第 5 期，第 34 页。

体而言，日本主要是以联合国政府专家会议（GGE）为平台，在联合国内开展多边网络安全合作；同时，积极参与国际电信联盟（ITU）、国际电工委员会（IEC）等网络安全相关国际组织活动，在网络安全技术标准制定方面施加影响。

日本以 G7 为核心积极与同盟国家开展网络安全合作。在网络安全国际合作中，日本遵循的是美式理念。美国长期以来坚持的所谓“自由民主”为核心的价值观，也被用在网络空间，美国认为虚拟空间的自由同现实世界的自由是一致的。只有实现网络空间的自由，美国才能以网络空间自由为名对其他国家施加压力，使美国站在国际道义的制高点上，其本质正如美国媒体评论的，“在全球促进自由和推广互联网技术，增强公民和组织对外国政府的政策发挥前所未有的影响的能力。这使我们的公共外交——向世界各地民众传送情报和信息的努力——成为国家战略日益重要的组成部分”[①]。日本将此看作是开展网络安全合作的重要支点，将开展 G7 国家网络安全合作视为重中之重，不但与 G7 其他成员国签订双边网络安全协议，还在 2016 年“G7 峰会”上与 G7 其他成员国成立网络安全工作组。国家之间对于安全问题的认同，对安全复合体的形成与发展有着至关重要的作用，[②] G7 网络安全工作组的成立，标志着以 G7 为核心的国际网络安全联盟已经起步。同时，日本还开展与韩国、以色列、印度等国家的网络安全合作以及与欧盟的网络安全对话。

日本积极与发展中国家开展网络安全合作。在国际网络空间中，由于信息技术能力与发达国家存在较大差距，发展中国家和地区更容易成为网络攻击的目标或跳板，这成为日本与发展中

---

① Cecilia Kang, “Diplomatic Efforts Get Tech Support”, *Washington Post*, April 6, 2009.

② ［英］巴瑞·布赞，［丹麦］奥利·维夫、迪·怀尔德著，朱宁译：《新安全观》，杭州：浙江人民出版社，2003 年版，第 12—13 页。

国家开展网络安全合作的道义借口。实质上日本与发展中国家开展网络安全合作，主要是从经济、政治和外交三方面考虑。经济方面，日本认为在新兴和发展中国家或地区，会出现以信息安全为借口而采取的进口限制措施，以对本国的商品进行保护。对此，日本利用网络安全国际合作来影响或决定这些国家的网络安全规则或标准，就能使日本信息技术相关产品在这些国家更有市场竞争力，进而占领发展中国家市场。政治方面，日本认为发展中国家是日本争夺国际网络规则制定权的重要支持者，日本只有拉拢发展中国家一道积极参与网络安全的国际标准化工作，开展国际互认和评估认证体系的创立，才能成为网络空间的重要一极。外交方面，日本认为只有开展国家间的双边或多边磋商和对话，才能在网络空间树立多利益攸关方理念，推进国际法特别是《联合国宪章》和国际人权法案适用于网络空间。为此，日本开展“日本—东盟反网络犯罪”对话，并在2016年10月推出《支援发展中国家网络安全建设方针》，规定以两国或多国合作方式为发展中国家提供网络安全方面帮助。

三、加强网络安全意识和人才培养

网络空间既扩张渗透到每一个年龄段的每一个人，也扩张渗透到包括家庭、社会的任何领域，这使网络安全越来越依赖全体网络空间参与者的共同努力和相互协作。同时，随着网络相关概念的不断深化和越来越多网络新事物的出现，向国民普及网络安全的意识和理念也越来越重要，特别是没有网络安全意识的网络空间参与者，不但自己会成为受害者，而且很可能会成为无意识犯罪者。另外，日本认为其网络安全技术人才无论是数量还是质量方面都存在明显的不足，人才培养至关重要。[①]

为此，日本在网络安全战略本部下建立网络安全意识和人才培养的专门机构。先于2011年7月成立信息安全意识和人才培养专门委员会，后于2015年2月成立网络安全意识和人才培养专门调查会，主要职责是制定网络安全意识和人才培养计划方针、开展网络安全意识宣传和推进网络安全人才培养。

在制定网络安全意识和人才培养计划方针方面，日本先是在2011年7月推出《信息安全意识普及宣传计划》，明确网络安全意识普及宣传工作的基本方针——政府积极支持，国民主动落实，以公私结合推进信息安全意识普及宣传工作；[②] 后在2016年3月推出《网络安全人才培养综合强化方针》，明确提出要培养对社会有用的网络安全人才，形成网络安全人才需求和供给相符合的良性循环，构建完善网络安全人才培养体系，特别是要培养可为政府所用的网络安全人才。[③]

在开展网络安全意识宣传方面，一是先后设立"网络安全月"和"网络安全日"。2014年初，日本将每年2月第1个工作日设为"网络安全日"，专门针对网络攻击开展警示宣传。2015年，日本将2012年设立的"信息安全月"（每年2月）改名为"网络安全月"。同时，做出两个重大改变：延长期限18天、扩大宣传范围至全国47个都道府县。2016年，日本开展大范围、

① 『サイバーセキュリティ戦略について』，平成27年9月4日，http://www.nisc.go.jp/active/kihon/pdf/cs-senryaku-kakugikettei.pdf（上网时间：2016年2月9日）。

② 『情報セキュリティ普及・啓発プログラム』，2011年7月8日，http://www.nisc.go.jp/active/kihon/pdf/awareness2011.pdf（上网时间：2017年2月19日）。

③ 『サイバーセキュリティ人材育成総合強化方針』，平成28年3月31日，http://www.nisc.go.jp/conference/cs/jinzai/dai03/pdf/03sankoushiryou01.pdf（上网时间：2017年3月9日）。

高密度的“网络安全月”宣传活动，在日本47个都道府县共开展532项宣传活动。二是设立“网络安全国际节”。2012年，日本为对接美国每年10月的“增强网络安全意识宣传月”，决定每年10月举办“网络安全国际节”，邀请美、澳、欧盟、东盟等数十个国家和地区及组织参加活动，以推进网络安全国际合作。2012年首届“网络安全国际节”开展25项活动，2013年开展10项活动，2014年开展29项活动，而2015年则开展59项活动，几乎接近前三年开展活动的总和。三是面向全体国民，日本总务省设立国家网络安全意识教育网站，针对网络欺诈、钓鱼网站、垃圾邮件、僵尸网络等安全威胁进行宣传介绍，传播网络安全知识，在线提供各种基本防护工具，为公众和中小企业采取恰当的网络安全措施提供服务和帮助。

在推进网络人才培养方面，日本充分运用多层次、多平台、多手段来完善网络安全技术人才培养体系，目标是增加网络安全技术人才储备，并以量变求质变，打造一支国际顶尖水平的网络安全人才队伍。

日本培养人才的多层次，是指从高中低三个层次培养网络安全技术人才。近年来，日本加快完善网络安全学科体系建设，加强社会高、中、初级网络安全人才培养。对初级人才的培养，日本认为每个人都需要网络安全基本素养，这些基本素养需要从初等教育阶段普及，[①] 并且从初高中选拔培养网络维护“工匠”型人才进入高等专门学校或专修学校等职业教育学校进行培养。对中级人才的培养，日本重点与欧美名校合作，在大学设立网络安全专业院系，按欧美标准培养网络安全专业人才。目前，日本已

---

① 『サイバーセキュリティ戦略について』，平成27年9月4日，http：//www. nisc. go. jp/active/kihon/pdf/cs-senryaku-kakugikettei. pdf（上网时间：2016年2月9日）。

经在信息安全大学院大学、东北大学、北陆先端科学技术大学院大学、奈良先端科学技术大学院大学、庆应大学和大阪大学开设相关专业学科。对高级人才的培养，日本招收“网络战”专业硕士、博士研究生，联合科研院所和用人单位进行针对性培养，主要是以国立情报研究所（NII）为平台，培养网络安全高端人才，并计划在2016年培养出100名顶级网络安全人才为日本所用。①

日本培养人才的多平台，既有高校、企业、政府、军队等的多场景互动教学平台，也有政府、企业、高校及科研院所合作等的“产、学、研”结合平台来培养安全技术人才，以实现网络安全人才的理论与实践相结合、人才技能与岗位需求相符合。先后在防卫大学、警察大学等情报安全专业院校，成立网络安全培训教育中心，培训情报安全部门的网络安全人才，并选拔骨干赴欧美等国家学习进修。此外，日本还积极开展国际合作，同北约、欧盟建立网络安全对话机制，通过集中训练、模拟演习等手段强化网络部队的作战能力。

日本培养人才的多手段，是指通过短期培训手段、专业培训手段、竞赛选拔手段和专业资格考试手段来培养选拔安全技术人才。短期培训，如日本经济产业省下属的日本情报处理推进机构（IPA）举办的“信息安全大本营”活动。这个活动不仅仅传授攻击与防御技术，还将引导更多青少年将掌握的网络攻击技术用于“正义”的网络安全攻防之中。专业培训，如日本经济产业省下属的日本控制系统安全中心（CSSC）专门针对关键基础设施保障的培训。该中心在日本宫城县多贺市建立“东北多贺城总部”，用以培训黑客维护工场、发电站等工业控制系统安全的技能。还

① 文部科学省：『文部科学省説明資料——enPiTの概要、セキュリティ人材育成に係る文部科学省平成28年度概算要求について』，平成27年12月14日，http://www.nisc.go.jp/conference/cs/jinzai/dai01/pdf/01shiryou0502.pdf（上网时间：2017年3月8日）。

有日本总务省下属的日本情报通信研究机构（NICT）举办的“目标型攻击”实践演练。演练过程中，培训人员从企业或机构中盗取机密信息，学会攻击方式，掌握防御措施。该机构在日本石川县能美市的“北陆 StarBED 技术中心”建立大规模数据中心，存储数千家大企业服务器的全部访问日志，进行大数据分析，追踪网络攻击痕迹。竞赛选拔，如总务省下属的日本网络安全协会（JNSA）主办的“网络安全大赛”（security contest，SECCON），由日本 IT 战略本部、日本网络安全战略本部、警察厅、总务省、公安调查厅、外务省、经产省等共同支持，通过开展破解密码、入侵服务器、置换文件等“黑客”攻击技术的对抗比赛，选拔“黑客”人才。专业资格考试，如日本从 2017 年开始推行的“确保情报处理安全支援师”资格考试认证制度，用于按等级选拔培养网络安全人才，并预计在 2020 年东京奥运会前培养出 3 万名各等级网络安全人才。

第四章

日本网络安全战略的走向、面临的挑战和影响

当前，网络空间正以“超领土”、不断与现实空间融合的状态真实存在，并全面渗透国际政治领域，尤其是作为“第二生存空间”和“第五作战领域”，对国际政治产生着划时代的影响。国际政治是主权国家的权力博弈，在网络空间，各国网络安全战略都以经典的政治博弈方式发挥着各种影响，正如《权力与相互依赖》一书中所说的，“经典政治问题——谁统治？以何种形式统治？谁受益？——不仅与传统的现实空间有关，也与网络空间有关”①。各国网络安全战略在不断产生影响的同时，又因各国不同的国家利益需求而呈现各自不同的战略走向，也因网络安全所具有的发展性和不确定性而面临各种各样的挑战。综合考量一国网络安全战略的走向、面临挑战和影响，是判断网络安全战略进攻与防守属性、成本与收益价值的重要依据。

第一节　日本网络安全战略的走向

“控制”是国际政治权力的核心体现。未来学家阿尔文·托

① ［美］罗伯特·基欧汉、约瑟夫·奈著，门洪华译：《权力与相互依赖》（第三版），北京：北京大学出版社，2002 年版，第 258 页。

夫勒曾预言：计算机网络的建立与普及将彻底改变人类生存及生活的模式。谁掌握了信息，控制了网络，谁就将拥有整个世界。[①]表面上，日本网络安全战略未来将围绕东京奥运会的网络安全保卫工作制定战略规划，据日本共同社2017年2月25日披露，为迎接2020年东京奥运会，日本政府已初步决定修订2015年版《网络安全战略》，并拟于2017年6月召开网络安全战略本部会议，研究新版《网络安全战略》，拟将设立“奥运残奥（网络攻击）应对协调中心”和“虚拟网络威胁信息汇总中心”纳入新战略规划；专门为东京奥运会而设立的“奥运残奥（网络安全）应对合作中心”，是东京奥运会免遭网络攻击的主责部门。[②] 实质上，2020年是安倍宣称的“夺回强大日本”之年，日本想开启新的强大网络安全模式，即构建以军民融合为基础的“人+人工智能=强大网络安全”的新模式，这一模式将军民技术融合作为基础，用情报来掌控个人或国家的行为，把从源头上控制网络风险作为网络安全的防范根本，把用人工智能技术来发现解决网络风险作为网络安全的倚重手段。这使日本网络安全战略呈现军民融合化、情报化和人工智能化的三大走向。

一、军民融合化

技术能力是网络安全的核心能力，约瑟夫·奈特别看重的是技术优势背后的能力构建，“这场由美国领头的革命源于几方面的技术优势，最重要的是源于与这些技术发展相关联的能力和利

① 东鸟著：《中国输不起的网络战争》，长沙：湖南人民出版社，2010年版，第2页。

② 共同網：『サイバー攻撃対処で司令塔創設』，2017年2月25日，https://this.kiji.is/208153584083828741（上网时间：2017年3月3日）。

用这些技术潜力制定规章、战略和战术的能力”①。在网络呈现军事化的今天，以技术能力构建网络军事能力是日本今后的一个重点走向。

第二次世界大战后，为防止日本重走军国主义道路，日本的科学技术政策始终与安全保障领域保持距离。特别是对于军事技术研究，日本科学工作者曾以“日本学术委员会”为平台，在20世纪五六十年代多次发表声明，拒绝参加以战争或军事为目的的科学研究。2001年成立的日本“综合科学技术革新委员会”，是日本科技领域的最高领导协调机构，负责日本科技战略的制定和决策，以及科研经费的划拨，由日本首相亲自领导，也一直坚持与安全保障领域保持距离这一理念。为改变这一理念，安倍政府首先在《国家安全保障战略》中明确提出要集结产业界、学术界和政府的三方之力，投入到安全保障领域，正式开启民为军用的军民融合之路。

日本在2015年创立由防卫省牵头的“安全保障技术研究推进制度”，这标志着日本将防卫力量与技术直接关联到一起，正在加速推进民为军用的军民融合。日本从2016年开始实施“第五期科学技术基本计划”，在该计划中首次列入有关安全保障的条目，明确写明“针对国家安全保障上的诸多课题，推进必要技术的研究开发”等内容，从政策层面突破科学技术与防卫政策之间的红线。2016年9月，在安倍的安排下，日本防卫大臣稻田朋美以临时会员的身份加入“综合科学技术革新委员会”，完成对该会议的操控。在2016年9月15日召开的第22次“综合科学技术革新委员会”上，安倍提出：“希望综合科学技术革新委员会与防卫省等部门加强合作，努力推进有助于国家安全

① ［美］约瑟夫·奈著，张铭译：《美国的信息优势》，《国外社会科学》1997年第1期，第80页。

保障的技术研发”，[①] 亲自为日本的科学技术研发注入军事理念和目标。打着“通过军事技术研发为民用提供成果的美国模式来带动经济增长”的幌子，2017 年 2 月，日本“综合科学技术革新委员会”召开研讨会，研讨防卫领域的相关技术革新和开发问题，计划将之纳入 2018 年的科学技术战略和政府年度预算。

这一系列动作暴露出日本政府企图利用“军民两用”概念使科学技术助力日本重返“普通国家”行列、成为军事强国的妄想。“第五期科学技术基本计划”表明，日本已经将网络和人工智能列入到“军民结合”重点。可以想象，今后日本将投入更多的技术和经费到网络安全领域，以军民两用为名，加紧推进网络安全技术军事化，实现其以技术优势抢占网络攻防制高点的目标。

二、军事情报化

日本的网络安全军事情报化走向的核心是掌控个人或国家的行为，以从源头上控制网络风险作为网络安全的防范根本。早在 2011 年 10 月 24 日，日本《产经新闻》发表题为《美国强化对华警戒》的文章披露，日美两国政府 9 月 16 日举行首次有关加强网络攻击对策的外务和防卫当局政策协商会议。美国方面在会上提出“监视汉字信息”的提法，要求日本政府加强对中国的警戒。自此，以网络安全合作为名实施对人和国家的情报搜集，越来越成为日美同盟的最重要课题，并成为日本网络安全战略的一个重要走向，日本不断进行规划设计和分步实施。2016 年 3 月，日本经济产业省在《今后网络安全政策》中明确提出网络安全措施的

① 首相官邸：『総合科学技術・イノベーション会議』，平成 28 年 9 月 15 日，http：//www. kantei. go. jp/jp/97 _ abe/actions/201609/15kagakugijutu. html（上网时间：2017 年 3 月 3 日）。

基本思路是如美国一样以军事情报机关为最前沿的模式。[①]

第一，完成战略规划。日本2015年版《网络安全战略》与2013年版《网络安全战略》相比，新增网络情报安全工作规划，提出日本网络安全将重点加强三个能力建设：一是拓展网络对外情报合作能力，以价值观为基础开展网络情报合作；二是加强网络情报搜集和研判分析能力，特别要“灵活运用”网络技术手段获取情报信息；三是加强网络反情报能力，特别是加强以内阁情报调查室为首的反情报工作，防卫省、警察厅、公安调查厅等情报安全部门要全力配合。具体上，在日本2015年版《网络安全战略》中着重强调国家参与的网络情报威胁，“现在的网络空间，不但有经济活动，还是国家安全和情报活动的舞台，通过疑似国家参与的、有组织的、准备充分的高级网络攻击进行破坏、窃取信息及篡改数据已成为现实威胁”。[②] 提出要加强国家在网络反情报方面的能力建设，“为应对复杂多变的网络攻击，必须要加强整个国家的韧性和能力建设。为此，要从质和量两方面提高以警察、自卫队为首的责任部门能力。为充分发挥这些责任部门的作用，要深入研究一切有效手段，……对以政府机关机密情报为特定目标的网络攻击行为，要责成内阁情报调查室下属的反情报中心采取相关措施”。[③] 与此同时，还强调网络情报能力的建设，“随着网络空间的扩大，激进的非政府组织恶意利用网络传播激

---

① 経済産業省『今後のサイバーセキュリティ政策について』，平成28年3月，http：//www. meti. go. jp/committee/sankoushin/shin_sangyoukouzou/pdf/007_04_02. pdf（上网时间：2017年4月9日）。

② 『サイバーセキュリティ戦略について』，平成27年9月4日，http：//www. nisc. go. jp/active/kihon/pdf/cs-senryaku-kakugikettei. pdf（上网时间：2016年2月9日）。

③ 『サイバーセキュリティ戦略について』，平成27年9月4日，http：//www. nisc. go. jp/active/kihon/pdf/cs-senryaku-kakugikettei. pdf（上网时间：2016年2月9日）。

进思想、鼓动示威活动和筹集恐怖资金。对于这些国际恐怖组织，日本要根据联合国安理会的决议精神，与国际社会合作共同应对。为此，必须采取措施加强网络恐怖活动相关情报的搜集和分析，包括加强网络恐怖活动情报搜集技术等”。[①] 以上说明日本利用网络开展情报搜集活动的企图。

第二，获得法律授权。根据2015年4月新修订的《日美防卫合作指针》，日本将网络安全合作纳入日美安全合作框架，并将之分为三个层次：在日美两国政府层面进行合作，实现网络威胁和漏洞相关情报共享，共同保卫日本自卫队和美军联合行动所需的关键基础设施和服务设施的网络安全；在日本自卫队和美军层面进行合作，共同确保双方专用网络的安全，加强网络安全合作与交流，开展联合演习；在网络安全事件处理层面进行合作，当日本发生网络安全事件时，以日本为主处理应对，美国提供适当的支援帮助，当发生对日本安全产生重大影响的网络安全事件时，日美两国密切合作、共同应对。[②] 在此基础上，《新安保法案》在2016年3月29日正式实施后，与《日美防卫合作指针》联用，使日本自动获得在国际网络空间开展情报、反情报工作及借助军事力量进行网络攻击的正式法律授权。

第三，成立网络公开情报中心。2016年4月，日本借反恐之名，由日本情报安全机构——警察厅警备局成立“互联网开源情报中心”（Internet OSINT Center），其职能是通过广泛搜集网络开源信息，在进行分析整理后，形成最终情报为日本所用，其中发现个人或国家对日本开展网络攻击或网络窃密的图谋是工作重点

① 『サイバーセキュリティ戦略について』，平成27年9月4日，http://www.nisc.go.jp/active/kihon/pdf/cs-senryaku-kakugikettei.pdf（上网时间：2016年2月9日）。

② 外務省：『日米防衛協力のための指針』，2015年4月27日，http://www.mofa.go.jp/mofaj/files/000078187.pdf（上网时间：2015年10月26日）。

之一。

第四，谋求成立专门情报机构。在日本成立内阁网络安全中心之初，美国《防务新闻》即披露，日本的实际目的是建立一个类似美国国家安全局（NSA）或英国政府通信总部（GCHQ）的机构，以实现对网络通信的全面监控。目前，日本情报安全部门正积极开展宣传攻关活动，以期立法实现网络通信全监控、网络信息全存储。日本有三个海底国际通信光缆基站，其80%的电信互联网通信都要通过这些海底光缆基站。媒体透露日本自卫队正计划以防御网络攻击和过滤可疑网络信息的名义，对这三个光缆实施监控。

三、人工智能化

2016年3月“阿尔法围棋”（Alpha GO）击败韩国九段棋手李世石，宣告人工智能突破10的171次方的运算“瓶颈”，标志着人工智能时代的来临，网络安全也在基于特征码比对的第一代技术和基于行为分析的第二代技术的基础上飞跃为以人工智能为基础的第三代技术。在其后短短数月内，人工智能应用于网络安全快速成为网络安全的新理念和新方向。但人们也看到，将人工智能真正应用于网络安全还需要一个长期的技术研发、创新和积累的过程，在此情况下，加紧布局人工智能等网络安全前沿技术的研发应用，成为当前世界各国的潮流，日本也通过组建科研力量和设定研发方向来大力推进人工智能在网络安全领域的应用。

组建科研力量。（1）2016年4月，日本创立总务省、文部科学省和经济产业省三省合作的下一代人工智能联合研发体制。其中总务省以信息通信研究机构（NICT）为研究平台，主要负责脑信息通信技术、语音识别、多语言翻译、社情分析、创新网络等；文部科学省以理化学研究所为研究平台，主要负责人工智能基础研究、创新性科技成果研发、下一代前沿基础技术研发、人工智能人才培养和研发超级计算机等；经济产业省以产业技术综合研究所（National Institute of Advanced Industrial Science and Technology，AIST）为平台，主要负责应用研究、成果转化、完善基础、通过技术标准、组织有针对性研究等。[①]（2）加强大数据分析能力建设，服务情报工作。2016年，日本滋贺大学成立日本首个“数据科学系”，从2017年4月开始招收首届100名学生，系主任是日本著名“大数据”专家竹村彰通。竹村称，“数据科学，就是通过对大数据进行分析处理而创造价值的科学。”[②] 2016年12月21日，日本滋贺县警察局与滋贺大学签定《网络安全人才培养》，共同培养“大数据”人才，以加强日本警方的“大数据”处理分析能力。滋贺大学开设的“数据科学系”，将作为政府与学界共同合作维护网络安全的重要一环，并开始为日本警方在职培养专业人才。对此，滋贺大学校长位田隆一称，“现在已进入利用‘大数据’加强安保的时代，滋贺大学愿意为此做出自己的贡献。”[③]（3）2016年4月，日本文部科学省下属的国立研究开发法人——理化学研究所成立“创新智能集成研究（Advanced Integrated Intelligence Platform Project，AIP，亦称高级集成情报平台项目）中心”，专职承担日本设立的人工智能、大数据、物联网和网络安全一体化项目，先期投入100亿日元进行研发。在2017年3月，分别与东芝、日本电气（NEC）、富士通等三家

① 理化学研究所革新知能統合研究センター：『理研AIPプロジェクト』，http：//www. nedo. go. jp/content/100788762. pdf（上网时间：2017年4月1日）。

② 日本滋贺大学：『日本の未来に貢献できるデータサイエンティスト』，https：//www. ds. shiga-u. ac. jp/message/（上网时间：2017年4月3日）。

③ 共同網：『サイバー犯罪防止へ滋賀大と県警が協定　人材育成強力』，2016年12月21日，https：//this. kiji. is/184093829899976711（上网时间：2017年3月3日）。

公司成立联合研发中心。

设定研发方向。目前，日本立足于世界网络安全研究前沿，已经确立六大方向：（1）发现和阻止黑客入侵物联网设备。基于人工智能的轻量级预测模型可以在低计算能力的设备上自动驻留和操作，可以实时发现和阻止设备或网络范围的可疑行为。（2）预防恶意软件和文件被执行。今后文件获取仍然是网络攻击的主要目的，利用人工智能的超级能力在短时间内检索可疑程序的数以百万计的特征，发现其中具有网络攻击的蛛丝马迹来进行防范。（3）提升网络安全中心服务效率。政府或企业等的网络安全中心每时每刻都需要处理大量的网络安全警报，几乎是应接不暇，利用人工智能进行分析分类处理已经成为当前网络防御前沿技术研究的超级热点。（4）风险量化评估。网络安全风险量化因需要考虑的变量多、历史数据难以积累等问题而一直难以获得精确指标值，人工智能则可以通过对大数据的积累和处理得到更为精确的数值。（5）网络流量数据异常检测。因为每个需要检测的对象都有自身特有的流量数据特征，检测具有恶意特征的网络异常流量数据具有极高的难度。运用人工智能技术通过寻找跨协议相关性发现异常特征，并据此分析内外网络数据流量交换过程中的元数据相关性来掌握网络流量中异常的数据。（6）检测恶意移动智能终端应用程序。在未来的物联网中，移动智能终端的应用程序安全是确保该终端安全的核心要素。

发布相关战略。2017 年 6 月 9 日，日本发布《网络安全研究开发战略征求意见稿》[①]。该战略的核心就是加大人工智能研究和开发，在加强日本网络安全的同时，使日本网络安全能力实现

① 『サイバーセキュリティ研究開発戦略（案）』，平成 29 年 7 月 13 日，http://www.nisc.go.jp/active/kihon/pdf/kenkyu2017.pdf（上网时间：2017 年 7 月 15 日）。

"弯道超车"，成为世界网络安全技术最先进的国家。

第二节　日本网络安全战略面临的问题和挑战

由于信息技术飞速发展和国际政治经济格局不断变化相交织，网络安全因内涵和外延不断演变而面临着问题和挑战。对日本来说，网络安全战略主要存在的问题和挑战是面临网络风险挑战加大、网络自由根基动摇和内部制约因素。

一、面临网络风险挑战加大

网络风险客观存在、难以避免，安倍的首席网络安全顾问浩幸斋藤在接受美国《华尔街日报》采访时称，"在目前的网络环境下，无论是谁，都找不到一个完全安全的网络环境"。网络向所有能够操纵键盘的人敞开大门，无论这个人置身世界的哪个角落，都可以发动数字化攻击，通过互联网，通过拨号盘，通过卫星，破坏或摧毁一切关键信息。信息时代，虚拟空间成为"第五形式的战场"，在这个战场中，进攻的对象可以是个人、企业，也可以是国家。武器的使用不再是单纯的炸弹、子弹、刺刀等常规武器，而是包括所有非杀伤性电子武器，比如全电子化设备、软件窃听技术、电磁武器等。"互联网的诞生促进信息的交流，但互联网是个开放的系统，在安全性方面存在很多漏洞，面临种种网络攻击的威胁。网络攻击难以预防，危害性大，如何确保互联网时代的信息安全是各国共同面对的一个难题。"[①] 这说明，网络空间的安全性与脆弱性相伴相生，在网络空间并没有绝对的安

① 宋世峰：《互联网络和国家信息安全》，《国际论坛》2000年第5期。

全，特别是网络攻击的手段日新月异，网络攻击防不胜防，这使网络安全成为世界性难题，世界上没有任何国家可以免受网络安全的影响，特别是在物联网快速发展的今天，网络安全的挑战将会越来越大。

网络安全是非对称、难以防犯的。美国情报系统负责科学与技术的国家情报官劳伦斯·K. 葛施文（Lawrence K. Gershwin）曾称："事实上，基于计算机的信息操作为我们的敌人提供针对美国占据优势的军事力量作出不对称反应的可能。……我们的对手可以从世界任何地方发起针对我们军事、经济或电信基础设施的袭击，他们现在能够将以前遥远冲突造成的问题直接传送到美国的心脏地带。"① 这就是网络攻击的非对称性，大大增加了网络防御的难度。

网络安全常常是落后于风险挑战的。面对已经到来的物联网时代的"网络泛化"趋势，越来越多的智能设备都可随时随地连入网络，网络风险的源头和网络攻击目标呈现爆发性增加，网络安全的防线越来越长、领域越来越宽、内容越来越广泛，特别是基于物联网发动分布式拒绝服务攻击（DDoS）的 Mirai 源代码被公开后，由此衍生的恶意程序日益猖獗，已经可以不受阻碍地对任何企业或个人发动攻击，这使传统上以设立防火墙为主的网络划分边界为核心的网络安全理念已经难以应对物联网时代的网络安全需要，而创新网络安全思想和理念还有待于技术的成熟和时间的检验。

目前，网络安全的挑战主要来自于三个方面：一是信息技术本身具有的"漏洞"与"缺陷"性，这是网络安全的"原罪"；

---

① Lawrence K. Gershwin, "Statement for the Record for the Joint Economic Committee Cyber Threat Trends and US Network Security", National Intelligence Office for Science and Technology, June 21, 2001, http://www.fas.org/irp/congress/2001_hr/062101_gershwin.html（上网时间：2016 年 11 月 3 日）。

二是计算机病毒或恶意程序的传播；三是网络黑客的蓄意攻击。对此，有些学者认为，当前的网络空间可与19世纪的美国西部相提并论,[1] 认为两者的不同之处只在于，键盘取代左轮手枪，而黑客成为新的枪手。[2] 也有的学者认为，对于国家安全最大的威胁，不再是来自敌对国家的公开武装入侵，而是不知哪天，某个心血来潮的天才黑客少年通过虚拟的网络空间从世界的某个角落，发起一场可能让整个城市乃至国家陷入瘫痪的攻击。[3] 面对网络威胁，连美国都难以独善其身，如2016年10月21日，美国东部互联网大规模瘫痪，重要网站遭到分布式拒绝服务攻击（DDoS），其根本原因就是黑客劫持了网络上多达10万台的联网设备而发起的。日本更是难以避免。

二、网络自由理念的根基动摇

网络自由是美国网络战略的宗旨，更是日本网络安全战略的根基。其核心内容是美国所确立的网络自由理念，“美国鼓励全世界人民通过数字媒体表达观点、分享信息、监督选举、揭露腐败、组织政治和社会运动。美国将继续确保网络的全球属性带来的益处，反对任何试图将网络分裂为一个个剥夺个体接触外部世

① James A. Lewis, “Cyber War and Competition in the China-U. S. Relationship”, CSIS, May 2010, http://csis. org/publication/cyber-war-and-competition-china-us-relationship（上网时间：2016年11月11日）。

② Gregory J. Rattray, “An Environmental Approach to Understanding Cyberpower”, in Franklin D. Kramer, Stuart H. Starr and Larry K. Wentz eds., *Cyberpower and National Security*, Washinton, DC: NDU Press and Dulles: Potomac Books, Inc., 2009, p. 254。Jeffrey Carr, *Inside Cyber Warfare*, Sebastopol: O'Reilly Media, Inc., 2010, p. 40.

③ ［美］约瑟夫·奈著，张小明译：《理解国际冲突：理论与历史》，上海：上海人民出版社，2002年版，第13页。

界的国家内部网络的努力”。[①] 并且，凭着强大的国力，美国在多边和双边国际交往中不遗余力地推行网络自由原则，组织“全球网络自由力量”“公民社会2.0”“全球网络倡议”等各种网络自由运动，强调网络自由是普世权力的一种，为此“要使互联网能够经受跨越网络、边界和区域的各种形式的干扰而始终保持通畅。把不受限制的互联网访问作为外交政策的首要任务”[②]。其推行全球性“互联网自由”的核心实质是强化美国对网络空间的主导权，拓展美国国家利益。由此，互联网俨然正成为美国对他国进行政治渗透的新工具。也是要塑造网络空间的治理格局和管理环境，巩固美国霸权地位。隐含目的是促进目标国家的政治民主化进程和刺激局部地区政治版图改变。这在引发多国反弹、加剧网络空间竞争的同时，也给美国自身带来巨大负作用，特别是对2016 年美国大选的冲击，让美国意识到其所提倡的网络自由其实是把“双刃剑”。2016 年末，美国推出《反外国宣传和虚假信息法》，完全颠覆了其之前网络自由的价值观念，开始认可国家主权有限运用于网络空间。这表明，虽然美国平时扮演着自由主义者的角色，而一旦涉及美国国家利益时，就立刻变成现实主义者，利用其自身网络优势对互联网加以管控。这对紧跟美国网络自由理念的日本是个巨大冲击，也让日本对自己坚持的这种理念产生怀疑。特别是2015 年 7 月曝出美国自 2007 年起就通过网络窃听日本政要和大企业通信的丑闻，更让日本的美式网络安全战

① White House，“International Strategy for Cyberspace：Prosperity，Security，and Openness in a Networked World”，May 2011，https：//obamawhitehouse. archives. gov/sites/default/files/rss_viewer/international_strategy_for_cyberspace. pdf（上网时间：2016 年 8 月 20 日）。

② Hillary Rodham Clinton，“Remarks on Internet Freedom，U. S. Department of State”，http：//www. state. gov/secretary/rm/2010/01/135519. html（上网时间：2016 年 5 月 21 日）。

略根基产生动摇。在这种情况下，日本如何继续调整自身网络安全战略的定位成为一个难题。

三、内部制约因素仍在

信息化与网络安全协同发展问题。主要表现在：一是网络安全战略本部与IT综合战略本部的关系问题。网络安全战略本部由IT综合战略本部下属的信息安全政策委员会独立并升格而来，两者从原来的上下级隶属关系转变为同级别合作关系，是一体之两面，这必然会带来两者关系的竞争和紧张，因为同为信息技术领域，两部门在职责分工上也会有冲突。为解决这一问题，《网络安全基本法》附则第4条规定：修改IT综合战略本部职权（第26条1款）、网络安全战略本部职权（第25条第1项）中规定，推进网络安全措施的同时，必须注意不涉及已明确的IT综合战略本部职权事务。但两本部的工作领域多有交叉，在日本官僚机构长期存在相互掣肘、各自为战的传统下，两部门如何紧密合作将成为课题。二是《网络安全基本法》与《信息技术（IT）基本法》的同步问题。《信息技术（IT）基本法》制定于2000年，而《网络安全基本法》制定于2014年，两部法律的制定背景和理念存在着巨大差异，《信息技术（IT）基本法》是基于无限制地促进信息自由流通，而《网络安全基本法》则是以网络安全为前提的信息自由流通。《网络安全基本法》对信息化和网络安全的平衡问题有专门的条款：（1）在法律目的上，除与《信息技术（IT）基本法》一样写明“确保信息自由流通”外，还加入“保持社会经济活力和持续发展、保障国民安全和安心生活”，而不仅仅是“致力于国际社会和平与安全及确保日本安全”。（2）仅从《网络安全基本法》第2条的定义来看，重视信息的安全管理，不仅是对网络攻击的安全保障和危机管理，还包含确保不断推进信息化的含义。(3) 在《网络安全基本法》第3条中也考虑到网络安全和信息化的平衡问题。在第1款中强调"确保信息自由流通""有(网络空间)活动自由""鼓励创新""促进社会经济活力"等的重要性。在第3款中写明，关于推进网络安全的措施，是必须"不断采取措施，以推进互联网及其他高度信息通信网络的完善和信息通信技术广泛应用，来促进社会经济活力"。在第5款中也写明，关于推进网络安全的措施，"必须要兼顾《信息技术(IT)基本法》的基本理念"。在第6款中写明，对于实施网络安全的措施，"必须注意不能侵犯国民的权利"。但这些条款都缺乏细化落实条款，在实践中很难操作把握。在现实中，网络安全不仅是应对网络攻击，也必然会影响到信息的自由流通、经济社会活动的自由开展、信息化的推进等，而且《网络安全基本法》注重安全保障和危机管理的强制性规定，自然会限制信息自由流通。

网络安全预警和动态感知能力存在法律盲区。"斯诺登事件"曝光美国国家安全局(NSA)在全球搜集秘密数据进行情报搜集的事实，证实美国国家安全局(NSA)和英国政府通信总部(GCHQ)等外国情报机关，把拦截数据作为网络安全措施。日本的国际通信95%以上都经过国际海底光缆，美英等国已经多次向日本提出希望共同监控国际海底光缆的情报合作愿望。事实上，日本早已经在其境内的网络上安装各种监控设备和系统，但一直都处于非法状态，为此，相关人员积极推动进一步修订《网络安全基本法》等相关法律，但一直难有进展。这是因为，二战后制定的日本宪法第21条和《电信营业法》第4条都规定日本必须要保护通信秘密，严格限制对通信开展监控。1999年制定的《关于对犯罪侦查开展电信侦控的法律》授权为获取犯罪证据可以实施电信侦控，即所谓的"拦截管辖权"，但同时规定不允许为防止犯罪而进行通信拦截，即所谓的"行政拦截"。因此，即使在日本的通信网络中存在非法通信，也不允许检测和分析，除非用户和业务运营商之间存在先前的协议或合同，即使是妨碍、阻止也不行。如严格按照上述法律执行，日本网络安全战略所提倡的网络安全预警和动态感知能力都会因违法而无法开展。

加强网络安全与保护网络隐私的矛盾突出。在网络安全领域，日本一直大力推进政企合作，鼓励企业采取多种网络安全措施，并以倡导网络安全是“投资”而不是“成本”的理念来诱导企业加强网络安全，但对于日本企业来说，这意味着被迫向政府开放自身信息，受到政府更多的监管控制，也即会有更大的法律责任和风险，这加剧企业对政府的不信任，以至于政企间的网络安全信息共享更多是单向的和选择性，难以切实应对网络风险。同时，在个人与政府合作方面也存在这样的问题，这就使日本面临着如何在确保公民隐私、言论自由和企业权益等前提下来加强网络安全的一个难题。

第三节　日本网络安全战略的影响

进入21世纪以来，在美国带动下，世界各国纷纷推出自己的网络安全战略，网络空间政治化、军事化的趋势不断增强。时至今日，网络安全战略不但已经成为世界各国国家安全战略的重要组成部分，也逐渐成为各国对外战略的重要组成部分，网络空间成为与陆、海、空、太空一样的世界各国争夺政治权力和发展军事实力的“第五战场”，也成为国家博弈和国际力量对比的重要领域，网络安全则成为国际斗争的重要手段和平台。各国网络安全战略对国际格局的影响也正在不断扩大，“有网络安全则有天下，无网络安全则无天下”已经成为世界大国的共识。

从国际格局来看，一方面，网络空间对国家战略和政策的承载能力越来越强，网络安全日益成为国家综合国力和国家安全战略的重要组成部分，网络安全战略随之从国家安全战略的从属和次要地位，逐渐上升到独立甚至核心地位，这直接影响到国家的战略选择和外交决策，进而影响国际格局和力量对比变化。在此方面，日本的表现是以价值观为基础进行阵营划分，选择网络集体防御模式，成为亚太域外力量介入区域事务的途径和平台，在影响地区力量结构和对比的同时，对全球战略平衡产生影响。另一方面，在网络空间边界仍存模糊性和有关网络主权定义有待达成共识的情况下，国家主权在网络空间的有效管辖受到挑战。因此，国家在运用网络安全战略来扩大自己在网络空间的有效管辖范围的同时，也直接或间接地影响或限制他国的有效管辖范围，从而影响国际竞争与合作。在此方面，日本以“积极和平主义”为原则的网络安全战略，因亚太地区由历史、民族、领土等因素导致的长期性、结构性矛盾和战略互信严重不足，而引发网络安全问题与海洋、领土、历史等问题相交织，促使亚太地区问题复杂化。另外，从日本网络安全战略的本身战略属性来看，由于其对美国网络威慑理念的引入，自然会对中国网络安全造成影响，形成压力。

一、影响国际战略格局

在长期的冷战环境中，美国现实主义学派认为霸权国家的自由民主意识为霸权的稳定提供生存的土壤，并因而形成以自由民主价值观为基础的“霸权稳定论”，即霸权的存在和稳定，是以自由经济秩序的繁荣和充分发展以及自由意识形态的不断扩展为基础的。汉斯·摩根索在《国家间政治：权力斗争与和平》一书中强调这种“意识形态一致性”与“政治抉择趋同性”间存在着内在联系。[1]

21世纪以来，世界多极化的趋势愈加明显，特别是随着新兴市场国家和发展中国家群体性崛起，当代国际关系发生深刻变化，国际治理变得越来越复杂，国际形势中的不稳定、不确定因素不断增加，国际恐怖主义、分裂主义和极端主义泛滥，地区热点和结构性矛盾凸显，这使冷战后美国因唯一超级大国而坚持的单边主义难以持续，国际地位和权力受到严重挑战。同时，与冷战时的核武器对世界各国制定国家安全政策产生根本性影响一样，网络军事化带来的网络武器和数字作战也正在深刻地影响着世界各国的国家安全政策。在这种背景下，美国再度重视以自由民主价值观为基础的阵营划分，重新巩固其冷战期间形成的集体防御模式，认为"美国的社会制度和价值观扩展到世界各个角落，使越来越多的国家加入'民主阵营'，从而继续维护并强化美国的冷战胜利果实"[2]。

美国网络安全战略充分反映出21世纪美国国家安全的这种需求和认知，将美国的价值观输出由传统国际政治领域向网络空间延伸与发展，提出"网络空间可以繁荣经济、激发研究、增强军力、促进阳光政府，并是自由社会的支柱"[3]，希望通过促进信息自由流动来确立美式价值观在网络空间的主导地位。2010年10月，时任美国国防部副部长林恩在解释美国网络安全战略时指出，"网络安全要采用冷战时期的'集体防御'模式，这种冷战

---

① ［美］汉斯·摩根索著，［美］肯尼思·汤普森、戴维·克林顿修订，徐昕、郝望、李保平译，王缉思校：《国家间政治：权力斗争与和平》，北京：北京大学出版社，2006年版，第221页。

② 吕晶华：《奥巴马政府网络空间安全政策述评》，《国际观察》2012年第2期，第2页。

③ 『新・サイバーセキュリティ戦略について』，2015年6月，http://www.nisc.go.jp/conference/cs/taisaku/ciso/dai01/pdf/01shiryou03.pdf（上网时间：2015年11月3日）。

时期的观念适用于21世纪网络安全，就像我们的空中防御、导弹防御一样，网络防御也应连在一起。"[1]按照美国国防部的战略设计，美国的网络安全应存在"五个支柱"，分别是"将网络空间视为下一战场、积极防御、保护关键基础设施、增强集体防御和统领技术力量"。[2]为此，2011年5月，美国推出《网络空间国际战略》，以提出网络安全"国际倡议和标准"为旗号，在全球推动建立网络集体防御同盟。该战略明确指出，"美国致力于国际倡议和标准，在加强网络安全的同时，维护自由贸易和信息自由流动，这些是我们的全球责任……法律法规既维护我们国家的安全，也推进共同价值观。美国将采取一种反映我们价值观和增强我们合法性的行为方式，寻求尽可能广泛的国际支持。"[3]这表明，美国已意识到信息技术的快速发展将远远超出美国的可控范围，特别是网络军事化的快速发展将会对美国形成越来越大的压力，只有以价值观为基础，最大限度将价值观一致的民主国家纳入自己旗下，通过集体力量和集体智慧来应对网络安全挑战，更紧密地协调和共享军事及网络方面的新发明和新发展，特别是扩大网络防御力量，才能继续形成绝对优势、占据领导地位。

对此，出于自身国家安全战略和利益的考虑，日本接受美国的网络安全战略思想，在网络空间积极推行美式价值观，提出

---

① U. S. Department of Defense, "Lynn Explains U. S. Cybersecurity Strategy", September 15, 2010, http://archive.defense.gov/news/newsarticle.aspx? id = 60869（上网时间：2017年1月25日）。

② U. S. Department of Defense, "Lynn Explains U. S. Cybersecurity Strategy", September 15, 2010, http://archive.defense.gov/news/newsarticle.aspx? id = 60869（上网时间：2017年1月25日）。

③ White House, "International Strategy for Cyberspace: Prosperity, Security, and Openness in a Networked World", May 2011, https://obamawhitehouse.archives.gov/sites/default/files/rss_viewer/international_strategy_for_cyberspace.pdf（上网时间：2016年8月20日）。

“应对网络威胁，就是要一直保持作为民主主义支柱的社会信息的自由流通”。[①] 谋求在网络空间划分阵营，建立集体防御体系，“网络攻击很容易超越国境，有事例表明，网络攻击已经开始参与境外军事行动相关的活动。这就需要与盟国或持相同立场的国家，进行情报共享，共同培训人才、积极促进合作，重在与他国形成相互依赖的机制”。[②] 其本意是将冷战结束以来以美国为主导的国际秩序移植到网络空间，在配合美国巩固全球主导地位的同时，提升日本在国际秩序特别是在亚太地区秩序中的地位和话语权。具体是通过在网络空间突破“和平宪法”限制以实现可全球动武、树立网络空间美式价值观理念、深化网络空间日美同盟、加入北约“网络盾牌”等四个步骤和路径来实现网络空间阵营化，影响全球战略平衡，从中谋取利益。

第一，在网络空间突破“和平宪法”限制以实现可全球动武。日本积极谋求集体自卫权的法理依据，以集体自卫权保障其在网络空间自由行动，实现可通过网络空间在全球动武的目的。从国际关系发展的历史来看，占据技术和能力优势的大国必定会谋求法律上的优势，占据道义的制高点。因此，谋求集体自卫权适用于网络空间，是日本在网络空间施加影响的重要前提，更是在网络空间实质性突破“和平宪法”限制的前提。日本谋求网络空间集体自卫权的依据主要有三个：一是日本将《塔林手册》作为依据。《塔林手册》以“网络空间不需要新规则，现有国际法适用于网络空间”为原则，对网络战适用国际法问题进行阐释，

① 『サイバーセキュリティ戦略について』，平成27年9月4日，http://www.nisc.go.jp/active/kihon/pdf/cs-senryaku-kakugikettei.pdf（上网时间：2016年2月9日）。

② 『サイバーセキュリティ戦略について』，平成27年9月4日，http://www.nisc.go.jp/active/kihon/pdf/cs-senryaku-kakugikettei.pdf（上网时间：2016年2月9日）。

强调国家主权适用网络空间，意图通过解释和适用和平时期的国际法，建立起有利于西方网络强国的网络空间国家权利义务。该手册正文分为“国际网络安全法”和“网络空间武装冲突法”两部分，共有七章95条规则。每一条规则后面都附有大量而丰富的评论。第一部分核心是“诉诸战争权/开战正义”（jus ad bellum），包括国家和网络空间、使用武力两章17条。第一章是尝试以国家主权为规范基础，通过确定国家主权和网络空间的联系，解决网络空间涉及的管辖和控制、国家责任问题；第二章则主要是从禁止使用武力、自卫的条件和实施两个方面来探讨网络空间使用武力的合法性。第二部分核心是“战时法/交战正义”（jus in bello），即武装冲突法或国际人道法在网络战中的适用。包括五章78条：武装冲突法一般规定，敌对行为，特定人员、物体和行为，占领，中立。“在武装冲突中实施网络行动应遵守武装冲突法”成为这一部分的基本出发点。这一部分界定网络战中许多至关重要的法律术语，如网络攻击、民用物体、军事目标、不分青红皂白的攻击、报复等等，并对武装冲突法的相关规定作网络空间中的解读。[①] 事实上，《塔林手册》是美国等西方国家及其政治军事盟友进行网络空间战略布局的重要法律工具，目的就是确保它们在网络空间的政治、军事和规则的绝对优势。二是日本以联合国大会信息安全政府专家组（GGE，UN Group of Govermmental Experts）报告为依据。2013年9月，联合国大会第一委员会的信息安全政府专家组发布报告，就网络空间国家主权原则达成共识，称《联合国宪章》等国际法适用于网络空间。日本根据联合国GGE报告书认为，《联合国宪章》第51条关于“自卫权”的规定，“联合国任何会员国受到武力攻击时，在安全理事会采取

① 北约卓越网络合作防卫中心国际专家小组著，朱莉欣、朱雁新、陈伟、曹成程、杨超译：《塔林网络战国际法手册》，北京：国防工业出版社，2016年版。

必要办法，以维护国际和平及安全之前，本宪章不得认为禁止行使单独或集体自卫之自然权利。会员国因行使此项自卫权而采取之办法，应立即向安全理事会报告，此项办法于任何方面不得影响该会按照本宪章随时采取其所认为必要行动之权责，以维护或恢复国际和平及安全"。《联合国宪章》明确肯定自卫权是国家的"自然权利"，即固有权利，适用于网络空间，也适用于日美同盟的"集体自卫权"。但由于什么构成攻击，《联合国宪章》第51条并没有具体解释，从而使相关概念的界定产生争议。日本正是利用这一争议来模糊网络空间的"集体自卫权"。三是《网络空间负责任国家行为宣言》。2017年4月，七国集团（G7）意大利外长会议发表《网络空间负责任国家行为宣言》，主张现有国际法适用于网络空间，特别强调根据《联合国宪章》第51条规定和相关国际法，国家可使用单独或集体自卫权应对网络空间的武力攻击。

第二，在理念上跟随呼应，增添美式价值观在网络空间的影响力。美国提出的国际关系理念需要众多"盟友"或"伙伴"的响应和支持，以便成为引领世界的标准。但自美国2010年提出将价值观理念移植到网络空间后，并没有得到英、法、德、加、澳等传统盟国的明确支持，在这些国家各自推出的网络安全战略中都只将网络安全和网络经济作为重点，并没有将价值观作为前提条件写入网络安全战略内容，使得美国提出的价值观理念难以成为网络空间的引领标准。在此情况下，日本网络安全战略则全面对接美国网络安全战略，成为美国在网络空间推行价值观理念的最有力呼应者。一是日本的网络安全战略强调美式价值观是网络空间的基本属性，"和约翰·古腾堡发明活字印刷术引发的知识爆炸一样，电脑和网络的发明和普及，使人类不再受地点和时间的限制，可以任意与世界各地的人讨论、分享想法。无数的电脑、传感器和驱动装置通过信息通信技术形成网络，塑造出网络空间，极大地拓展了现实空间中人类的活动范围。通过网络空间，信息在全球传播，并以此为基础实现自由、公开的讨论，这是世界自由和民主社会的基础。”[①] 二是将美式价值观作为日本网络安全战略的基本理念，“网络空间不能仅被一部分实体所占用，必须对那些不断寻求参与的人保持开放。在此开放性下，维持可操作性得到保证的状态与创意和知识相结合，将为世界创造出新价值。同时，不能为了少数人的政治利益而不让大多数人利用网络空间”[②]。三是清楚地表明要以价值观为基础建立网络安全同盟，“日本作为国际社会中肩负自由民主责任的一员，要以日美同盟为基础，在参考与合作国间的地理、经济关系以及价值观契合程度之下，扩大并深化与世界各国的合作关系。为防止、规避网络攻击引起的突发事件，确保网络空间安全，日本在谋求形成信任的同时，还要建立广泛的国际合作体系”[③]。日本网络安全战略提出，在大洋洲和亚洲要“日本将与有共同价值观的地区战略伙伴国加强合作。日本将通过各种渠道与这些国家在网络安全领域开展深入合作，包括经常共享网络安全措施和网络攻击情报、联合开展反网络攻击训练等，并共同应对各种国际和地区性的网络空间课题”。[④] 在北美，“日本与美国这两个国家拥有共同的价

① 『サイバーセキュリティ戦略について』，平成 27 年 9 月 4 日，http://www.nisc.go.jp/active/kihon/pdf/cs-senryaku-kakugikettei.pdf（上网时间：2016 年 2 月 9 日）。

② 『サイバーセキュリティ戦略について』，平成 27 年 9 月 4 日，http://www.nisc.go.jp/active/kihon/pdf/cs-senryaku-kakugikettei.pdf（上网时间：2016 年 2 月 9 日）。

③ 『サイバーセキュリティ戦略について』，平成 27 年 9 月 4 日，http://www.nisc.go.jp/active/kihon/pdf/cs-senryaku-kakugikettei.pdf（上网时间：2016 年 2 月 9 日）。

④ 『サイバーセキュリティ戦略について』，平成 27 年 9 月 4 日，http://www.nisc.go.jp/active/kihon/pdf/cs-senryaku-kakugikettei.pdf（上网时间：2016 年 2 月 9 日）。

值观，应推进网络领域的合作。美国是日本的盟国，要以日美安保体制为基础全面开展密切合作……日美两国的国防部门也应共享网络威胁情报、联合训练应对网络攻击、共同培养人才，以《日美防卫指针》为指导，进一步加强日本自卫队与美军之间的合作，通过加强政府整体合作体制，提高日美同盟的威慑力和应对能力”。① 对欧洲，“日本应与拥有共同价值观的欧洲伙伴国家一道发挥主导作用，确保国际社会的和平与稳定。在网络安全领域，通过多种平台继续强化合作。通过共享网络相关政策和网络攻击情报，共同应对国际间网络安全问题”。② 对于中南美和中东、非洲的其他国家则要“与拥有共同价值观的国家建立伙伴关系并不断加强，同时探讨与其他更多国家开展合作的可能性，如帮助其加强网络安全能力建设等”。③ 对此，日本“产经新闻”网站在2015年5月25日，就“网络安全战略本部”第二次会议审议2015年版《网络安全战略》进行报道评论时就曾提到，“本战略，鲜明地提出强化与欧美合作，以对抗提倡加强国家控制（网络自由）的中俄。”④

第三，日美共同在全球网络形成强大威慑能力。日美网络安全合作是日美同盟从单向合作到双向合作的支柱领域，使日美同

① 『サイバーセキュリティ戦略について』，平成27年9月4日，http://www.nisc.go.jp/active/kihon/pdf/cs-senryaku-kakugikettei.pdf（上网时间：2016年2月9日）。

② 『サイバーセキュリティ戦略について』，平成27年9月4日，http://www.nisc.go.jp/active/kihon/pdf/cs-senryaku-kakugikettei.pdf（上网时间：2016年2月9日）。

③ 『サイバーセキュリティ戦略について』，平成27年9月4日，http://www.nisc.go.jp/active/kihon/pdf/cs-senryaku-kakugikettei.pdf（上网时间：2016年2月9日）。

④ 『政府、新サイバーセキュリティ戦略決定　東京五輪にらみテロ防止』，『産経新聞』，2015年5月25日，http://www.sankei.com/politics/news/150525/plt1505250009-n1.html（上网时间：2015年11月7日）。

盟向合作方向发展，日本逐步分担和替代美国在全球的任务和职能。在2015年4月发布的新版《日美防卫合作指针》中，日美将网络空间纳入日美同盟合作范畴，“日美两国政府，要共同合作应对宇宙空间及网络空间的威胁”。[①] 2015年11月，素有“强硬路线者之家”和“冷战思想库”之称的美国战略与国际问题研究中心（CSIS），发布《美日网络合作报告》，指出为深入推动美日网络合作，要在网络资源分配、《美日安全条约》第5条（共同防卫）、构建情报共享与合作体系、联合训练与演习、保护关键基础设施和反间谍、建立东北亚互信机制（CBM）等六个方面展开网络合作。[②] 目的是使美日在网络安全方面形成共同防御、联合作战，以分工协作方式实现全球威慑。为深化网络空间的日美同盟，日美间建立三个联络沟通机制：（1）“日美信息技术论坛”，主要任务是日美同盟军事领域的信息安全合作；（2）“日美网络对话”，主要任务是通过加强日美同盟来深化双方网络安全合作，内容包括协商合作和共享网络安全情报、共同推进网络空间规则制定、建立互信机制共同防范网络风险、美国协助日本制定网络战略、共同对第三国实施网络安全支援、共同保卫特定领域关键基础设施、研讨日美间网络安全防卫合作事项等；（3）“日美网络防卫政策工作组”（Cyber Defense Policy Working Group，CDPWG），主要任务是共同研究并推进网络安全政策、加强网络安全情报共享、推动共同开展网络安全训练、帮助日本培养网络安全专家和人才、加强日美网络战能力建设、讨论日本自卫队如何协助美军开展网络作战以及日美共同进行网络作战时的

---

① 外務省：『日米防衛協力のための指針』，2015年4月27日，http：//www.mofa.go.jp/mofaj/files/000078187.pdf（上网时间：2015年10月26日）。

② James Andrew Lewis，“U.S.–Japan Cooperation in Cybersecurity：A Report of the CSIS Strategic Technologies Program”，CSIS，http：//csis.org/files/publication/151105_Lewis_USJapanCyber_Web.pdf（上网时间：2016年11月5日）。

分工与职责。日美将网络安全合作纳入到日美同盟范畴，就是为日美同盟深入发展提供一个具体且可操作的合作平台，用拓展合作的实际举措来充实巩固日美同盟。为提高日美网络安全联合作战能力、实现全球网络威慑创造条件，2015 年 5 月，日美发表联合声明称，美国网络防务系统已经覆盖日本，2016 年，日本自卫队开始向美国网络战司令部派驻高级联络官，标志着日美网络安全联合作战模式迈入新阶段。同时，在《特定秘密保护法》基础上，2016 年日本国会顺利通过《网络安全基本法及关于促进情报信息处理相关法律的部分修正法案》，立法防止类似“斯诺登事件”在日本发生，为日美展开更高级别网络安全合作，特别是网络安全情报共享提供重要法律保障。

第四，从趋势看，日本与北约的网络安全合作将成为北约全球化的“试金石”。北约与华约是冷战时期的两个军事对立集团，在华约解体和冷战结束后，北约一直面临着身份认同和存在合理性的质疑，为此一直在推进战略转型和重新定位，在不断东扩的同时将全球化作为自身目标，宣称北约出兵不应有地域限制，在进一步增强北约的集体防御和威慑能力的同时，应做好在世界任何地方采取快速行动的准备。但受限于北约内部关系错综复杂，分歧严重，其全球化冲动多年来一直难以推进。借助网络空间与现实空间的融合，美国试图全力将其霸权体系从现实空间移植到网络空间，并意图打造全球化的“网络北约”。美国的考虑是，北约除拥有“核盾牌”之外，还必须拥有“网络盾牌”，以保护北约国家军事和关键基础设施免遭网络攻击。[①] 因此，北约组织“锁定盾牌 2013”网络防御演习，并推出被称为网络战法典的

① U. S. Department of Defense, “Lynn Explains U. S. Cybersecurity Strategy”, September 15, 2010, http://archive.defense.gov/news/newsarticle.aspx?id=60869（上网时间：2017 年 1 月 25 日）。

《塔林手册》。2016 年 6 月，美国国防部长卡特在第十五届“香格里拉对话”（Shangri-La Dialogue，SLD）上提出“亚太原则性安全网络”建议，希望东亚各国打破双边协议的限制，建立类似北约的集体架构，正式将“北约”全球化之手以网络安全合作的方式伸到亚太地区。2016 年 7 月，北约在波兰首都华沙召开峰会，在这次被称为“具有里程碑意义”的峰会上，北约将网络空间纳入军事行动领域，开始构建网络集体防御体系，并宣布对北约某一成员国的网络攻击可能触发《北大西洋公约》第五条“成员国中的一国遭受攻击时将被视作对所有成员国的攻击，所有成员国应援助受攻击国”，北约迈出构建“网络盾牌”的实质一步。实质上，在美国的暗中推动下，日本与北约的网络安全合作早已展开，并被视为北约“全球化”的“试金石”，双边关系不断深化。早在 2013 年 4 月，日本就在与北约签署的《共同政治宣言》中写明，要与北约展开网络安全合作。[①] 2013 年 6 月，日本与北约开启网络安全对话。2014 年 5 月，日本与北约成为“战略伙伴关系”。2016 年 4 月，日本与北约网络防御中心所在国爱沙尼亚签署网络安全合作协议。这为日本与北约形成网络安全“集体防御”共同体铺平了道路。在北约看来，网络战无疆域界限可言，要想使北约免受网络攻击和网络窃密行为威胁，必须将北约的网络安全保护伞扩展至亚太成熟的民主国家与地区，这样才能巩固和加强北约的网络战能力。吸纳亚太成熟的民主国家是北约全球化的既定目标，但在此之前，北约必须要找到一个适合的切入点，而网络安全合作就是最好的切入点。由于既有的日美双边同盟和美韩双边同盟形成的“中心辐射”（hub-and-spoke）战略，

① 外務省『日本・北大西洋条約機構（NATO）共同政治宣言』，2013 年 4 月 15 日，http：//www. mofa. go. jp/mofaj/files/000003487. pdf（上网时间：2017 年 2 月 10 日）。

在网络安全方面的机制仍不健全，这就为北约与日本的网络安全合作提供契机，将日本纳入到北约的“网络盾牌”之中，增强两者网络安全政策的协调和互动就成为日本和北约的共同之想。当然，北约“网络盾牌”的扩大与整合还有很长的路要走，也面临内部的挑战，如成员国之间的网络安全合作一体化，包括成员国最终将网络防御委托给北约等，但将日本纳入其中的尝试已经开启，北约的力量已经借网络安全平台介入亚太地区。

二、影响亚太地区力量对比

“积极和平主义”是安倍在2013年9月12日的“安全保障和防卫力量（建设）恳谈会”第一次会议上提出来的，“在当今国际社会，任何国家都无法靠一国之力维护自身的和平与安全。日本需要从基于国际协调主义的积极和平主义立场出发，为确保世界的和平稳定及繁荣，将比以往更加积极地做出贡献”①，在2013年10月的临时国会上，安倍正式提出“积极和平主义”理念，称“必须根据国际合作主义，成为一个积极为国际和平与稳定作贡献的国家。我相信‘积极和平主义’才是日本应该在21世纪打出的招牌”。② 之后，安倍即开始在国际上推行“积极和平主义”，主要平台是联合国大会和日美、日澳、日英、日印以及日本—北约、日本—东盟、日本—中亚、日本—非洲等双边或多边合作。同时，将“积极和平主义”明确写入《国家安全保障战

① 首相官邸：『安全保障と防衛力に関する懇談会』，平成25年9月12日，http：//www.kantei.go.jp/jp/96_abe/actions/201309/12kondankai.html（上网时间：2016年9月2日）。

② 首相官邸：『第百八十五回国会における安倍内閣総理大臣所信表明演説』，平成25年10月15日，http：//www.kantei.go.jp/jp/96_abe/statement2/20131015shoshin.html（上网时间：2016年9月20日）。

略》作为基本理念，并宣称，“21世纪，在基于国际协调主义的‘积极和平主义’旗帜之下，为实现国际社会的和平、富足，为人们带来幸福，日本决心发挥较以往更大的作用”。[①] 实质上，日本的战略逻辑是想倚重亚太，成为以美国为主导的国际多极格局中的重要一极，即安倍宣称的，“在由美国担负主要作用的全球以及地区安全保障框架中，日本决不能成为决定整个锁链强度的一个薄弱环节”[②]。

网络空间的发展促使信息资源和信息技术成为实现国家战略的重要手段。网络战略在处理对外事务和安全事务中显示出来的独特优势和积极作用，也促使国家认真考虑将网络战略发展成为大战略的独立部分，由于硬实力的获取受自然资源、国土面积、经济实力等条件的制约，并且由于在国际上动用武力或经济制裁等手段易遭到直接的反对或不满，在道义和舆论方面要小心行事，因此决策者开始倾向优先运用网络战略，或者以网络战略取代既有的某些政策。[③] 日本将“积极和平主义”贯穿于网络安全战略之中，目的就是要将网络空间作为“积极和平主义”实施的空间，将网络安全作为“积极和平主义”实施的平台，利用网络安全为抓手，服务其谋求地区事务话语权和主导地位的战略意图，这对中国所处的亚太地区长期存在的海洋、领土、历史等一系列问题的解决产生诸多负面影响。

---

① 首相官邸：『20世紀を振り返り21世紀の世界秩序と日本の役割を構想するための有識者懇談会（21世紀構想懇談会）』，平成27年2月25日，http://www.kantei.go.jp/jp/97_abe/actions/201502/25_21c_koso.html（上网时间：2016年9月10日）。

② 首相官邸：『2013年ハーマン・カーン賞受賞に際しての安倍内閣総理大臣スピーチ』，平成25年9月25日，http://www.kantei.go.jp/jp/96_abe/statement/2013/0925hudsonspeech.html（上网时间：2016年9月10日）。

③ John Arquilla and David Ronfeldt, *In Atherna's Camp: Preparing for Conflict in the In formation Age*, RAND, 1998, P. 410.

一是争作网络安全旗手，误导亚太地区网络安全观。日本2015年版《网络安全战略》以国际网络安全旗手自居，“在网络空间不断扩大并被世界各利益攸关方使用的情况下，为保证国际社会的和平稳定，要寻求制定基于自由民主普世价值观的国际规则和规范。日本将为国际社会确立、实践这些规则和规范，为各国基于自身情况稳步引入这些规则和规范，做出积极贡献。”[①] 将安倍“积极和平主义”理念贯穿于战略中，“从谋求建立‘自由、公正、安全的网络空间’的立场出发，强烈反对专制制度独占、管制、窃取、破坏信息及恐怖主义等非国家主体恶意利用网络空间，秉持基于国际协调主义的‘积极和平主义’构建国际社会的和平与稳定，在为维护国际秩序做出积极贡献的同时，确保日本安全”。[②] 正如安倍曾经多次强调过的，“赋予我的历史使命就是促使日本成为自豪的积极和平主义的旗手。”[③]

二是日本以“积极和平主义”为原则的网络安全对外援助促使亚太地区问题复杂化。2015年9月17日，日本外交学者网站发表美国布伦特·斯考克罗夫特项目助理安尼·皮帕里宁的《南中国海的中国网络威胁》一文，将南海问题与网络安全挂钩，为日本通过网络安全对外援助介入南海问题铺路，危言耸听地称在南海争端中的越南、菲律宾等东盟国家在网络能力方面要么太弱、要么根本没有，一旦争端升级，这些国家将受到网络攻击，且将任人宰割。此后，在2016年日本政府发布的《年度对外援助白皮书》中，把

① 『サイバーセキュリティ戦略について』，平成27年9月4日，http://www.nisc.go.jp/active/kihon/pdf/cs-senryaku-kakugikettei.pdf（上网时间：2016年2月9日）。

② 『サイバーセキュリティ戦略について』，平成27年9月4日，http://www.nisc.go.jp/active/kihon/pdf/cs-senryaku-kakugikettei.pdf（上网时间：2016年2月9日）。

③ ［日］安倍晋三著：『日本の決意』，新潮社会出版社，2014年版，第26—27頁。

加强网络安全合作措施作为日本对东南亚国家援助的重要途径。在2016年9月的"日本—东盟首脑峰会"上，安倍称"日本将全力支援和帮助东盟国家的网络安全工作"，东盟也发表议长声明回应称"东盟各国欢迎日本在网络安全方面所给予的支援和帮助"。从2017年起，日本"国际协力机构"（JICA）将连续三年为东盟六国（印尼、缅甸、菲律宾、越南、柬埔寨、老挝）政府的网络安全部门官员提供网络安全培训。上述六国的首批17名学员已经在2017年2月抵达日本接受培训。他们将接受日本电气（NEC）提供的"网络防御实战演习"（CYDER）项目培训，并到日本"网络防御实战演习"（CYDER）的"北陆先进科学技术大学院大学""北陆星BED技术中心"等演习基础参观学习。①

三是加强与东盟国家防务合作，影响地区力量格局。自安倍2012年12月执政以来，日本在与东南亚的防务关系上不断加大投入，随着2014年12月东盟—日本防长非正式会议的举行，日本与东盟的防务合作进一步升级，2016年12月，在老挝万象举行的第二届日本—东盟非正式防长会议上，日本防卫大臣稻田提出日本与东盟安全领域合作新蓝图"万象愿景"。这其中，网络安全合作成为日本与东盟国家不断增强的防务合作关系中的重点。近年来，东盟开始重视网络安全，东盟各国接连设立新的网络安全机构，2016年10月在新加坡举行的东盟网络安全部长级会议上，东盟宣布启动"东盟网络能力计划"，并在东盟防长会议下设立东盟网络安全工作组。日本在2009年开启"日本—东盟信息安全政策"会议，主要就网络安全合作进行商谈，以使网络安全成为日本深入理解和塑造东盟的新平台。2017年1月，日

① JAIST・国立大学法人北陸先端科学技術大学院大学：『サイバー攻撃防御演習の研修でASEAN省庁関係者が本学を訪問』，2017年2月27日，https://www.jaist.ac.jp/whatsnew/info/2017/03/03-1.html（上网时间：2017年3月5日）。

本政府委托日本电气（NEC）开始通过“网络防御实战演习”项目为泰国政府培训网络安全人员。[①]

三、对中国构成挑战

日本网络安全战略对美国网络威慑理念的贯彻，直接对中国造成压力。网络威慑概念由美国国际问题专家詹姆斯·德·德里安于1994年首次提出，1995年美国国防部《后冷战时代的威慑实质》文件要求拓展“威慑理论”研究。2006年，美国国防部发布《威慑行动联合作战概念》，明确冷战时代的“威慑理论”可适用于“后冷战时代”的各种威胁。[②] 自此，出于维护美国世界霸权和网络霸权的需要，美国理论界开始构建“网络威慑”理论。奥巴马上台后，逐步吸收“网络威慑”理论成果应用于美国网络安全战略。2011年间，美国先后推出《网络空间国际战略：互联网世界的繁荣、安全和开放》和《网络空间行动战略》，正式将“网络威慑”理念引入到美政府和军方文件。2015年4月，美国国防部推出《网络空间战略》，进一步贯彻网络威慑理念。2016年2月，美国推出《网络安全国家行动计划》，将网络威慑理念落实到具体政策和措施层面。

美国网络威慑战略的核心内涵是通过传递“威慑意志”、构建“拒止威慑能力”、打造“惩罚威慑能力”来达到威慑目的。传递“威慑意志”包括：发展与展示“威胁感知能力”，即要让对手明白美国有能力感知他们威胁美国的行为，并会因此而遭到

① ZDNet Japan『タイ政府職員を対象にした「実践的サイバー防御演習」提供——NEC』，2017年1月4日，https://japan.zdnet.com/article/35093834/（上网时间：2017年1月9日）。

② 何奇松：《近年美国网络威慑理论研究述评》，《现代国际关系》2012年第10期，第7页。

美国强有力的报复；发展与展示反击能力，即迫使潜在对手必须掂量其对美国发动网络攻击的收益与成本；明确“宣示性政策”，即画出清晰“红线”，阐明美国网络威慑的姿态，说明美国面对网络威胁如何回应、为什么回应，迫使潜在对手保持克制。构建“拒止威慑能力”包括：为关键网络提供更强大的防御能力，抗攻击韧性和更快速的系统重建方案。打造“惩罚威慑能力”包括：综合运用网络和现实空间一切可以进行反击的手段进行反击，如网络武器、核武器、传统武器、经济制裁、法律追诉等。

日本明确接受美国网络威慑理念，并贯彻于网络安全战略之中。一方面，通过2015年版《日美防卫合作指针》对网络威慑理念进行衔接固化。该文件指出，“日美两国政府，致力于确保网络空间的安全和稳定，为此，将在适当领域、适当时间，用适当方法，共享网络威胁及漏洞等相关情报；日美两国政府，将在适当领域进行联合训练及培训，以提高网络情报共享能力；日美两国政府，将在适当领域，共同保护对日本自卫队和美军提升作战能力具有意义的重要基础设施和服务系统，包括民用基础设施和系统。为此，日本自卫队和美军将采取的措施有：对各种网络及系统实施监管、构筑共同网络安全观并定期培训交流、提高网络系统韧性、加强政府机构网络安全、开展联合演习促进网络安全实战能力。如网络攻击目标为日本自卫队及驻日美军所用关键基础设施或服务系统时，应以日本为主美国为辅开展防御和反击，日美两国要密切配合、共享情报。如网络攻击发生在武力攻击日本等国家安全面临重大威胁时，日美两国要密切合作、共同应对。”[①] 另一方面，将美国网络威慑理念内化于2015年版《网络安全战略》之中。该战略充分展现日本在网络空间的“进攻”企图，谋求实现网络上的

---

① 外務省：『日米防衛協力のための指針』，2015年4月27日，http://www.mofa.go.jp/mofaj/files/000078187.pdf（上网时间：2015年10月26日）。

“对外进攻权”，日本要由“后手转向前手”，主要是：“网络攻击者的手段正在不断变化。日本不能在受到攻击时才事后应对，应分析未来社会变革和可能发生的风险，认清网络空间在内部结构上存在薄弱环节的现实，制定必要政策先发制人”。[①] 前五角大楼官员、现任华盛顿卡内基国际和平基金会（Carnegie Endowment for International Peace）的日本问题专家吉姆·肖夫（Jim Schoff）对此表示，“这可能代表着（美日）同盟的功能发生重大变化，美国希望让日本更深入地参与国际行动，而日本希望加强同盟一体化，作为加大对中国威慑的一种方式。”[②]

日本紧随美国，将中国视为网络威胁。2013 年 12 月 17 日，日本召开内阁会议，通过了《国家安全保障战略》、新版《防卫计划大纲》和《中期防卫力量整备计划》三份有关安保政策的重要文件。这三份文件都将中国描述为“威胁”，并落实到网络安全领域。2015 年 4 月 29 日，在日美推出新版《防卫合作指针》后，美国《福布斯》杂志网站发表前美国务院官员何思文（斯蒂芬·哈纳）的文章《在安倍领导下，日本与美国合作遏制中国——但这会持续到 9 月份吗?》，指出，“此次日美新‘指针’使日本自卫队在整个亚洲地区都可以发挥作用，还可以延伸到波斯湾地区，以及在太空及网络战中发挥作用，对抗来自中国的‘威胁’”。[③] 2015 年 9 月 3 日，“走进日本”网站发表《养老金信

---

① 『サイバーセキュリティ戦略について』，平成 27 年 9 月 4 日，http：//www. nisc. go. jp/active/kihon/pdf/cs-senryaku-kakugikettei. pdf（上网时间：2016 年 2 月 9 日）。

② 杰夫·代尔：《日美签署最新防卫合作指针》，英国《金融时报》2015 年 4 月 28 日，http：//www. ftchinese. com/story/001061775（上网时间：2015 年 10 月 26 日）。

③ “Under Abe, Japan Partners with U. S. To Contain China-But Will It Last to September?”，Forbes，April 29，2015，https：//www. forbes. com/sites/stephenharner/2015/04/29/under-abe-japan-partners-with-u-s-to-contain-china-but-will-it-last-to-september/#26087c4822af（上网时间：2017 年 5 月 6 日）。

息泄露与网络安全战略》的政治评论，揭露日本新版《网络安全战略》的内涵之一是运用“共享和合作”对付中俄，“在发表的新版战略共40页文件中，提到‘共享’这个词51次，提到‘合作’这个词80次。在2013年发表的旧版战略共43页的文件中，提到‘共享’这个词48次，提到‘合作’这个词62次，‘合作’这个词的增加次数特别明显。无论怎样，对突发事件等的信息共享与组织间的合作是日本网络安全战略的特征。……现在有关网络安全的国际谈判，都是要求中国或俄国担负起管理网络空间非法活动的国家责任。日本和美国、欧洲国家与中俄相反，是要确保网络言论自由和信息自由流通”。①

① 土屋大洋：『年金情報流出とサイバーセキュリティ戦略—「共有」と「連携」の新戦略—』，2015年9月3日，http：//www.nippon.com/ja/currents/d00195/（上网时间：2015年11月7日）。

结论及启示

本书对日本网络安全战略进行全面梳理和深入分析，论述了日本网络安全战略的历史演进、网络安全观、推动力量、战略目标、组织实施、战略影响、战略走向和面临挑战，力求从国际战略格局和日本政治、经济、军事等多维度、多视角来解析日本网络安全战略。

本书认为，从21世纪初至今，日本网络安全战略在以美国网络安全战略为参照的前提下，结合日本具体实际，已经逐步形成体系，并走向成熟。同时，也正是因为美国因素的存在，日本网络安全战略也呈现出一定的间断性、跳跃性。但其本质仍然是围绕着日本的国家安全战略，是长期以来日本谋求国家正常化的表现平台，也带有日本努力成为政治、经济和军事大国的深深烙印。在当前日本网络安全战略转型升级的过程中，还不可避免地带有日本右翼思想和安倍色彩。

本书论述分析侧重于日本网络安全战略的非技术性因素。论述过程显示，日本网络安全战略深深受到决策者认知和观念的变化、日本政治体制、日本文化观念等因素的影响，特别是日本精英层对决策有着重大影响，而日本普通国民层面的影响则较弱，这也是日本网络安全战略日渐军事化的重要因素。同时，在二战后所形成的日本“身份”的制约下，日本网络安全战略也显示出一定的迷惘性，既有暗藏的野心之所在，又缺乏明确的表述和具体措施。

本书出于中日结构性矛盾和历史原因，着重关注日本网络安全战略的实施，在注意察其言的同时，突出察其行，为我掌握和防范日本网络安全战略提供充足的实据基础。同时，日本的网络安全战略实施也可为我提供诸多思考和启示，如制定关键基础设施保障专门法律、加强公私合作和“产业界、学术界、研究机构”一体、注重技术研发和人才培养等等，特别是在2017年5月勒索病毒“想哭”（Wanna Cry）肆虐全球150多个国家的重大网络安全事件中，日本至6月28日却几乎毫发无损[①]，可见日本网络安全建设确有可取之处。

在上述基础上，日本网络安全战略具体表现出五个鲜明特点：

1. 安倍色彩。安倍政府是日本网络安全战略升级的重要推手，对日本网络安全战略进行全面更新和重新定位，成为“安倍经济学”“安倍外交战略”“安倍安保政策”的重要支柱。对内，完善网络安全体系，提振网络安全实力，加强国家的网络防御和进攻能力，强调保护私营部门利益和民众权益，提高网络安全政策透明度；对外，加强国际合作，特别是强化日美网络同盟，提出将网络治理权交给全球“利益攸关方”，推动建立相关国际行为准则。

2. 方向偏差。受地缘政治、国内政治体制及一系列意外事件影响，日本网络安全战略在很大程度上已“走偏”，既定目标已经不只是单纯的保护自身网络安全。一是未能真正抵御外来网络威胁，日本所受网络威胁有增无减；二是美国“斯诺登事件”、美国开展首次网络攻击、网络对美国大选影响等，都严重挑战了

① 『感染が拡大中のランサムウェアの対策について』，2017年6月30日，https：//www. ipa. go. jp/security/ciadr/vul/20170628-ransomware. html（上网时间：2017年7月30日）。

日本所宣扬的网络自由，价值观理念受到严重动摇；三是未能建立起有效的国际网络行为规范，反而加剧国际网络军事化趋势，大有网络军备竞争之势；四是日本情报安全部门相关行动与日本现行法律及隐私保护等方面的理念冲突凸显，引发公众广泛担忧和抗议，对公私合作产生负面影响。

3. 漏洞明显。实现日本网络安全战略的掣肘因素增多。一是网络立法还不完备。国际上，虽然美国已建成 133 支网络战部队，世界各国也纷纷跟进，日本也在 2013 年 4 月成立网络防卫队，但国际上并没有一部网络战法则，特别是对于网络战的界定、应对等仍存巨大争议。日本国内，有关网络监控、网络自卫等的相关立法都在“和平宪法”的限定下难以确立，虽然日本情报安全部门和军事部门都积极推动，但在近期内难以突破。二是“政治化”程度不够。绝大部分日本政府官员和民众仍主要将网络安全与经济、生活、文化等相挂钩，特别是在日本大选中的网络因素还不突出，无法影响政治走向。三是日本网络安全人才缺口严重。日本 2013 年版《网络安全战略》指出，“当前，日本国内从事信息安全产业的专业人员约有 26.5 万人，潜在的人才缺口约为 8 万人。另外，在这约 26.5 万人中，技术水平合格的只有 10.5 万多人，其余的近 16 万人则需要接受进一步教育和培训。”①

4. 理念盲从。“网络威慑”理念的效果仍受质疑。威慑理论是冷战思维的延续，能否适用于网络安全还有待时间的检验，并已引起广泛质疑。在理论实践上，美国虽然已经拥有无人可及的网络实力，但并未取得绝对优势，反而受到的网络攻击在数量和密度上不断上升。另外，网络的发展降低了网络攻击的门槛，攻

① 『サイバーセキュリティ戦略—世界を率先する強靭で活力あるサイバー空間を目指して—』，平成 25 年 6 月 10 日，http://www.nisc.go.jp/active/kihon/pdf/cyber-security-senryaku-set.pdf（上网时间：2016 年 11 月 19 日）。

击者分散且攻击方式多样，使得威慑理论“相互确保摧毁”的核心理念得不到支撑。日本网络安全战略引入这一理念，不但安全保障效果有效，反而更容易提高自己成为网络攻击目标的概率。

5. 敌视中国。将中国视为日本网络安全的重点防范对象。美国因素加之日本思维，使日本将中国视为网络安全的重点防范对象，认为中、俄是网络空间游戏规则的破坏者，不断宣扬“中国网络威胁论”和“中国军方、政府参与网络窃密”，有意夸大中国网络能力，明里暗里突出中国是日本网络安全威胁主要来源，并将网络安全问题牵扯到历史问题和领土问题之中，促使矛盾复杂化、升级化，将中国视为网络空间地位和权力的主要竞争对手，对抗多于合作。

另外，我们要清醒地认识到网络空间国际竞争合作正在不断上升。一是地缘政治方面，网络对国家主权、国际规则的要求加大。网络政治的争夺加剧，网络空间话语权和规则制定权之争成为焦点，国家间发生网络战的概率大增。二是国家竞争方面，网络对国家治理、国家权威、思想文化的影响加大，成为国家实力的重要组成部分。三是网络已经成为经济增长的必要和重要引擎。网络不但是国民经济增长的新引擎，而且控制着整个国家核心要害系统，一旦发生网络安全事件，后果难以想象、经济损失难以估量。四是在美国大力推动下，“网络冷战”渐起，世界大国间的网络对峙趋向不断增强。五是大数据的利用风险凸显。以网络为基础的大数据，使商业秘密和个人隐私保护愈加困难。六是网络恐怖主义开始滋生蔓延、风险加大。最新证据表明，恐怖组织正在谋划通过网络造成核灾难，进行恐怖活动。在这样的背景下，中日围绕网络空间的国际竞争早已暗中开启，很可能成为中日矛盾与对抗的新领域，对中国战略全局带来负面影响。对此，中国应坚决以习近平总书记2016年“4·19”讲话所阐述的网络安全观为指引，依据2016年11月发布的《网络安全法》，全面推动2016年12月发布的《国家网络空间安全战略》的实施，构建和平、安全、合作的网络空间，建立多边、民主、透明的国际互联网治理体系，为“十三五”规划顺利实施、实现首个“百年目标”营造良好环境。

1. 完善网络空间国家战略布局的顶层设计和统筹协调。2017年7月11日国家互联网信息办公室公布《关键信息基础设施安全保护条例（征求意见稿）》，标志着中国在关键信息基础设施安全保护领域即将形成法律、战略、政策三位一体的顶层设计框架体系，国际网络空间关键信息基础设施安全保护领域的中国模式正在加速形成，具备充足后发优势的中国又向网络强国迈出了坚实一步。可以预见，后续的衔接、落实、固化等具体方案也将渐次展开，形成清晰的网络空间战略行动框架，建立完善的网络和信息安全保障体系。

2. 捍卫国家网络主权，通过网络凝聚中国力量、塑造中国形象。通过“互联网+”行动计划和国家大数据战略，发展信息经济，确保中国网络发言权、自卫权和规则制定权。大力加强隐私保护的同时，注重网民思潮和诉求，积极引导网络舆论，以“道路自信、理论自信、制度自信、文化自信”形成国家网络力量，打造中国特色网络空间氛围。

3. 在构建中美“新型大国关系”框架下推进国际网络安全合作。充分认识到美国在网络空间的绝对实力，“有理、有利、有节”地开展与美国的网络安全合作与竞争。多方开展国际网络安全合作，引导国际舆论，树立网络空间良好形象，同时，积极与美国进行多层次接触和对话谈判，让美方意识到两国在网络空间合作大于分歧，只有建立互信、管控各自行为、求同存异、化解矛盾冲突，才能全面推动全球网络治理，共建和平网络空间。在此基础上，密切关注日本网络安全战略的实施和走向，努力将其限制在中美网络安全合作框架下。

4. 展现中国担当，积极参与网络空间国际治理，抢抓网络安全规则制定权。主要是积极推动联合国框架下的多边网络安全合作，积极推动于我有利的网络空间国际规则建立，打造网络空间“命运共同体”。同时，积极开展网络外交，大力支援广大发展中国家网络安全建设，宣扬中国网络安全理念，为构建和平、平等的网络空间贡献中国智慧和中国力量，重新塑造网络空间新格局。

5. 抓住网络安全面临人工智能科技浪潮的新机遇，大力研发网络安全核心技术，积极建设网络安全“能力边疆”。当前，网络安全已经进入到人工智能时代，以人工智能领域云计算能力为基础的“用户与实体的行为分析理念”（Userand Entity Behavior Analytics，UEBA）、“检测与响应理念”（Detection Response，DR）、“可信计算”（Trusted Computing）等网络安全新理念层出不穷，颠覆性技术随时可能出现。在此形势下，中国应加大国家投入、整合国家力量，加强军民融合，大力推进网络安全核心技术研发，为应对未来物联网“网络泛化”的趋势，全力打造强大的“能力边疆”。

总之，本书认为日本网络安全战略是日美同盟由单向转为双向的重要支柱，是日本实现所谓“第三次开国”的重要空间，未来对中国的影响和挑战不可估量。特别是，在物联网大潮和人工智能飞跃的背景下，网络安全正处在一个既不断发展又不断创新的时代，充满着不确定性，随时会出现颠覆性理念。有鉴于此，网络安全研究方兴未艾，有着广阔的研究空间。在日本网络安全方面，今后还需要进一步思考和关注的问题有：一是日本国家安全战略变化影响下日本网络安全战略演进；二是日本网络安全战略为配合日本突破和平宪法而将出现的新规划和新部署；三是日本网络安全战略的军事化趋势，特别是对网络威慑战略的贯彻和运用。

参考文献

（一）中文著作

1. 蔡翠红著：《信息网络与国际政治》，上海：学林出版社，2003 年 10 月版。

2. 程工著：《国外网络与信息安全战略研究》，北京：电子工业出版社，2014 年 11 月版。

3. 崔磊著：《盟国与冷战期间的美国核战略》，北京：世界知识出版社，2013 年 6 月版。

4. 崔国平著：《国防信息安全战略》，北京：金城出版社，2000 年 8 月版。

5. 邓国良、邓定远著：《网络安全与网络犯罪》，北京：法律出版社，2015 年 12 月版。

6. 东鸟著：《2020，世界网络大战》，长沙：湖南人民出版社，2012 年 1 月版。

7. 东鸟著：《中国输不起的网络战争》，长沙：湖南人民出版社，2010 年 11 月版。

8. 方兴东、胡怀亮著：《网络强国：中美网络空间大博弈》，北京：电子工业出版社，2014 年 9 月版。

9. 黄凤志著：《高科技知识与国际政治权势》，长春：吉林大学出版社，2010 年 5 月版。

10. 互联网新闻研究中心编著：《美国是如何监视中国的》，北京：人民出版社，2014 年 2 月版。

11. 惠志斌著：《全球网络空间信息安全战略研究》，上海：

上海世界图书出版公司，2013 年 9 月版。

12. 康绍邦、宫力著：《国际战略新论》，北京：解放军出版社，2010 年 1 月版。

13. 李秀石著：《日本国家安全保障战略研究》，北京：时事出版社，2015 年 5 月版。

14. 李少军著：《国际战略学》，北京：中国社会科学出版社，2009 年 6 月版。

15. 刘文富著：《网络政治—网络社会与国家治理》，北京：商务印书馆，2002 年 12 月版。

16. 刘雪莲著：《地缘政治学》，长春：吉林大学出版社，2002 年 8 月版。

17. 刘峰、林东岱等著：《美国网络空间安全体系》，北京：科学出版社，2015 年 1 月版。

18. 宁凌、张怀壁、于飞著：《战略威慑》，北京：军事谊文出版社，2010 年 1 月版。

19. 倪世雄著：《当代西方国际关系理论》，上海：复旦大学出版社，2001 年 7 月版。

20. 沈逸著：《美国国家网络安全战略》，北京：时事出版社，2013 年 11 月版。

21. 沈逸著：《网络安全与网络秩序》，上海：上海人民出版社，2015 年 12 月版。

22. 王舒毅著：《网络安全国家战略研究：由来、原理与抉择》，北京：金城出版社，2016 年 1 月版。

23. 王家福、徐萍著：《国际战略学》，北京：高等教育出版社，2005 年 1 月版。

24. 王惠岩著：《政治学原理》，北京：高等教育出版社，1999 年 5 月版。

25. 王知新、王柯著：《安倍晋三传》，北京：中央编译出版社，2007 年 8 月版。

26. 汪晓枫著：《网络战略：美国国家安全新支点》，上海：复旦大学出版社，2015 年 9 月版。

27. 徐万胜等著：《当代日本安全保障》，天津：南开大学出版社，2015 年 9 月版。

28. 肖伟著：《战后日本国家安全战略的历史原点》，北京：新华出版社，2009 年 12 月版。

29. 严峰著：《网络群体事件与公共安全》，北京：三联书店，2012 年 5 月版。

30. 张笑容著：《第五空间战略：大国间的网络博弈》，北京：机械工业出版社，2013 年 12 月版。

31. 朱雁新、朱勇著：《数字空间的战争：战争法视域下的网络攻击》，北京：中国政法大学出版社，2013 年 8 月版。

32. 朱富强著：《博弈论》，北京：经济管理出版社，2013 年 6 月版。

（二）中文译著

1. ［美］本尼迪克特（Benedict. R.）著，田伟华译：《菊与刀》，北京：中国画报出版社，2011 年 8 月版。

2. ［美］彼得·J·卡赞斯坦（Peter J. Katzenstein）、［日］白石隆（Takashi Shiraishi）著，王星宇译：《日本以外东亚区域主义的动态》，北京：中国人民大学出版社，2012 年 1 月版。

3. ［美］Donn B. Parker 著，刘希良等译：《反计算机犯罪——一种保护信息安全的框架》，北京：电子工业出版社，1999 年 10 月版。

4. ［美］亨利·基辛格著，胡利平、凌建平译：《基辛格：美国的全球战略》，海口：海南出版社，2009 年 10 月版。

5. ［美］理查德·内德·勒博（Richard Ned Lebow）著，陈

定定、刘洋、段啸林译：《国家为何而战？过去与未来的战争动机》，上海：上海人民出版社，2014 年 1 月版。

6. ［美］罗伯特·D. 卡普兰著，鲁创创译：《大国威慑》，成都：四川人民出版社，2015 年 7 月版。

7. ［美］马丁·C·利比基（Martin C. Libicki）著，薄建禄译：《兰德报告：美国如何打赢网络战争》，北京：东方出版社，2013 年 8 月版。

8. ［美］Marcus Franda（马库斯·弗兰达）《进入网络空间：世界五个地区的互联网发展与政治》，美国莱恩·瑞安诺公司（Lynne Rienner Publishers），2002 年版。

9. ［美］曼纽尔·卡斯特著，夏铸九等译：《网络社会的崛起》，北京：社会科学文献出版社，2006 年 9 月版。

10. ［美］P. W. 辛格（P. W. Singer）、艾伦·弗里德曼（Allan Friedman）著，电子工业出版社译：《网络安全：输不起的互联网战争》，北京：电子工业出版社，2015 年 7 月版。

11. ［日］日本防卫大学安全保障研究会著，武田康裕、深谷万丈主编，刘华译：《日本安全保障学概论》，北京：世界知识出版社，2012 年 12 月版。

12. ［美］塞缪尔·亨廷顿（Samuel Huntington）著，周琪等译：《文明的冲突与世界秩序的重建》（修订版），北京：新华出版社，2010 年 1 月版。

13. ［美］托马斯·谢林（Schelling. T. C.）著，赵华译：《冲突的战略》，北京：华夏出版社，2006 年 1 月版。

14. ［美］T. J. 彭佩尔（T. J. Pempel）著，徐正源译：《体制转型：日本政治经济学的比较动态研究》，北京：中国人民大学出版社，2011 年 10 月版。

15. ［日］小川荣太郎著，吕美女、陈珮君译：《安倍再起日本再生》，台湾天下杂志股份有限公司，2014 年 7 月版。

16. ［美］詹姆斯·G. 马奇（James G. March）著，王元歌、章爱民译：《决策是如何产生的》，北京：机械工业出版社，2007年4月版。

（三）外文专著

1. Daniel T. Kuebl，“From Cyberspace to Cyberpower：Defining the Problem”，in Franklin D. Kramer，Stuart H. Starr，and Larry K. Wentz eds.，*Cyberpower and National Security*，Washington，D. C.：National Defense University Press & Potomac Books，2009

2. David J. Betz and Tim C. Stevens，*Cyberspace and the State*：*Towards a Strategy for Cyber-Power*，Routledge；1 edition，January 26，2012

3. Derek Reveron ed.，*Cyberspace and National Security*：*Threats*，*Opportunities*，*and Power in A Virtual World*，Georgetown University Press，2012

4. Martin C. Libiski，*Conquest in Cyberspace*：*National Security and Information Warfare*，Cambridge：Cambridge University Press，2007

5. John M. Hobson，*The State and International Relations*，Cambridge University Press，2000

6. Joseph S. Nye Jr.，“Nuclear Lessons for Cyber Security?”，*Strategic Studies Quarterly*，Vol. 5，No. 4，2011

7. ［日］山田敏弘著，『ゼロデイ　米中露サイバー戦争が世界を破壊する』，文芸春秋，2017年2月版。

8. ［日］伊東寛著，『サイバー戦争論：ナショナルセキュリティの現在』，原書房，2016年8月版。

9. ［日］一田和树等著，『サイバーセキュリティ読本（完全版）ネットで破滅しないためのサバイバルガイド』，星海社，

2017 年 5 月版。

10. [日] 森久和昭著,『サイバー攻撃の足跡を分析するハニーポット観察記録』, 秀和システム, 2017 年 1 月版。

11. [日] 日高义树著,『誰が世界戦争を始めるのか 米中サイバー・ウォーと大国日本への期待と責任』, 徳间書店, 2017 年 4 月版。

12. [日] 土屋大洋著,『サイバーセキュリティと国際政治』, 千倉書房, 2015 年 4 月版。

13. [日] 土屋大洋著,『サイバースペースのガバナンス』, 日本国際問題研究所: http: //www2. jiia. or. jp/pdf/research_pj/h25rpj06/130819_tsuchiya_report. pdf

14. [日] 土屋大洋著,『日米サイバーセキュリティ協力の課題』, 笹川平和財団, https: //www. spf. org/topics/WG1_report_Tsuchiya. pdf

15. [日] 土屋大洋著,『情報とグローバル・ガバナンスーインターネットから見た国家ー』, 慶應義塾大学出版会, 2001 年 4 月版。

16. [日] 土屋大洋著,『ネット・ポリティックスー9・11 以降の世界の情報戦略ー』, 岩波書店、2003 年 6 月版。

17. [日] 土屋大洋著,『ネットワーク・パワーー情報時代の国際政治ー』, NTT 出版, 2007 年 1 月版。

18. [日] 土屋大洋著,『情報による安全保障ーネットワーク時代のインテリジェンス・コミュニティー』, 慶應義塾大学出版会, 2007 年 9 月版。

19. [日] 土屋大洋著,『ネットワーク・ヘゲモニーー「帝国」の情報戦略ー』, NTT 出版社, 2011 年 2 月版。

20. [日] 土屋大洋著,『サイバー・テロ 日米 vs. 中国』, 文艺春秋出版社, 2012 年 9 月版。

21. ［日］簑原俊洋著，『ゼロ年代　日本の重大論点—外交・安全保障で読み解く—』，柏書房，2011年10月版。

22. ［日］鈴木一人著，『技術・環境・エネルギーの連動リスク　シリーズ　日本の安全保障　第7巻』，岩波書店，2015年8月版。

23. ［日］土屋大洋著，『日本のサイバーセキュリティ対策とインテリジェンス活動—2009年7月の米韓同時攻撃への対応を例に—』，『海外事情』2011年6月号。

24. ［日］土屋大洋著，『サイバーセキュリティのグローバル・ガバナンス—国際的な規範の模索—』，『Nextcom』，2013年第14号。

25. ［日］日本国際問題研究所著，『グローバル・コモンズ（サイバー空間、宇宙、北極海）における日米同盟の新しい課題』，2014年3月，https://www2.jiia.or.jp/pdf/research_pj/h25rpj06-matsumoto.pdf

26. ［日］吉田倫子、土屋大洋著，『ネットワークにおける創発現象とSNS』，『世界週報』2005年11月8日号。

27. ［日］土屋大洋著，『インターネット時代の通信傍受』，『治安フォーラム』2007年12月号。

28. ［日］土屋大洋著，『未来型戦争はサイバー攻撃から始まる』，『中央公論』2012年3月号。

29. ［日］土屋大洋著，『日中紛争の主戦場はサイバー空間—新しい国防組織の拡充は焦眉の急—』，『撃論』第8号，2012年12月。

30. ［日］土屋大洋著，『中国からのサイバー攻撃に備えるために』，『治安フォーラム』2013年2月号。

31. ［日］土屋大洋著，『世界で懸念深めるサイバー戦争　日本も法整備を』，『WEDGE』2013年2月号。

32. ［日］土屋大洋著，『日本の新しいサイバーセキュリティ戦略』，『治安フォーラム』2013 年 8 月号。

33. ［日］土屋大洋著，『制御システムのサイバーセキュリティ』，『治安フォーラム』2013 年 11 月号。

34. ［日］土屋大洋著，『サイバーセキュリティ基本法の成立と組織改革』，『治安フォーラム』2015 年 5 月号。

35. ［日］土屋大洋著，『サイバーインテリジェンス』，『治安フォーラム』2015 年 6 月号。

36. ［日］塩原俊彦著，『サイバー空間と国家主権』，『境界研究』2015 年第 5 期。

37. ［日］西本逸郎著，『サイバー戦争の真実』，中経出版社，2012 年 2 月版。

38. ［日］伊東寛著，『サイバー・インテリジェンス』祥伝社，2015 年 9 月版。

39. ［日］伊東寛著，『“第5の戦場”サイバー戦の脅威』，祥伝社，2012 年 2 月版。

40. ［日］松浦幹太著，『サイバーリスクの脅威に備える』，化学同人出版社，2015 年 11 月版。

41. ［日］NTTデータ技術開発本部システム科学研究所著，『サイバーセキュリティの法と政策』，NTT 出版社，2004 年 2 月版。

42. ［日］原田有著，『サイバー空間のガバナンスをめぐる論争』，防衛研究所，http：//www. nids. go. jp/publication/commentary/pdf/commentary043. pdf

43. ［日］原田泉、山内康英著，『ネット社会の自由と安全保障』，NTT 出版社，2005 年 3 月版。

44. ［日］原田泉、山内康英著，『ネット戦争：サイバー空間の国際秩序』，NTT 出版社，2007 年 11 月版。

附件1

日本网络安全战略

——塑造全球领先强韧有活力的网络空间

（2013年6月10日）

前　言

为从根本上加强信息安全工作，内阁官房在2005年4月成立了内阁官房信息安全中心（NISC），高度信息通信网络化社会推进战略本部（IT战略本部）在同年5月成立了信息安全政策委员会，至今已经八年。

在过去八年里，信息安全政策委员会先后推出了《第一次信息安全基本计划》《第二次信息安全基本计划》以及《保护国民信息安全战略》，力求保持信息自由流动和精准应对网络风险之间的平衡，提高日本信息安全水平。

信息安全形势瞬息万变。在制定上述战略后的三年里，网络风险呈现出增大化、扩散化和全球化的特点。对国家和关键基础设施的网络攻击已经成为国家安全保障和危机管理的重大课题。现在，出台对国家和关键基础设施的保护措施已经不可或缺。

日本即将迎来万物皆联网的物联网时代。在这个时代，万物皆存在信息安全的风险。即使是未联网的操作系统，也同样面临高风险。换言之，在这个时代，国民生活的各个方面都离不开信息安全措施。信息安全成了事关国民生活安定和经济发展的重大问题。

日本正在建设“世界最先进的信息通信技术国家”。对于“世界最先进的信息通信技术国家”来说，必须要实现“安全的网络空间”。在瞬息万变的形势下构建安全的网络空间，是确保网络空间各利益攸关方信息安全的前提，也需要网络空间各利益攸关方的共同努力。

本战略被命名为《网络安全战略》，就是要突出强调，相对之前为确保信息安全而采取的措施，现在必须要以更加明确的姿态、在更广阔的网络空间采取更多的措施。

本战略因为对目前这种维度变化的认知，面临更多的挑战。我们期望通过本战略的付诸实施，塑造“全球领先、强韧、有活力的网络空间”，加速实现日本的“网络安全立国”。

一、形势的变化

（一）网络空间的扩大和渗透

1. 网络空间和现实空间“一体化融合”的进展情况

“网络空间”是在信息系统和信息通信网络基础上，由多种多样网络流通信息所虚拟而成的全球空间。这个空间正在快速拓展，并渗透进现实空间。当前，网络空间已经成为人们日常生活、社会经济活动和政府活动等一切活动不可或缺的神经中枢，网络空间与现实空间正不断融合，向一体化发展。

网络空间的扩大和渗透，是信息通信技术普及、提高和应用的结果。即遍布全国的宽带、智能设备、IPV6技术、终端智能交互网络、云计算服务等，在电子商务、医疗、教育、交通、社会基础设施管理、行政等各领域的应用。

网络空间未来将不断扩大和渗透，并对加强日本增长力不可或缺。如，为建成有助于加强增长力的安全便利经济的下一代基础设施和实现清洁经济的能源供给，必须有利用开源数据和大数据的高速道路交通系统以及智能电网等。构成网络空间的信息系统和信息通信网络等，使网络空间进一步扩大和渗透。

此外，网络空间将在全球范围内不断扩大和渗透，推动经济增长和创新。其作为解决社会问题的必要途径，是国家成长的牵引力，并因此而日益受到世界瞩目。

2. 网络空间风险日益严峻

网络空间的特点有：高度匿名、难留踪迹、不太受地理和时间的限制、可在短时间内给不计其数的人带来影响等。

因此，恶意利用信息通信网络和信息系统进行网络攻击的威胁正在增大，如，通过网络空间非法侵入、窃取信息、篡改或破坏数据、停止或误操作系统、非法操作及分布式拒绝服务攻击等。

早期的网络攻击多是以自我炫耀、恶搞、标新立异等为目的的激情犯罪，随后出现了以金钱和抗议为目的的网络攻击。当前，以窃取国家和企业秘密情报、破坏重要数据和系统为目的的网络攻击日益凸显。特别是，海外还出现了与军事行动联动的网络攻击，据称很多外国军队正在发展网络攻击力量，还有被指侵入别国信息通信网络搜集情报的行径。

网络攻击的手法日趋复杂多变，如，导致在线服务停止的篡改网页和分布式拒绝服务攻击、基于网页传播病毒的驱动下载型攻击、借助USB存储载体针对闭环操控系统进行的攻击、通过劫持浏览器恶意篡改信息的浏览器数据包劫持攻击（Man In The Browser，MITB）、应用社会工程学和系统漏洞的组合攻击等。其中，有些攻击手法的实施被认为需具有国家级别的先进技术和谋划。

网络攻击的目标范围正从个人或家庭等私人空间扩大到社会基础设施等公共空间。信息通信设备大量分布在各类人员、设备和场所中，如，不计其数的智能手机等智能终端在个人中的快速普及、可在外远程操作的智能家电在家庭中的普及、自带智能终端在工作场所联入复印机等多功能设备、在店铺中使用终端销售（POS）机和监控摄像头、在社会基础设施中安装传感器等。

截至目前，日本既要应对因自然灾害和事故导致的设备损坏以及使用者误操作等原因造成的信息泄露或系统误运行风险，也要应对网络犯罪和网络攻击。网络攻击的风险，因其目的和手法的变化，其水准已经远超既有预案，呈现增大化、扩散化和全球化趋势。我们正迎来网络风险日益严峻的新局面，网络安全在影响日本安全保障和危机管理的同时，动摇着日本国际竞争力，更给日本国民生活带来不安全感。

（1）风险增大化

可能给国家安全以及国民生命、身体和财产带来重大损害的网络风险业已出现。在日本，目标型网络攻击的目的是窃取国家机关、国防产业、关键基础设施运营商、研究机构等的机密和技术情报，其威胁日益凸显。

已查明的案件显示，这种受害在发现时其信息往往早在几年前就开始被窃取了，也有受害者甚至意识不到受到了网络攻击和损害，还有即使明知受到了网络攻击，且损害不断扩大，为不影响声誉和股票价格，不想公开披露的情况。也就是说，日本已经掌握的只是冰山一角，事关国家或企业发展的重要情报和信息可能仍在不断被窃取。

在国外，发生过针对显示交通信息的信号系统的网络攻击，还发生过在复杂多变程度上疑似国家级组织实施的针对基础设施操控系统进行的高级网络攻击，由此引发的大规模社会混乱等风险已成为现实问题。

未来，随着通信基础设施的 SDN 网络、交通基础设施的 ITS 网络和电力基础设施的智能电网等不断普及，各种社会基础设施与网络实时连接，并需要通过软件进行管理操作。如果针对这些软件漏洞开展网络攻击，会导致信息中断、交通混乱、停电等事故，造成大规模社会混乱，甚至带来人员伤亡。

（2）风险扩散化

围绕网络空间的风险在增大的同时，也在快速扩散。智能手机等智能终端在国民中的快速普及、M2M 传感器网络的扩大、万物皆可接入互联网的趋势等，使可成为网络攻击目标的设备就在我们身边，网络风险正在扩散化。

具有先进处理功能的智能设备，如只要有电就能保持联网状态的智能手机等，正在以普通用户为中心快速普及。由于这些设备利用公共无线网络上网或自身操作系统安全性能有限，有时会被恶意程序将使用者的位置信息、通讯录信息或通话信息等泄露出去。在办公场所，因使用智能手机等自带设备办公（BYOD）的兴起，类似的威胁也正在发生。

此外，随着M2M传感器网络的普及，网络风险扩散到家电、汽车、复印机、监控摄像头等产品。以前未联网的设备接入网络后，无需人为介入即可操作运行，因此对这些设备的网络攻击可能会导致意外操作。

例如，有证据表明，某针对外国政府的分布式拒绝服务攻击，就是利用日本某个便利店的监控摄像头作为跳板。还有证据表明，网络攻击可能带来信息泄露，如，从联网家电或汽车获取家庭生活信息或出行地点等位置信息，以及利用复印机等多功能设备获取经营信息等的窃密活动。

此外，不仅是连入网络的系统，即使是与外网进行物理隔离的独立内网系统，也逃不过网络攻击。例如，正成为现实问题的，针对关键基础设施的操控系统，以USB存储卡作为媒介传播病毒软件，使基础设施不能运行。

在网络空间，不但上述网络攻击目标的范围在扩大，攻击发动者的范围也正在扩大。网络攻击工具的泛滥，使没钱没知识的个人也具备了发动高水平网络攻击的可能，网络空间正进入即使不是专家也可以发动网络攻击的时代。

（3）风险全球化

网络空间引发的风险正进入无国界时代。随着网络在包括新兴国家和发展中国家在内的世界各国的不断普及，网民人数已经达到世界人口的1/3。因为日本在现实空间的活动大都依赖于这样的网络空间，就需要进一步面对无国界的全球风险。

例如，曾有黑客利用所控制的普通家庭电脑作为跳板远程发布指令，对外国政府实施分布式拒绝服务攻击，在此期间，日本也有非法程序载体参与了此次针对外国的大规模网络攻击。由于网络攻击经过无数节点，而且恶意使用了高级匿名技术，使受到远程操作病毒感染的电脑所有者被错当成攻击者遭到逮捕。

在国外，疑有国家背景的、以窃取商业机密为目的的网络攻击问题也日益显著。未来，外国政府随时可能发动针对日本的网络攻击。此外，针对全球供应链某一节点的网络攻击将很可能引起“多米诺骨牌”效应。

网络攻击的手法很容易掌握，不仅仅是国家，任何人或组织都可以通过伪装，隐蔽地从世界任何地方发动攻击。日本既可能直接被网络攻击，也可能成为网络攻击的跳板。另外，尽管国际上对网络攻击是否等同于武力攻击仍没有明确认定标准，但毫无疑问将会发生等同于武力攻击的网络攻击。

（二）既有对策

2005 年 4 月，日本设立了内阁官房信息安全中心（NISC）。内阁官房信息安全中心（NISC）作为信息安全政策的最高指挥部，负责制定基本战略和规划、制定方案，并统一实施公共机构和私营部门跨领域信息安全措施。同年 5 月，日本还在高度信息通信网络化社会推进战略本部（IT 战略本部）下，设立了信息安全政策委员会（以下简称政策委员会），以统一实施公共机构和私营部门跨领域信息安全措施，提升政府机关和关键基础设施的信息安全水平，进一步强化网络攻击的响应处理能力。

至今，信息安全政策委员会从《第一期信息安全基本计划》起，已经制订了三期中长期计划。

在《第一期信息安全基本计划》中，日本就信息安全问题指出：信息通信技术的应用，带来了经济的持续发展和国民生活的改善，信息安全已上升为国家目标；为加强信息安全，对既有信息安全问题的处置措施正由事后响应转为事前预防。该计划确立的框架是：各政府机构、关键基础设施运营商和企业等各方，由于在条块分割体系中自始至终要各自独立响应，因此既要认识到自己的责任，还要履行与各自定位相适应的义务。

《第二期信息安全基本计划》在继续推进事前预防政策的同时，不断推进网络事件快速反应能力建设，加强事后处理能力，确保可持续发展的“居安思危型社会”建设。

在不断推进上述政策之上，日本又推出了《保护国民信息安全战略》，目标是将应对网络空间所有威胁的能力提升至世界最高水平。为应对国外发生重大网络攻击事件等的形势变化，日本将从安全和风险管理的角度出发，不断完善相关体制，构建并强化实时信息搜集和共享体制。

这样，从推出《第一期信息安全基本计划》确立信息安全政策以来，日本不断适应新的形势变化，推出相应战略规划，实现既定目标：为保持经济持续发展和解决社会问题而构建信息通信技术应用环境；大力建设“居安思危型社会”，并从安全和风险管理的角度制定政策。

但是，由于网络空间不断扩大和渗透，围绕网络空间的风险日益显著，呈现不断增大化、扩散化和全球化趋势。正是因为网络风险的不断深化，带来了治理措施维度的必然变化。

（三）国际动态

在公共机构和私营部门等各种主体参加的国际会议、国际合作及地区国际组织中，积极讨论网络空间行为规范、适用于网络空间活动的国际法、网络治理等网络空间存在的问题。

为应对网络风险、保障国家安全和促进经济增长，许多国家都制定了与网络安全有关的国家战略。网络空间问题已成为世界的共同课题，必须从全球视角采取措施。

1. 美国

美国认为网络安全是国家面对的最严重的经济和国家安全课题。在其《国家安全保障战略》中，有关网络安全的威胁被视为国家安全、公共安全和经济发展面对的最严峻挑战。据此，美国于2011年针对各领域都出台了相关网络安全战略。

例如，《网络空间国际战略》绘制了网络空间国际化发展的愿景，支持国际贸易，加强保障国际安全，促进自由和创新，提倡开放性、互动性、安全性和可信性；《国防部网络空间军事行动战略》把网络空间列为继陆、海、空、天之后的第五作战空间；《国土安全网络安全战略》旨在构建一个可支撑安全、强韧的基础设施，能带来创新和繁荣，从设计阶段开始就注重保护公民隐私和自由的网络空间，并致力于保护关键信息基础设施和建立网络生态系统。

2. 欧盟

对欧盟来说，除自然灾害和恐怖主义外，经济间谍和具有国家背景的网络攻击已成为新的跨国威胁。欧盟发生网络安全事件的概率和规模都在增大，特别是对健康管理、电力、汽车等关键服务性设施的破坏，将给国家安全和经济带来巨大损害。对此，欧盟在2013年2月推出了《欧盟网络安全战略》，旨在预防网络攻击、规划响应措施。

该战略写明，为确保网络空间的开放与自由，应将现实世界的基本人权、民主及法治等基本原则和价值观应用于网络空间，同时政府应在响应网络事件和阻止网络恶意活动中发挥重要作用。

3. 英国

在互联网带动经济增长的同时，英国对重要数据和信息系统组成的网络空间依存度也越来越高，难以检测和防御的新风险也随之而来。对此，英国在2010年推出了《国家安全保障战略》，将网络攻击作为首要威胁。

为应对网络攻击的威胁，2011年英国推出了《网络安全战略》。该战略目的是建设有活力、弹性和安全的网络空间，从而创造更大的经济和社会价值，同时，在自由、公正、透明和法治的核心价值观下，促进经济繁荣、保障国家安全和推动社会进步。

4. 法国

2008年，法国推出国家安全战略《防卫和国家安全白皮书》，将网络安全作为主要课题。

以此为基础，法国于2011年推出《信息系统防卫与安全战略》，旨在将法国建设成网络安全大国，通过保护与国家主权相关的信息来保障国家决策能力，加强国家关键基础设施的网络安全，确保网络空间的信息安全。

5. 德国

2011年2月，德国推出《网络安全战略》，旨在促进和维护经济、社会的繁荣与进步。德国认为，充分利用网络空间、确保网络空间数据的安全性和机密性，是21世纪的最重大课题；确保网络安全，无论是在德国国内还是在国际范围内，都是国家、企业和社会应该共同承担的课题。

6. 韩国

2011年8月，为应对网络攻击对国家安全和国民财产安全的威胁，确保网络安全，韩国推出了《国家网络安全总体规划》，其宗旨是完善体制，应对智能程度越来越高的国家级网络威胁，明确政府相关部门的职责分工。

二、基本方针

（一）目标与愿景

网络空间把全球连接在一起，要保障国家安全、做好危机管理、促进经济发展、保证国民安全和安心，就要既应对日益严峻的网络空间风险，又要促进网络空间与现实空间的一体化融合，重点是确保网络空间的可持续发展。

为此，日本通过将构建“全球领先、强韧和有活力的网络空间”纳入社会体系，致力于建设网络攻击响应能力强、充满创新、誉满全球的社会，实现“网络安全立国”目标。

（二）基本构想

为实现“网络安全立国”目标，日本的基本构想如下：

1. 确保信息自由流通

为构建安全可信的网络空间，日本不能过度管理和规制，要保持开放性和互操作性来确保信息自由流通。其结果就是，在确保网络空间的自由、保护个人隐私的同时，也会使日本受益良多，如创新、经济增长和解决社会问题等。本战略的基本构想是：在确保信息自由流通的同时，加强应对日益严峻的网络风险。

2. 应对日益严峻的网络风险的新举措

网络空间风险日益严峻，必须要有应急响应。特别是对于网络风险的增大化、扩散化和全球化，既有战略已经难以应对。如果网络空间易遭受网络攻击，不但难以确保信息自由流通，更会失去国民的信赖。因此，除了继续加强既有的事前、事后响应等具体应对措施，还需要在全社会建立一个包含多层次措施的新机制，快速响应信息通信技术发展带来的网络新风险。

3. 加强风险应对

目前，日本的目标是将网络威胁应对能力提升至世界最高水平，方针是政府机关、关键基础设施运营商、企业及个人等各主体都要尽最大努力推进各自的信息安全措施。

但是，需要保护的重要情报和关键信息系统对网络空间依存度不断提高，手法更加复杂多变的网络攻击威胁也越来越大。在此情况下，为及时响应瞬息万变的网络风险，各方不但要继续各自为战，还必须建立合理分配资源的社会动态响应机制。

日本必须通过动态响应能力，根据网络风险的性质加强风险管理，包括：提高对漏洞处理和网络攻击事件的识别和分析能力；通过促进职能合作、信息共享来提高威胁分析能力；加强各计算机事故应急响应小组（CSIRT）间的合作及与国际计算机事故应急响应小组间的合作等。

4. 基于社会责任与义务的行动与互助

在日本，现实空间的所有活动都依赖于网络空间，政府、公众、学界、产业界和私营企业都从中受益。

随着网络风险日益严峻，各方应以实现世界领先、强韧、有活力的网络空间为己任，承担主体责任，落实自身信息安全措施。

面对网络风险日益扩散、受害范围不断扩大的局面，除各主体的响应措施外，全社会都应针对导致非法入侵和病毒软件传播的漏洞等网络风险，共同采取信息安全预防措施，维护网络空间安全。

因此，网络空间的各利益攸关方在履行各自社会定位应尽责任和义务的同时，还应以国际合作及公共机构与私营部门合作为中心开展合作与互助。

（三）各方责任

之前的战略规定，各方在认识到自身责任的同时，还应尽与战略定位相适应的义务。具体是：落实信息安全政策，确定负责执行的“政策实施方”，支撑政策具体操作和完善政策实施环境；确定推进问题理解和解决的“政策支持方”，解释各方责任及合作模式，持续推进信息安全措施。

除上述各主体外，《第二期信息安全基本计划》推出后，在加强“居安思危型社会”能力建设的同时，国民和社会摆脱了对信息绝对安全的追求，从建立强有力“个人”和“社会”的观点出发，努力实现既是“信息提供方”、又是“信息管理方”的模式。

本战略致力于推进网络空间与现实空间的一体化融合，立足于网络空间风险日益严峻的新局面，打破至今存在的基于各方的条块分割框架，在网络空间各利益攸关方成为措施实施者的同时，从解决方案提供者的角度发挥各方的作用。

网络空间各利益攸关方在发挥各自作用的同时，应合作、互助，加强全社会的动态响应能力。

1. 国家责任

日本必须加强与网络安全相关的国家基本能力建设。具体而言，以积极参与制定国际规则的网络外交为中心，保卫日本网络空间，预防外国对日本的网络攻击，保卫日本网络安全，制定网络犯罪对策。

政府机关及与其关系密切的独立行政法人、特殊法人等，既运行着存有自身重要情报的信息系统，也是推进与电子政务密切相关的信息安全政策的实施方。因此，这些机构在采取加强措施的同时，还要通过这些措施对其他利益攸关方的措施制定起到引领作用。同时，还要加强和提高受到网络攻击时的响应能力，将政府机关受到网络攻击时的损失减到最小。

而且，为最大限度地发挥包括政府机关在内的其他各利益攸关方的作用，国家要加强内阁官房信息安全中心（NISC）的最高指挥部职能，促进包括相关省厅在内的各方合作，完善新制度，开发先进技术，开展演示试验，培养高级人才，努力提高网络安全意识。

2. 经营者的责任

关键基础设施提供着难以替代的服务，是国民生活和社会经济活动的基础。一旦关键基础设施受到网络攻击造成服务中断，将可能给国民生活带来巨大损害。

因此，日本将信息通信、金融、航空、铁路、电力、燃气、政府和行政服务部门、医疗、供水及物流等十大领域划定为“关键基础设施部门”，并努力在政府层面采取措施确保这些领域的信息安全。未来，这些关键基础设施部门必须进一步加强措施，确保自身信息安全。

此外，截至目前，日本还有未被纳入关键基础设施的领域，这些领域发生信息系统故障，也可能给国民生活和社会经济活动造成很大影响，如，智能城市和智能城镇系统，以智能交通系统等交通控制系统为代表的新网络服务系统，被美国认定为关键基础设施的国防产业、能源产业等。

未来，政府将根据这些未被纳入关键基础设施领域的信息系统的实际情况，对关键基础设施的范围和特征开展研究讨论，重新划定关键基础设施范围，对新划入的关键基础设施部门采取必要措施。

3. 企业和教育研究机构的责任

企业和教育研究机构存有科技情报、财务信息、制造技术资料和图纸等知识产权相关信息、客户资料、人事及教学情况等个人信息。

这些信息是日本国际竞争力的源泉，一旦被网络攻击窃取或破坏，就可能影响日本经济发展。因此，企业和教育研究机构除单独采取信息安全措施外，还应与承包商或业务合作伙伴开展合作，在业界范围内共享网络攻击情报、采取集体性措施。同时，各方在采取信息安全措施时，为提高应对水平，还应接受第三方机构的评估和监督，并引入管理标准。

作为技术研发和人才培养的核心部门，企业和教育研究机构要开展“产业界、公共机构和学术界”的合作，相互协调，为日本建设世界领先、强韧、有活力的网络空间而提供高级技术和人才。

4. 普通用户和中小企业的责任

普通用户和几乎占据日本供应链核心的中小企业，从提高方便性、运营效率和快速提供服务的角度出发，不断接受基于信息通信技术的新服务。

日本网民人数达到了总人口的80%左右，企业的网络普及率更是达到了100%，信息安全措施的需求越来越大。普通用户使用的智能手机和个人电脑存在安全隐患，若成为网络攻击目标，一旦联网，就可能将危害带给其他主体。

目前，普通用户已经可以自行采取网络安全措施。未来，普通用户在“自己保护自己”的同时，重点是应以“不影响他人”的观念来采取网络安全措施。因此，普通用户在充分利用网络的同时，还要通过培养这种观念和提高素养来自觉采取网络安全措施。

中小企业中的部分企业与关键基础设施部门或拥有先进技术企业签有合同，可处理日本的重要情报或运营关键系统。这些企业，除采取各自的信息安全措施外，还应共享网络攻击信息。

5. 网络企业的责任

网络空间由设备、网络和应用程序组成，相关的终端制造商、网络接入服务商、网络管理公司和软件开发商等都以私营企业为主。同时，私营企业也是网络风险应对工具的主要提供者。

在此前的战略中，为信息安全措施实施方提供工具的“信息企业”，具有举足轻重的地位，其提供的产品和服务不仅担负着消除网络安全漏洞的责任，还致力于确保生产出具有国际竞争力、更安全放心的产品。

然而，在开发阶段就完全排除产品的软件漏洞非常困难。仅在普通用户主体采取的网络安全措施方面，对各种主体接入网络空间带来的风险扩散，就难以做到面面俱到。

因此，提供网络产品、服务及技术的“网络企业”，不但要在开发阶段尽力确保无漏洞，还要在开发后发现漏洞时提供漏洞修复补丁，并通过对网络攻击事件的识别和分析，防止危害扩大，确保网络空间安全。

当前，日本信息安全产品高度依赖国外企业，国内信息安全从业人员不足。对于日本网络企业来说重要的是，引进世界最先进技术，开发先进技术和产品，培养高水平信息安全人才，以及充分利用这些信息安全措施开拓市场，加强日本网络安全产业的国际竞争力。

三、措施领域

为建设世界领先、强韧、有活力的网络空间，实现“网络安全立国”，日本政府在继续建设“居安思危型社会”的同时，与国内其他利益攸关方及相关国家开展合作，在到2015年为止的三年里将推进如下措施。

到2015年为止，要实现的具体目标如下：提高政府机关和关键基础设施领域的网络攻击信息共享体制覆盖率；提高计算机事故应急响应小组的设置率；降低病毒软件的感染率和国民的不安全感；将国际网络安全事件联合响应合作国和网络攻击响应国际合作与对话国的数量增加30%等。到2020年，实现国内信息安全市场规模扩大一倍，网络安全人才不足率减少一半。

由于网络安全已经成为世界的共同课题，日本在调查分析国外关于网络攻击事件和网络安全政策动态的同时，还应推进与世界各国的情报交换与合作。

日本政府将对《政府机关信息安全措施统一标准（系列文件）》《关键基础设施信息安全措施第二次行动计划》《信息安全研究开发战略》《信息安全人才培养计划》以及《信息安全观念培养计划》进行修订，如有必要还将制定新规划。

（一）建设强韧的网络空间

为确保网络空间的连续性，在加强对网络攻击应急响应的同时，提高网络攻击事件的识别、分析能力和事件的信息共享能力。建设“强韧的”网络空间，就是加强针对网络攻击的防御力和恢复力。

1. 政府机关层面的措施

政府机关在进一步提升其情报和信息系统的信息安全等级的同时，还要加强和丰富网络攻击发生时的响应模式。

（1）进一步提升情报和信息系统的信息安全等级

政府机关根据信息及信息系统所涉国家机密的重要程度制定

信息安全措施，重点是通过建立目标型攻击风险评估办法，来加强政府统一措施。此外，通过建章立规和完善网络环境，来适应远程办公和自带设备办公等多样化的国家公务员工作模式，确保信息安全。同时，利用社交媒体向国民发布重要信息，是日本履行国家责任和义务的前提。

政府应采取措施加强跨部门信息系统。具体而言，通过政府公共平台的政府信息系统“云服务”化，构建强大政府信息系统基础，以应对网络攻击和大规模自然灾害。要加强中央机关和地方政府管理和使用的信息网络系统的信息安全，确保社会保障和税收统一编号体制。此外，还要确保电子政务公开数据的信息安全。

对于政府机关的信息系统，要在设计、制造、设置等阶段设定信息安全技术标准，并就是否准入进行充分评估。特别是要加强防范供应链风险，如，已知但还无对策的漏洞、危险技术和植入病毒软件等。具体而言，在政府采购中，日本要充分利用基于国际标准的准入评估制度，以及在国际协议可接受范围内加入保护国家安全的必要措施；推广应用已通过安全评估的加密技术；推进与电子政务密切相关的信息安全措施。

对于涉及国家安全的重要信息，非国有的承包商在处理时要特别注意信息安全。这种重要信息涉及的信息处理业务外包、普通采购及辅助项目等都要确保信息安全。承包商遇到网络攻击事件时，既要向主管省厅报告，也要向其他承包商分享此信息。此外，还应建立一个框架机制，使上述政府机关的风险评估办法充分发挥作用。

对于独立行政法人和特殊法人等与国家密切相关的法人机构，应以政府机关的措施为基准，加强信息安全、应对供应链风险，同时加强对网络攻击事件的认知能力。为防止危害扩大，要向法人主管省厅报告网络事件、通报基于自身判断进行处置的情况，并向相关部门分享信息。

（2）加强和丰富网络攻击发生时的响应模式

政府机关在大力提高对网络攻击的识别、分析能力的同时，还要加强和丰富网络攻击发生时的响应模式。

具体措施包括：从根本上加强政府机构网络安全跨部门监视和应急协调小组（GSOC），进一步扩大监控目标范围；完善有效收集监控目标的网络事件信息和开展详细分析所需的技术、组织体制；完善以加强风险评估反映攻击后果的体制等。同时，完善共享机制，将网络事件信息和攻击手法的分析结果，在作为监控对象的政府机关、关键基础设施运营商等相关机构间共享。

在网络事件发生时，要加强政府机构网络安全跨部门监视和应急协调小组（GSOC）、网络安全紧急救援队（CYMAT）与各中央部门（府省厅）计算机事故应急响应小组（CSIRT）间的合作，构建网络事件信息快速共享和政府共同应急响应机制。另外，截至目前，日本模拟了大规模网络攻击事件，开展了初始响应训练，构建了事件发生应急响应模式，同时试图加强日常及事件发生时的情报收集和汇总体制。未来，日本将加强响应模式，如每年都组织中央机关（府省厅）参加大规模网络攻击响应训练等。

政府应加强日常和紧急状态时的响应能力，同时，为促进国际合作，必须采取人才保障和培养措施。具体措施包括：积极雇用外部优秀人才；促进政府和私营企业间、中央省厅间的人员交流；通过人员轮岗，促进能力提高等。另外，为快速正确地做出响应，日本要加强培训各中央部门的计算机事故应急响应小组（CSIRT）和网络安全紧急救援队（CYMAT）的人员。

最近，针对日本的情报搜集活动非常活跃，以窃取政府机关情报为目的的目标型邮件攻击手法日趋复杂多变，政府机关重要情报泄露的风险日益提高。因此，各政府机关要密切合作，进一步推进与网络空间反情报工作相关的情报搜集、分析和共享措施，加强与外国情报机关合作，建设更加牢固的情报保密体制。

2. 关键基础设施运营商的措施

关键基础设施领域关系到国民生活、社会经济活动和政府运行的平稳持续开展。因此，政府必须针对保护目标信息系统的特性，采取信息安全措施。

具体而言，为根据关键基础设施和关键基础设施运营商的风险评估确定信息安全措施的重点，应确立下述程序：通过对每个领域最新安全标准的制定、变更情况的把握、评估及风险分析，梳理出跨领域风险，并在安全标准制定指南中写明。

关键基础设施运营商和情报共享分析机构（CETTOAR）要持续推进共享网络故障、攻击、威胁、漏洞等的信息，对于行业间难以共享的目标型攻击信息，要在签订保密合约的基础上，深化拓展情报共享体制。在保护个人信息和机密情报的基础上，推进关键基础设施运营商及时向主管政府部门报告网络安全问题、通报依据自身判断进行处置的情况及向相关部门分享相关信息的机制。关键基础设施运营商、网络企业和各相关情报共享分析机构（CETTOAR），应以互信为纽带，开展网络安全演习，加强网络攻击联合防御能力。

在加强防范关键基础设施供应链风险的同时，积极引入信息安全评估和认证制度。具体措施有：促进关键基础设施运营商和网络企业间的合作，共享系统漏洞信息和网络攻击情报；考虑在数据采集与监控系统等控制系统设备的采购、应用方面，引进符合国际标准的既有评估和认证制度；设立控制系统设备评估和认证机构等。

在日本，目前仍有一些领域未被认定为关键基础设施领域，这些领域与现在的十个关键基础设施领域一样，其信息系统故障也可能给国民生活和社会经济活动带来重大影响。未来，日本将根据这些基础设施信息系统的定位，重新审视关键基础设施领域的范围和所应采取的措施。

鉴于此，日本要在总结《关键基础设施信息安全措施第二次行动计划》实施的基础上，制订新的行动计划。

日本模拟大规模网络攻击事件，开展初始响应训练，构建事件发生应急响应模式，并试图加强日常及事件发生时的情报收集和汇总体制。未来，为完善大规模网络攻击事件发生时的公共机构与私营部门合作响应模式，日本要在参考外国响应经验的基础上，加强响应模式演练，如每年都模拟大规模网络攻击事件开展响应训练等。

3. 企业和研究机构的措施

企业和研究机构掌握着商业机密、知识产权资料和个人信息等关键信息，这些信息也是日本国际竞争力之源。因此，要加强企业和研究机构对网络攻击事件的认识和分析能力，促进与网络事件相关的信息共享。此外，企业的海外部门也应加强信息安全措施。

在信息安全方面，中小企业难以确保有足够的专业人才和充足的投资。因此，必须创造条件，促进其对网络攻击事件的认知能力。具体包括：完善为中小企业服务的信息提供和咨询体制；研究鼓励信息安全投资的减税政策；完善利于提高信息安全水平且易用的指南或工具；鼓励向充分利用“云技术”、确保信息安全的共用系统过渡等。

在促进中小企业可认知的网络安全事件信息的分析和响应信息共享的同时，从大企业和中小企业一视同仁的视角出发，研究网络攻击的防御模式，并利用演习试验平台实践防御演习，提高网络攻击的响应能力。

企业和研究机构要提高网络安全事件发生时的动态响应能力，从防止损害扩大的观点出发，推进计算机事故应急响应小组（CSIRT）建设，加强计算机事故应急响应小组（CSIRT）间的联合响应能力。

由于网络空间风险日益严峻，企业运营的不稳定性增加，上市公司受到网络攻击很可能导致网络安全事件，考虑到公平竞争，应研究向投资者公开业务风险的可能性。同时，要一并研究相关信息共享和公开的激励措施。

在教育机构方面，为减轻中小学教育负担、提高效率及改善教育质量，学校应充分运用信息通信技术推动教务信息化。设立学校的地方政府应确保教育机构受到网络攻击时的信息安全，推进信息安全公共意识培养。

4. 网络空间的清朗健康

随着网络空间和现实空间不断一体化融合，网络空间相互依存的各利益攸关方，都采取措施预防非法入侵和病毒感染，确保网络空间清朗健康变得愈加重要。但是，网络风险日益严峻，普通用户愈加难以独自应对，必须依赖其他网络利益攸关方的支持。

为培养普通用户的网络安全意识，日本分别在每年 2 月和 10 月举办“信息安全月”和“信息安全国际节”活动，集中开展网络安全公共意识培养。未来，除政府统一措施外，重要的一环是全民共建清朗健康的网络空间，具体措施包括：电视大学结合信息安全基础知识和软件教育的“信息公开课”；在拟设立的“网络安全日”表彰有功者，以加深普通用户对网络安全的认识等。

在网络安全公众意识培养常态化方面，除推进收集软件漏洞信息和接入各种网络定点监测系统外，还考虑采取将日本网络空间脆弱度和病毒感染率的整体趋势可视化并向普通用户推送等措施。

政府和网络企业合作，共同提高对网络攻击事件的认知和分析能力，整体提高日本网络空间对网络攻击的响应能力，及时向普通用户发布网络空间预警。具体而言，通过“网络攻击分析会”，与提供网络安全事件信息者保持互信关系，集中各部门的专业能力和收集的信息开展高水平分析。同时，通过独立网络安全事件响应、向普通用户预警、中长期措施规划和技术研发，加强网络攻击响应能力。

为应对网络机器人病毒，在互联网服务提供商的配合下，通过公共部门和私营部门联合的“网络清洁中心”（CCC）向普通用户推送预警信息。未来，日本将建立一个存储散布病毒软件的恶意网站数据库，当普通用户尝试访问这些恶意网站时会收到预警提示。同时，为互联网服务提供商实施上述行为建立相关机制，并推进对恶意网站的检测能力和数据库升级更新。

对于“木马型”恶意软件，在开发快速检测技术的同时，还应立足于网络攻击复杂多变导致的网络风险日益严峻的形势，在考虑通信秘密的基础上灵活运用相关制度，开展以信息安全为目的的通信数据分析。

信息家电、医疗设备、汽车和通信网络等社会基础设施的操作软件一旦发生故障，很可能危及人的生命。对此，在保持国际合作及研究这些软件漏洞应对体制的同时，提供机器设备的网络公司为向用户充分说明软件性能，要不断提高软件性能解释水平。

5. 网络犯罪对策

为能应对未来发生的各种网络安全事件，必须从加强网络犯罪应对能力和充分运用私营企业真知灼见两方面，来加强应对可能影响到国家治安、安全和危机管理的网络攻击。具体措施包括：雇用具有专业知识和能力的人员；通过有效的教育培训和新技术研发加强调查和分析能力；扩充网络攻击分析中心、网络攻击特别搜查队、非法程序分析中心；增添信息收集与分析设备；提高网络监测系统性能等。

在充分利用私营公司真知灼见方面，日本从仿照美国创设了国家网络刑事监视与培训联盟（NCFTA）开始，先后采取的措施有：建立与反病毒软件公司共享新型病毒信息的体制；运用“反网络情报的预防非法通信委员会”与私营部门合作加强信息共享体制；通过加强电子分析设备的技术信息共享合作来促进信息共享等。此外，促进公共机构和私营部门联合阻止网络犯罪的措施，如加强网络监控和推出防止智能手机应用程序受害的措施等，并通过外包网络犯罪手法分析工作，来充分利用私营企业的真知灼见。

为确保对网络犯罪进行事后溯源追踪，要采取措施保存相关公司的历史通信记录，建立数字取证配套制度。保存历史通信记录应考虑到以下问题：与通信秘密的关系、对网络安全有用的历史通信记录种类、保存记录给通信公司带来的负担、涉外记录的保存期限、多方征求国民各种意见基础上的网络犯罪调查方式等。

为有效打击网络犯罪，日本检方和警方将通过培养人才来加强执法体系。

6. 网络空间防御

以窃取、损坏国家机密为目标的网络攻击和作为国家武力攻击一环的网络攻击，都具有国家背景，对于这种国家级网络攻击，日本应加强举国响应能力。

具体措施包括：从平时对网络攻击事件的认知辨别网络攻击主体；明确相关机关在收集、共享和分析网络安全事件信息方面的责任，并加强体制建设；加强相关部门合作等。

网络空间是与陆、海、空、天并列的新领域，自卫队可在其中开展情报收集、攻击和防御等各种活动，充分利用该领域开展有效活动十分重要。同时，网络在决策和部队指挥等业务中被充分运用，成为在陆地等现实空间进行各种活动不可或缺的支柱。因此，确保网络空间的安全使用至关重要。

特别是受到作为武力攻击一环的网络攻击时，自卫队肩负着应对之责。为履行此责，其自身系统必须处于能妥善应对网络攻击的态势。具体措施包括：保持对国防信息通信基础设施（DII）网络的监控态势；开展实际环境模拟训练；提高网络保护分析设备能力，并使之处于警备状态；新建网络防卫队；加强并保持自卫队在网络空间的能力，如留住高级专业人才和提高网络技术研发能力等。

应明确受到网络攻击时各相关机构的责任以及相互支援方式，完善必要的机密情报共享体制，如，防卫省、自卫队等政府机关在防止对防卫省系统以外的关键基础设施信息系统的网络攻击时的责任；网络公司在处理来自国外的非法通信时的责任等。同时，也要一并研究国际法的具体应用。

（二）构建有活力的网络空间

为确保网络空间发展，日本的目标是通过网络攻击应对产业的振兴、前沿技术的研发、人才培养和职业素养的提高，构建有活力的网络空间，加强能够独立响应网络风险的创造力和知识力。

1. 振兴产业

结合新兴市场，并考虑到在海外市场搜集到的网络攻击动态，为准确快速地响应网络新风险，必须增强高度依赖外国技术、服务和产品的日本网络安全产业的国际竞争力。

先进技术和产品，以及创造它们的高级研究和技术人员，是信息通信技术高度普及和广泛应用必不可少的基础。信息通信技术在各领域的充分应用带动了服务创新和生产率提高，创造了基于大数据的新业务，对此必须配套相关信息安全措施，如先进技术的研发、国际标准及评估认证制度的完善等。

具体而言，需要加强以下领域的技术研发：基于M2M技术的智能社会、智能电网、智慧城市、智能城镇等相关的信息安全技术；为促进利用个人数据提供新服务的高度安全设备技术；匿名和加密技术；通过大数据软件控制整个网络的技术；网络个人识别技术等。

未来，国际贸易中应用信息通信技术的产品或服务，都要有可靠的网络安全性。因此，可作为证明的国际标准、评估认证及信息安全检测日益重要。日本为在国际贸易中占据有利地位，必须积极参与国际标准和评估认证体系制定，努力建立与之相互承认的框架体系，并支持相关私营企业，完善国内评估认证体制。具体推进措施包括：云计算服务的国际标准制定；多功能设备的国际通用安全标准制定；作为安全认证机构核心的工业控制系统评估认证机构的完善发展等。

通过政府积极采购新技术产品，促进私营企业的产品开发和实际应用，进而占领海外市场，同时培育风险投资企业。日本想拥有能够参与全球信息安全领域竞争的强大企业，就要加强超越产业和组织壁垒的合作，支持具有潜力的企业在全球扩张。重要的是，要明确知识产权法适用于以网络安全为目的的逆向工程，以及修订法规中可能阻碍利用大数据分析提供高质量服务产业发展的条款。

2. 研发

随着网络攻击日趋复杂多变，网络风险也瞬息万变，进而导致既有的信息安全措施实施起来具有滞后性，效力也大幅降低。因此，为应对瞬息万变的网络风险，研发充满创意和下足功夫的技术安全措施至关重要。

具体而言，为使日本在技术研发上保持领先并不断提高，研究部门要加速研究开发和验证测试，提高网络攻击检测和高级分析能力。

其中，对于伴随着信息通信技术发展而日益复杂多样的“木马型”恶意软件等网络攻击，为建立有效的创新技术，应将理论方法引入到加密研究等信息安全研究中，并致力于研发未来应对网络攻击的前沿技术。另外，研发保障网络安全的半导体器件也很重要。

为保护公民的信息、权利和社会系统，日本正在研发先进技术，用于防止IC芯片故障等的信息安全措施。同时，宽带的普及带来了大数据，大数据包含的每个数据以及处理这些数据的软件都关系到整个网络的可靠性，日本正在致力于研发相关技术来确保整个网络的可靠性。

研发成果由产业界、学术界和政府机构间共享，并用以提高日本的防卫能力。此外，这些措施将在整体上促进日本信息安全专业人才的培养。这些技术也能在世界范围内推广，为日本创造出新产业，进而带动日本经济增长。

3. 人才培养

当前，日本所有的活动都离不开网络，仅依靠政府机关和企业等网络安全措施实施方为保护自身网络安全而培养的人才，难以应对日益加剧的网络风险。因此，随着网络空间的扩张和渗透，信息通信技术被广泛应用，必须要扩大国际高水平专业人才的基数。

当前，日本国内从事信息安全产业的专业人员约有26.5万人，潜在的人才缺口约为8万人。另外，在这约26.5万人中，技术水平合格的只有10.5万多人，其余的近16万人则需要接受进一步教育和培训。

日本将采取措施应对当前信息通信技术广泛应用导致的信息安全人才不足。随着网络空间的扩大和渗透，信息通信技术的应用日益广泛，日本必须面对新问题，今后日本的信息安全人才将越来越不足。因此，必须要积极挖掘人才、培养人才和用好人才。

在积极采取措施解决人才不足问题的同时，确保招纳具有靠教育无法获得的突出能力的人才也是重大课题。为确保招纳具有突出能力的人才，政府和企业应开展合作，通过训练营和信息安全人才实践技能竞赛等，挖掘软件领域具有独到见解和技术、且有实际应用能力的优秀人员。

为提高日本信息安全从业人员的能力，挖掘、培养突出人才，必须建立全社会人才培养框架。具体而言，信息安全人才具有多样性，具有不同技能的人才间存在巨大差异，需要通过完善和运用技能标准，确定各种信息安全人才所应具有的能力和知识。

因此，为利用技术标准，适应信息安全人才多样化需求，应考虑：加强大学实践教育课程等专门教育课程；加强产业界与学术界的合作；改善既有国家资格与能力认证，并探讨设立新国家资格与能力认证的必要性；建立与网络安全水平相配套的多种资格与能力评估制度等。

培养国际性人才十分重要，为此，既要支持相关人才参加国际会议和赴国外留学，还要积极在国内举办国际会议。

挖掘人才、培养人才、招录人才和用好人才非常重要。为此，政府部门要率先对外招录信息安全人才。

4. 提高国民网络安全素养

在日本，网络空间扩大、渗透到了方方面面，包括：从青年到老年所有年龄段的人；个人、家庭、工作单位、公共场所等所有层面；现实空间的日常生活和社会经济活动等所有活动；等等。在这种情况下，所有人都与网络空间共存，因此提高全体民众的网络安全素养就显得十分必要。此外，提高国民网络安全素养也是培养网络安全高级人才的基础。

具体而言，有必要从初级和中级教育阶段开始就培养公民的网络安全意识，通过标语、海报竞赛等参与型活动，培养公共意识。在初级和中级教育阶段，应根据学龄儿童的发展阶段和各学科的教学大纲采取一系列措施，包括：加强学习，从灵活应用计算机和信息通信网络等信息工具；加强信息安全思想道德教育；探索将网络安全素养教育与信息通信技术在教学领域的广泛应用相结合，如开展软件编程教学、应用数字教科书等。

未来，针对老年人的信息安全措施将更加重要，要完善机制，实施详细的跟进措施，将老年人培养成信息安全的支柱并发挥重要作用。与此同时，也要采取措施为普通家庭和年轻人提供相关知识和信息。

智能设备，特别是人们日常携带保持联网的智能手机，涉及包括位置信息在内的各种用户信息，因构造原因，其信息安全措施软件发挥的作用有限，必须进一步加强个人的网络安全素养。

具体而言，随着智能手机的普及，社交网络软件（SNS）被广泛应用，因此要与相关企业合作共同确保智能手机使用安全。进而，建立使普通用户能够自主判断、认知智能手机应用程序风险的机制。

鉴于信息通信技术的快速发展，有必要对相关措施进行及时更新，以提高普通用户的网络安全素养。因此，政府机构通过网络攻击响应措施汇总和积累信息，进行分析后用普通用户易于理解的形式在全国范围内广泛传播。

（三）构建全球领先的网络空间

为适应全球网络空间，日本将通过加强部长级对话、积极参与国际规则的制定、积极拓展海外市场、支持能力建设和形成互信机制，构建“世界领先”的网络空间，增强在全球战略空间的部署力和贡献力。

1. 外交

日本的基本方针是确保网络空间信息的自由流通，在确保言论自由的同时，受益于经济增长等网络空间带来的好处。

仅凭日本自身难以应对全球风险。基于此认识，日本必须构建并不断加强与秉持“民主、尊重基本人权和法治”共同价值观的国家或地区的多边伙伴关系。为此，日本必须开展积极外交，构建安全可信的网络空间，并促进其平衡发展，在保持网络空间开放性和互通性的同时，避免国家对其过多的管控和限制。

国际法适用于网络空间。从确保网络空间秩序的观点出发，既有国际法适用于网络空间至关重要，特别是应深入研讨《联合国宪章》及国际人权法案等具体的国际法适用于网络空间的问题。

在网络空间，早已发生过疑有外国政府介入的网络攻击，考虑到网络攻击方难以锁定，为避免因误判等当事方难以预测的局势升级造成不可预见的后果，日本将稳步推进互信机制。

日本已经与一些国家启动了双边磋商和对话，在维持现状的同时，还应当继续拓展双边磋商、对话及意见交换。日本应以

“刷存在”的方式积极参加各种国际活动，包括联合国的相关国际会议和东盟地区论坛等地区组织为主的多国间协议与会议，包括政府在内的多利益攸关方参加的各种网络安全相关会议，以及全球社区等。

为快速响应网络攻击，日本应在日美安保体制为核心的日美同盟框架内加强日美合作。未来，日美将通过网络对话，围绕当前各种网络问题，在国家安全和经济密切相关的重要课题取得共识的情况下，在网络领域实施以共同认识威胁、共同训练保护关键基础设施为主的具体措施，并深入讨论国际规则制定。

2. 国际活动

在全球网络空间，网络攻击多以网络弱国或地区为跳板实施。世界各国对网络攻击的响应能力因其网络安全技术能力的不同而参差不齐，尽管各国都具有一定的网络安全事件响应能力，但都希望国际社会形成共识、共同阻止网络攻击。

为构筑日本与东盟等新兴国家和发展中国家共同成长关系，对这些国家形成对网络攻击的响应能力进行援助至关重要。具体援助包括：支持各国建立计算机事故应急响应小组（CSIRT）；援助安全管理技术；提高网络安全国际意识；与各国合作建立网络攻击情报收集网；实施网络攻击预警和应急响应技术研发项目；不断扩大援助目标国等。

通过政府与私营公司合作措施实施合作项目，展示针对自动执行病毒（bot 病毒）措施等成功案例，并尝试与日本海外企业之间开展桌面推演等。

对于关系电子政务安全性和可靠性的加密评估项目，其评估结果要向国内外公布，以促进加密技术的应用。

在国际贸易中，所有应用信息通信技术的产品和服务都要确保其网络安全性能。因此，从振兴产业的观点出发，为使具有优势的多功能设备和操作系统等日本产品免受不公正待遇，日本要积极参与并推动建立网络安全的国际标准以及国际互认的评估认证体系。

对于新兴国家以信息安全为名限制进口及给予国产商品优惠待遇等的措施，日本在努力符合国际贸易规则的同时，通过确保国内外相关制度的一致性，促进日本企业的国际发展。例如，日本拟建立个人数据在国际流通的国内制度，以及考虑通过支持新兴国家的制度建设等措施为确立和谐的国际规则做出积极贡献。

3. 国际合作

为有效应对跨国网络犯罪，日本将加强国际合作。具体措施包括：继续与外国调查部门交换网络犯罪情报；学习网络犯罪相关的最新调查方法；为加强与外国调查部门的合作，向这些外国部门派遣职员。

为收集证据必须得到外国调查部门配合时，应请求外国调查部门给予积极配合，切实推进国际调查。

在网络犯罪措施国际合作方面，日本签署了《网络犯罪条约》，以扩大该条约的缔约成员为前提，加强执法部门间的合作，如快速高效的互助调查等。

通过国际合作推进情报共享，重在把握网络攻击事件的国际动向。具体包括：加强计算机事故应急响应小组（CSIRT）间网络攻击事件的情报共享和运用；完善网络犯罪相关的各国刑事司法制度；支持网络犯罪调查及诉讼相关人才培养等。

为避免因缺乏互信而引发难以预见的事态，要重点推进互信机制建设。为此，日本应共享基本立场和最佳方案。另外，日本在积极构建全球网络安全事件发生时的相互联络体制的同时，还将开展国际共同研究和多国间网络攻击响应演习。

日本应与有网络连接的各国开展国际合作，推动国际网络优化，如提高日本与国外网络连接的冗余度。

四、体制建设

（一）推进体制建设

加强内阁官房信息安全中心（NISC）作为日本构建世界领先、强韧、有活力的网络空间最高指挥部的职能。具体措施包括：从根本上加强政府机构网络安全跨部门监视和应急协调小组（GSOC）；汇总网络攻击事件相关信息；分析和发布网络安全相关国内外动态和政府措施现状；通过政府部门和独立行政法人等相关专业机构各项职能的机制化合作，加强网络安全事件动态响应等。同时，还要一并研究作为国际网络安全事件响应窗口的计算机事故应急响应小组（CSIRT）的应有状态。

作为政府部门与关键基础设施运营商等相关机构机制化合作的基础，必须要推进网络攻击事件信息共享。为此，对于应该对攻击者保密的信息，日本在充分利用现有保密机制的同时，还将根据共享目的、共享信息内容和共享范围等来完善保密机制。

（二）评估

为确保各项措施能按照此战略贯彻实施，确保各项措施间的有机衔接，实现网络立国的中长期目标，应以此战略为基础，从2013年度开始制定年度计划和网络安全国际战略。

为准确应对国内外形势变化，确保在必要时不断完善本战略及基于战略的各种措施和目标，日本将对本战略及以战略为基础制订的年度计划进行评估。同时，日本将从国民的视角出发评估各种措施的进展情况。

附件 2

日本网络安全战略

（2015 年 9 月 4 日）

一、制定的主旨

从 20 世纪后半叶至 21 世纪初，世界发生了不可逆转的变革。和约翰·古腾堡发明活字印刷术引发的知识爆炸一样，电脑和网络的发明和普及，使人类不再受地点和时间的限制，可以任意与世界各地的人讨论、分享想法。无数的电脑、传感器和驱动装置通过信息通信技术形成网络，塑造出网络空间，极大地拓展了现实空间中人类的活动范围。通过网络空间，信息在全球传播，并以此为基础实现自由、公开的讨论，这是世界自由和民主社会的基础。在这个数字空间，不断创造出新经济模式和带来技术革新，成为经济增长的前沿。

但在网络空间这个新领域，恶意活动不断增加，如，人员、公司、组织的信息和财产相继被盗。政府部门和运营商为人们日常生活和经济活动提供基本保障，网络攻击则给政府部门和运营商的履职和经营带来巨大威胁，对日本国家安全的威胁也日益提高。当前，为应对威胁，必须保护的方面有：作为人们和企业智慧结晶的科技产品，作为民主社会“脊梁”的信息的自由流通，人们安全和安心的生活，经济繁荣与世界和平。

在这样的背景下，日本于2014年11月制定了《网络安全基本法》，该法将网络安全的概念置于法律层面，在明确国家和地方政府相应责任的同时，设立网络安全战略本部作为政府网络安全政策的最高决策部门，赋予其国家机关劝告权等权限。政府应依据该法制定网络安全战略，本战略即是依此而制定。

本战略着眼于2020年东京奥运会，指明了未来三年网络安全措施的基本方向。本战略在明确日本网络空间领域内外方针的同时，通过战略实践，积极创造“自由、公正、安全的网络空间”，努力“提升经济活力、确保可持续发展”“实现国民安心、安全生活的社会”“致力于国际社会的和平稳定与日本安全”。

为达此目的，各利益攸关方基于共同认识和行动制定了本战略。

二、关于网络空间的认识

（一）网络空间的好处

网络空间是人造空间，“能够在无国界意识下进行自由言论，并在此基础上，通过科技产品和创新，创造具有无限价值的领域”。通过汇聚以民间为主的投资和智慧，网络空间迅速扩大。由于任何人均可无差别、不受限地轻松进入网络，所以网络使用者越来越多。现在，网络空间已经成为经济活动不可或缺的基础。

信息通信革命带来了颠覆性变化，这一变化尚处于黎明期。近年来，随着传感器等硬件的发展，便宜、高速的互联网被快速普及，在大数据分析技术不断发展的背景下，不仅电脑，家电、汽车、机器人、手机等物品开始连网。随着这种情况的不断发展，现实空间中的人和物也通过网络空间的信息自由流通和正确数据通信而超越物理限制，产生多元联系，带来了一个现实空间与虚拟空间日益高度融合的社会，即“互融互通的信息社会”。“互融互通的信息社会”是通过创造性服务，呈几何倍数创造新价值的社会。

这些提升经济社会活力和确保经济社会可持续发展的好处，是建立在“自由、公正的网络空间”之上的。

（二）网络空间威胁日益严峻

一方面，网络空间给人们生活带来了好处；另一方面，网络空间中损害各方利益的活动也正在不断增加。在不受场所和时间限制、任何人都可轻易进入的网络空间，恶意攻击方较防守方具有非对称优势。此外，随着经济对网络空间依存度的增高，疑似国家参与、非常先进的网络攻击方式开始出现，给国民生活和经济发展带来了重大危害，影响不断扩大，对日本国家安全的威胁逐年增加。

随着“互融互通的信息社会”的到来，恶意网络活动的影响将扩大到所有事物和服务。由于网络袭击带给现实空间的损害呈飞跃式增长，可以想象，未来对国民生活的威胁将日益严峻。

为不让这种日益严峻的威胁成为现实，在实现“自由、公正的网络空间”的同时，必须实现“安全的网络空间”。

三、目标

根据《网络安全基本法》，基于上述认识，本战略的目标是：

创造并发展“自由、公正、安全的网络空间”“提升经济社会活力和确保经济社会可持续发展”“实现国民安心、安全生活的社会”，致力于“国际社会的和平稳定与日本安全”。

（一）网络空间建设目标

为致力于确保网络空间言论自由、创新和提升经济社会活力，必须避免不必要规制并保障网络空间的自由，没有正当理由不能排除或区别对待网络空间参与者。

为防止通过网络攻击非法获取信息和财产，以及利用社会网络系统漏洞给国民生活和国际社会带来危机，无论是个人还是团体都需要加深对网络安全的认识，通过各方合作及自主措施，应对网络威胁，确保网络空间安全。

日本要为创造和发展“自由、公正且安全的网络空间”尽最大努力。

（二）战略应致力的政策领域

“互融互通的信息社会”的特点是网络空间与现实社会的活动密切相关。在这样的社会中创造并发展“自由、公平且安全的网络空间”，将使现实社会中的个人拥有安全且丰富多彩的生活，也将增加企业的经济活力，更将为国际社会带来和平与稳定。

在全社会迎来历史性巨变的形势下，日本在保障国民的权利和安全、促进日本经济社会发展和形成国际秩序的理念下，将在“提升经济社会活力和确保经济社会可持续发展”“实现国民安心、安全生活的社会”“保障国际社会的和平稳定与日本安全”三个领域制定政策目标，并按各领域的目标推进网络安全战略。

支撑日本经济增长、危机管理和国家安全的基础是社会经济体系的健康运行，对这个经济系统的巨大威胁就是整个日本的课题。日本既有的国家方针是：通过确保网络安全，促进信息通信技术的充分应用，巩固日本成长战略，确保日本国家安全万无一失。

（三）战略目标的实现路径

按照本战略的规划，到21世纪20年代初期，日本将建成包括汽车自动行驶系统及智慧社区在内的高级社会基础设施体系。2020年日本将举办东京奥运会，其胜利召开的前提是确保各种社会系统的安全万无一失，同时，这也是日本对外展示强大日本的绝佳良机。信息通信系统如今已经迎来了与物品、服务相连接的时代，必须充分利用战略规划加强日本竞争力，如，创造日本和世界消费者都信赖的高品质、高科技产品和服务；与此有机结合，构建安全和安心的社会体系；重新认识日本既有优势，树立世界认可的品牌等。为充分利用与现实空间融合的网络空间，必不可少的是能够正确应对隐藏在便利性中的威胁，必须为创造出高附加值的产品而“投资”。这种主动“投资”，将提高未来国际社会对日本的信赖，还关系到日本进一步发展成更加繁荣的社会。

四、基本原则

为实现本战略的目的，应按以下基本原则制定、实施政策。

（一）确保信息自由流通

网络空间是新创意、新想法之所在，其发展的基础是确保网络空间信息的自由流通。为此，日本认为应该维护和创造一个信息可以自由流通的网络空间，即发信者发出的信息在中途不被非法查阅和非法改动地传送给接收者。

在研究网络空间规制时，要最大限度地保持信息的自由流通，注重隐私保护，并应充分考虑采取规制与保护隐私间的相对平衡。在这种情境下，确保网络空间信息自由流通的前提是寻求不损害他人权益的尺度和判断标准。

（二）法治

在“互融互通的信息社会”，网络空间应与现实空间一样实行法治。要实现网络空间的可持续发展，使网络空间向所有人开放、安全和可信赖，法治不可或缺。在日本国内，包括法令在内的规则和规范也适用于网络空间。同样，以国际法为首的国际规则和规范也应适用于网络空间，应实现网络空间的国际法治。在网络空间不断扩大并被世界各利益攸关方使用的情况下，为保证国际社会的和平稳定，要寻求制定基于自由民主普世价值观的国际规则和规范。日本将为国际社会确立、实践这些规则和规范，为各国基于自身情况稳步引入这些规则和规范，做出积极贡献。

（三）开放性

网络空间不能仅被一部分实体所占用，必须对那些不断寻求参与的人保持开放。在此开放性下，维持互操作性得到保证的状态与创意和知识相结合，将为世界创造出新价值。同时，不能为了少数人的政治利益而不让大多数人利用网络空间。

（四）自律性

互联网长期由各种参与者自治。虽然网络空间威胁应是举国响应的问题，但全靠国家维持秩序是不可能且是不切实际的。日本的目标是实现网络空间秩序与创造力的共存，从此角度出发，日本要积极构建和应用自律机制，包括：尊重互联网孕育的自律性；基于每个人的个人行为管理；保障联网的各社会系统实现各自的功能和职责；阻止恶意行为等。

（五）多方合作

网络空间是由各级各类主体的活动构成的多维世界。为此，不仅限于政府，关键基础设施运营商、企业、个人等所有网络空间利益攸关方，都应共享网络安全的愿景，履行各自责任和义务，并为之共同努力。因此，政府应承担责任，促进这些利益攸关方之间建立适当的合作关系。在构建这种合作关系时，要基于网络攻击日益复杂的情况，通过双向的实时信息共享等措施来实现动态应对。

网络空间绝不允许恐怖主义和其他威胁和平的行为以及支持这些行为的活动，并应该在与国民安全、安心和日本安全观点相符的措施中写明。在遵守上述五点基本原则的同时，日本还将采取政治、经济、技术、法律、外交以及其他一切可选择的手段来保障国民的安全和权利。国民期待的网络安全政策应该是：既保护国民言论自由，又保护国民隐私；通过及时正确执法和完善制度，限制恶意网络活动、保护国民权利。此外，在世界上实现法治，除了稳定全球市场、激活创新，还意味着恶人将不被接受，这有助于日本的安全和世界的和平与繁荣。

五、实现目标的措施

为实现本战略目标，基于以上五点原则，在其所致力的政策领域，明确提出了未来三年的政策目标和实施方针。同时，各项实施措施都必须尽可能地符合以下三个方向：

第一，从事后应对转为先发制人。

网络攻击者的手段正在不断变化。日本不能在受到攻击时才事后应对，应分析未来社会变革和可能发生的风险，认清网络空间在内部结构上存在薄弱环节的现实，制定必要政策先发制人。

第二，变被动为主导。

为实现上述目标，立足于构建和运营以私营机构为主的网络空间，应制定政策促进这些机构自愿采取主动措施。此外，日本作为国际社会中负责任的一员，应发挥主导作用，制定对全球网络空间和平稳定有积极贡献的政策。

第三，从网络空间向融合空间发展。

随着所有的人和物通过信息通信技术实现多维连接，现实空间和网络空间的融合正不断深化，日本必须考虑到，网络空间事件可能与包括现实空间在内的各种事件一起，给社会带来叠加影响。日本正处于向前所未有的“互融互通的信息社会”转变进程中，必须准确掌握这些变化，制定政策。

（一）提升社会经济活力及可持续发展

正在来临的互融互通的信息社会，不仅是电脑，家电、汽车、机器人、智能电表等物品都与网络连接，由此产生了大量数据，充分利用这些大数据实现新服务的系统（物联网系统）正在普及。正是由于物联网的普及，网络空间与现实空间的融合日益深化。未来，预计企业将利用物联网系统创造出新型服务，更加完善现有商业模式。日本企业肯定会抓住这些商机，这对提高日本经济社会的活力和可持续发展具有极其重要的意义。

当企业通过物联网系统提供新型服务时，市场中的个人和企业要求新型服务保证“网络安全”，即企业通过物联网提供新型服务的前提是能否保证“网络安全品质”。例如，从根本上损害新型服务可靠性和品质的风险，如，网络攻击者利用远程操作通过穿戴设备窃取个人信息的现实风险；通过一次网络攻击就造成众多网络空间利益攸关方数据备份中数以百万、千万计的个人信息泄露，给经济社会带来严重影响的风险等。与物联网提供的服务效用相比，将网络安全风险降低至可以接受的程度，将是整个社会未来面对的挑战。

在互融互通的信息社会，日本企业通过创造新商业模式和日益完善现有商业模式牵引经济增长。为最大限度地发挥这一作用，应对上述挑战，必须产业界、学术界和公共部门共同采取先发制人措施。在这样一个时代，日本企业的价值和国际竞争力的源泉是：基于日本长期优势，提供高品质服务；提升企业管理水平，赢得网络空间各利益攸关方的信赖；营造公平的市场环境；努力实现更高水平的“网络安全品质”等。

因此，对于在互融互通的信息社会实现新型服务的物联网系统、企业管理和作为支柱的商业环境等各方面，重点将从以下几个方面进行战略部署。

1. 创造安全的物联网系统

产业界、学术界和公共部门共同为确保物联网的高品质安全进行前期投资，是日本企业利用物联网创造新型商业模式和新岗位所必不可少的，预计2020年东京奥运会和残奥会的成功举办将会利用许多物联网系统。

因此，为在2020年前建成符合市场需求的安全的物联网系统，提高对日本物联网系统的国际评价，需要采取以下措施。

（1）利用安全的物联网系统振兴新产业

为确保物联网相关产业的成功，实现作为竞争力源泉的高品质网络安全必不可少。即使后期强化网络安全机制，也无法从根本上保证物联网系统的安全。这反而是大幅增加成本的重要原因。因此，需要在物联网整体设计、规划阶段推进“网络安全设计”理念。具体来说，对于与物联网系统有关的业务，要基于安全设计理念，跨领域推进所需的安全措施，锐意进取，积极谋求振兴新产业。

（2）完善物联网系统的安全体系和体制

为了经济社会活力的提升和可持续发展，物联网系统相关的大规模产业应重点通过产业界、学术界、公共部门等主体的跨领域合作开展商业创新。这项事业必须基于“网络安全设计”理念进行推进。为实现各主体间基于相互信赖的合作和通过自律措施的协作，要在该事业所需网络安全措施的目标、方法和期限方面形成共识，在此基础之上，必须明确各相关主体的任务。

例如，开发和建成高度可靠的智能交通系统，关系到产业界、学术界和公共部门的众多部门。这些相关部门要客观把握引进智能交通系统带来的优点和风险，共享应采取的安全措施及其实施方法、期限，并明确各部门的任务。通过这种方式，加速促进各主体间基于相互信赖和自律措施的合作，从而实现有成效、高附加值项目。

因此，考虑到国家推进的物联网有关的大规模产业会给经济社会带来重大影响，网络安全战略本部必须完善必要措施，做到始终无遗漏地全面实施，如对跨领域措施进行规划、制定方案和综合协调，鼓励相关省厅和部门间的有机衔接和共同合作。

（3）完善物联网系统安全相关制度

为将市场期待的具有高安全品质的物联网系统投放到市场，必须对物联网系统的整个供应链采取适当措施。采取这些措施的必要前提是相关主体对物联网整体系统及各构成要素所需的安全措施达成共识。如若企业从网络安全观点出发坚持安全、可靠的方针，积极向市场投入新物联网系统，则易于应对新商机的挑战。因此，要坚持产业界、学术界、公共部门的合作，制定物联网系统安全相关的综合指导方针和基准，这些物联网系统包括：作为物联网系统组件的M2M（Machine to Machine）和可穿戴终端设备、能源领域、汽车领域和医疗领域等。

为了能提供安全的物联网系统，要尽早把握网络空间可能产生的问题，并采取推送补丁程序等必要措施。因此，相关方应该联合调查物联网系统及其组件的安全漏洞，在提醒供应方的同时，研究并构建一个保护使用者的机制。此外，汇集并分析物联网系统使用中发现的与安全品质和风险相关的信息，并反馈给物联网系统开发者等相关方，促其采取措施提供更加安全、高品质的服务。

（4）物联网安全系统相关技术开发和验证

常规信息通信设备可能因采购、引进不可靠的廉价设备而具有风险，而且从设计到废弃的生命周期长、处理能力有限。因此，应基于与常规信息通信设备不同的物联网系统组件的特性，研发确保网络安全的必要技术，不断利用物联网系统创造新型商业模式。为此，日本将开发基于物联网系统组件特性的信息通信技术，并建立示范项目。

只有确保系统的整体安全，才可保证由各种实物与网络连接而成的系统能提供高附加值服务。因此，日本将开展社会科学研究，开发物联网安全措施所必须的技术，并建立示范项目，包括测试环境构建、全系统的威胁分析和风险评估方法开发、IC芯片硬件防伪验证等。

2. 加强企业经营的安全意识

在互融互通的信息社会，为创造新业务，企业除确保既有的网络安全措施之外，还要比以往任何时候都要准确把握安全风险，恰当做出与资源管理有关的投资判断，推动产品和服务具备网络安全功能，培养网络安全人才，提高组织能力，等等。

为使日本企业具有网络安全观念，应采取以下措施：

（1）改变管理层的观念

对企业经营不可或缺的是，企业管理层要认识到作为业务基础的应用系统和作为商业秘密的经营策略的价值和作用，并能充分利用。此外，新业务要向市场投放具有高度安全品质的产品和服务，出于创造这种新业务的经营决策需要，网络安全相关素养正成为企业管理层必备的能力。越来越多的企业对这种社会变化有了准确认识，认为安全措施不是不可避免的“费用”，而是更积极的经营管理“投资”，这对日本提升经济社会活力和保持可持续发展至关重要。为此，要将网络安全作为经营管理上的重大课题而埋头苦干，构建市场和投资者等利益攸关方所需的机制以及有利于财务融资的机制，开展活动提高公众意识，促进公私形成共识。

各企业为确保作为企业战略的网络安全，有必要在企业管理层中设立关于网络安全的最高负责人。为此，要促进公私合作，使首席信息安全官（CISO）在各企业管理层有一席之地。

（2）培养能提高经营管理能力的网络安全人才

为将网络安全意识和能力应用在企业经营管理中，必须在企业管理层与从业者之间共享经营战略、网络安全相关课题及解决方案。为此，要积极培育能够理解管理层的经营管理理念、描绘网络安全愿景以及协助管理层与从业者间进行沟通的桥梁人才层。

在企业经营管理和企业战略中，不能缺少保护网络安全的措施，同时，培育企业内部网络安全人才的重要性也不断提高。为此，要基于负责网络安全的从业者层、桥梁人才层和承担企业网络风险管理责任的管理层的职业发展，研究长期人才培养和人事考评制度，并呼吁管理层采取措施。

（3）提高组织能力

在互融互通的信息社会，将网络安全纳入产品和服务，有利于强化企业竞争力，是维持企业活动和发展的基础。因此，要使企业产品和服务的相关人员在安全设计方面形成共识。从保护经营秘密和延续业务的角度出发，促进有效管理，如基于风险分析进行组织管理等。日本将采取措施，提高超越组织壁垒的整个供应链安全。

网络攻击将给企业带来严重的商业风险，为提高企业应对网络攻击事件的能力，应促进和落实的有效措施有：建立和应用具有网络安全事件检测和响应能力的计算机事故应急响应小组（CSIRT）；完善迅速响应、恢复的计划和工具；开展演习；加强对外宣传能力等。

在改善管理层面的体制、根据最新网络攻击手法和受害情况采取有效措施、通过网络安全相关经营指导方针向企业推送公开信息的同时，建立机制通过第三方认证客观评价基于此的企业措施。为共享对策课题、最佳解决方案、最新网络威胁信息和网络安全事件信息，要积极利用包括具有网络安全知识的独立行政法人和信息共享与分析中心（Information Sharing and Analysis Center, ISAC）在内的网络安全信息共享、分析部门，构筑信息共享平台，进一步扩大私营部门间以及公共与私人部门间的信息共享网络。

3. 营造安全商业环境

在利用包含物联网产业在内的信息通信技术产业带动日本经济增长的同时，为确保日本拥有自己的网络安全能力，除为网络安全相关产业的增长创造必要环境外，还要创造所有商业赖以为基的公正公平市场环境。为此，日本企业需采取以下措施，营造保证网络安全、有利于提高国际竞争力的商业环境。

（1）振兴网络安全相关产业

伴随着物联网产业的发展，未来对包括咨询和人才培养等网络安全产业的需求将会进一步加大。为此，日本应从网络安全产业需要出发促进产业发展，通过培育能够在国内外发挥重大作用的企业和风险投资公司振兴网络安全产业。

首先，为振兴全球网络信息搜集网和具有信息提供、分析能力的产业，利用政府基金对网络安全领域进行大规模集中投资，建立日本网络安全产业的示范项目。

其次，对于没有能力独自营造网络安全环境的中小企业，可以充分利用安全可靠的“云服务”，促进“云服务”网络安全审查机制的普及。

再次，对于网络安全领域的快速变化，振兴致力于新业务和技术研发创新的风险企业至关重要。为此，在网络安全领域，要通过充分利用政府基金，促进包括风险企业国际同行交流在内的共同研发，以及公共研究机构与风险企业的共同研发，并采取措施利用研发成果培育风险企业。

最后，必须为振兴网络安全产业而随时重新修订制度。为此，要研究重新修订振兴网络安全产业所需要的制度，如应在版权法中明确以网络安全为目的的逆向工程的合法性等。

（2）营造公正公平的商业环境

为构建通过不断创新给企业带来收益的经济体系，保护企业的核心技术、制造工艺等科技情报必不可少。为此，要实施的举措有：为加强防止企业知识产权泄露及被侵害的措施，完善法律；开展活动，提高公众意识；开展实践训练和演习等。同时，开展国际合作，严防以网络安全为名违反国际贸易规则的行为。

（3）为日本企业进军国际市场创造环境

为使日本物联网产业拥有国际竞争力，拉动日本经济增长，将日本观点充分注入国际规则至关重要。为此，在建设包括操控系统在内的物联网系统相关网络安全国际标准和评估认证制度的国际相互认证机制方面，产业界、学术界、公共部门要形成一体，在共同引导国际讨论之外，还应推动日本解决方案的国际共享。

日本物联网产业和网络安全产业要进军国际市场，必须确保以物联网产生和流通的数据安全为首的海外社会基础设施安全。为此，要援助与日本经济关联密切的东盟诸国，助其完善必要的制度，支持其开展各种宣传活动，提高公众意识。

近年来，随着日本企业进军国际，供应链风险对策变得愈加重要。为此，作为供应链风险对策，日本将推进必要的研发及与东盟诸国的合作。

（二）实现国民能安全、安心生活的社会

当前，以窃取国民个人信息和财产为主的、通过网络空间对现实生活产生负面影响的事件频繁发生，危害日益严重。未来，随着物联网系统的扩大以及个人号码制度的普及，网络空间的环境将进一步变化。为实现国民能安全、安心生活的社会，日本必须确保政府机关和地方政府、网络运营商、普通企业乃至每个国民的各种相关主体的多层次的网络安全。

关键基础设施、政府机关的职能和服务是保障国民生活和社会经济活动的基础，一旦发生故障，很可能给国民的安全带来直接、重大的负面影响，必须要有万全之策。业务负责人要从系统负责人（财产负责人）及关键基础设施、政府机关职能和服务的全面观点出发分析风险，基于“保证功能”的理念，采取必要措施为管理层提供残存风险信息，供其进行综合判断。

以2020年东京奥运会为首的国际大型活动令日本在国际上倍受瞩目。与此同时，日本也成为不法分子的目标，遭受网络攻击

的风险日益提高。因此，日本应与各利益攸关方紧密合作，借国家威望，采取统一措施。由此积累的见识和经验是保障国民能安全、安心生活的资本，要在未来不断应用发展。

在此认识下，为响应网络空间威胁，实现国民能安全、安全生活的社会，应采取以下措施：

1. 保护国民和社会的措施

为使国民和社会不受网络空间威胁影响，具有安全的网络使用环境，确保网络空间构成设备和服务的安全、稳定不可或缺。同时，作为使用者的个人或企业也需要提高主动意识和能力，积极采取自主措施。此外，为化解网络空间恶意活动的威胁，要积极采取措施加强事后追踪溯源，防止再次或未来发生类似的犯罪和威胁。

（1）营造安全、安心的网络使用环境

构成网络空间的设备、网络、应用程序等各要素，主要由终端制造商、网络接入服务商、网络运营商、软件开发商等私营企业提供。网络风险的响应工具也主要由私营企业提供。

这些网络利益攸关方对于自己提供的产品和服务，不能单单只追求便利性，还要主动承担修复漏洞的责任，从系统的策划、设计阶段就注入网络安全理念，同时还要符合用户需求进行详细说明。此外，国家与国际机构要紧密合作，提高对于网络攻击事件的认知和分析能力，采取措施有效唤起普通用户的注意。

为此，日本要加强收集软件漏洞信息并统合多种网络攻击监测系统。

为使用户免受恶意软件传播和因终端网络安全漏洞而被当作网络攻击跳板等网络空间迫在眉睫的风险影响，营造安全网络环境，除提醒受到网络攻击的终端用户的注意外，还要采取措施防患于未然。

日本要面向2020年，完善以公共无线局域网为主的网络通信环境，供访日游客使用。为此，要采取措施，既确保便利性又确保网络安全。

（2）推进网络用户的网络安全措施

在使用个人电脑和智能手机等设备上网方面，日本全体国民仍然缺乏网络安全意识及知识。特别是在网络风险变得繁杂多样的今天，没有网络安全意识的用户不但可能成为受害者，还可能成为肇事者。

针对这种情况，为了使网络用户拥有独自应对网络安全问题的能力，政府将与各网络安全宣传教育机构合作，以“网络安全月”为中心，就非法程序和可疑邮件的处理方法等开展宣传教育活动。特别是对触网的青少年及其监护人，要重点开展包括信息道德教育在内的宣传教育活动。同时，也要考虑到对不属于企业或学校且没机会学习网络威胁和措施者开展教育宣传活动。为此，要继续稳步推进促进教育宣传活动的措施，如培养能为网络用户去疑解惑的人才等。

政府及相关机构除了开展针对全体国民的教育宣传活动外，为针对不同年龄、不同身份、不同阶层的国民采取专门措施，要积极以当地社区为中心开展宣传教育活动。为此，产业界、学术界、公共部门和国民要有机合作，共同开展教育宣传活动，为促进这些活动在各地开展，国家要积极支持基层民间活动。

为让国民安全、放心，除对个人开展教育宣传外，更重要的是要以确保网络安全为目的，对从事各种经济活动的私营企业、为居民提供行政服务的地方政府、掌握学生儿童及其监护人信息的教育机构等公共机构开展教育宣传活动。特别是对于中小型企业以及地方政府等难以采取充分网络安全措施者，国家、相关部门、行业组织等利益攸关方应联合采取必要措施，通过各种研讨会、措施方针的制定和实施、最新攻击手法等的信息共享体制，以及实践训练、演习等一系列措施，进行必要的支援。

（3）网络犯罪的对策

随着网络空间和现实空间连接日益紧密，发生在每个人和企业身边的网络安全事件越来越多，如，恶意使用网络银行非法汇款事件、通过攻击特定目标窃取情报或网上钓鱼攻击等。

以严重个人信息泄露事件为主的个人信息和机密情报泄露等犯罪行为难以杜绝，已经成为社会问题。在掌握恶性网络犯罪事实并依法取缔的同时，为应对网络犯罪新手法，要提高网络犯罪的应对能力和调查能力。

为此，国家要在加强情报搜集、提高网络犯罪调查和打击能力、开展国际合作等方面加强体制建设，以适应网络空间威胁的形势。由于在调查、打击和预防危害扩大方面必须有先进的技术知识，日本将采取措施加强必备能力建设，如加强非法程序分析技术、提高网络监测水平以及建立信息技术分析机制等。同时，日本还要切实推进人才培养和技术研发。日本还将面向网络犯罪的调查和预防，以充分利用民间智慧和开展公共机构和私营部门交流为中心加强公私合作。

由于网络攻击事件后的溯源追踪需要网络从业者的支持，所以日本将采取必要措施，使这些网络从业者能就自身商业活动采取适应措施。特别是，在通信记录保存方面，相关从业者要立足于《关于电信企业保护个人信息指导方针》的重新修订情况采取适当措施。

2. 关键基础设施的保护措施

国民生活及经济活动需要各种各样的关键基础设施来保障，这些关键基础设施又广泛应用信息系统来实现保障功能。特别是信息通信、电力和金融等一旦功能停止或能力下降就可能产生重要影响的服务行业，公共机构和私营部门一定要共同将其作为关键基础设施优先保护。此时，私营部门不能完全依靠政府，政府也不能完全把责任推给私营部门，双方要紧密合作。关键基础设施的属性是提供不间断服务，在保护提供服务的信息系统时，要尽可能降低网络攻击带来的故障概率，并做到故障早发现、早排除。

为此，政府在制定《关键基础设施信息安全措施第三次行动计划》，划定关键基础设施领域的同时，还要采取各种措施，包括：以该计划为基础完善安全基准、开展演习和训练、加强公共机构和私营部门间情报共享体制等。

对于现有的对日本关键基础设施保护起到了一定作用的措施，应继续推进。但关键基础设施面临的社会环境和技术环境正发生着深刻变化，仅简单地继续推进现有的措施，就可能成为无效的形式主义。为此，要考虑不断重新修订下述措施，进一步加强网络安全等的具体内容并付诸实施。关键基础设施运营商及其主管省厅要制定强制性标准和指导方针等防止网络攻击的安全基准，并据此采取保护网络安全措施。对于关键基础设施基于行业法规所应具有的服务和安全的等级标准，应立足于当前网络安全形势变化，不断修订相关安全基准。

（1）不断修订关键基础设施保护范围

由于社会形势的发展变化和人们的逐步认知，之前未被认定为关键基础设施的领域，如果其信息系统发生故障会带来重大影响，就必须将该领域认定为新的关键基础设施。为此，要不断调整关键基础设施领域的认定范围。同时，新认定的领域没有必要与既定领域采取相同的网络安全措施。随着新认定领域的增加，对所有关键基础设施领域采取统一措施变得越来越困难，这就要立足于各领域间的相互依赖程度、各领域所提供服务的性质以及有无行业法规等，对关键基础设施领域进行等级划分，并据此采取措施。

对于既有的关键基础设施领域，为使其提供的服务更加可靠，不但要对有限的个别关键基础设施运营商进行“重点保护”，还要对整个关键基础设施领域进行“整体保护”。为此，要将现有的对主要运营商的重点保护措施扩大到中小企业，并不断修订各领域内所要保护的关键基础设施运营商的范围，如将保护范围扩大至与关键基础设施运营商提供服务间接相关的外包公司和有重要业务往来的相关企业等。

另外，由于网络攻击不仅仅只针对关键基础设施领域，日本还要考虑保护关键基础设施领域以外的私营企业的网络安全措施。特别是对于能够代表日本的企业和需要采取措施保护核物质的国家安全重点企业，不管是否被确定为关键基础设施，都要深入研究完善信息共享系统等措施。

（2）实现有效及时的信息共享

在网络攻击日益复杂多变的形势下，为有效应对各种网络威胁，公共机构和私营部门合作共享疑似网络攻击引发的故障信息至关重要。为积极参与信息共享，关键基础设施运营商在提供信息的同时，还应认识到提供信息的好处，并消除担心自身信誉和评价受损的心理障碍。为此，各方要达成共识，在信息共享时适当处理隐匿信息来源和设定共享范围，并构建提供信息不会导致利益受损机制。信息汇总部门在全面分析各方信息并及时准确预警的同时，为使关键基础设施运营商能快速掌握预防网络攻击的必要信息，还要建立双向的先进信息共享系统，如构建信息搜集、分析和共享平台。

要想建立面向2020年的享誉世界的网络攻击响应机制，必须更加及时准确地共享信息。为此，内阁网络安全中心（NISC）要与各主管省厅通力合作，采取措施积极搜集信息，不但要搜集行业法所规定必须上报的一定程度以上的故障信息，还要与各方达成共识搜集有利于预防网络攻击的小规模故障信息或预兆信息。

为通过在内阁网络安全中心和关键基础设施运营商间建立热线联系、改进信息共享的方式和程序、实现信息处理自动化等措施完善信息快速共享体制，必须加强政府机关的内部合作，如将必要的网络安全信息汇总到内阁网络安全中心等。

在关键基础设施运营商向责任省厅通报网络攻击事件时，政府机关要共同援助关键基础设施运营商，并要进一步查明事件情况。为防止危害扩大，政府机关和关键基础设施运营商之间要积极共享已查明的网络攻击手法等信息。

为增强这种信息共享体制的实效性，各利益攸关方要超越公私框架开展演习和训练，并不断改进加强。

（3）对各领域具体案例的支援

《网络安全基本法》规定地方政府具有自身的责任和义务，并应与网络安全战略本部合作。各种大大小小不同规模的组织机构，从其需要处理信息的敏感程度看，具有与政府机关相同的网络安全需求。随着个人号码制度逐步实施而采购的新系统将带来网络安全环境的变化，为确保政府机关的网络安全，在依据《网络安全基本法》提供必要支持的同时，要考虑采取必须措施加强地方政府信息系统应用个人号码制度的安全。对于个人号码制度配套的个人号码服务系统，要采取与互联网物理隔离的高级别网络安全措施，并考虑在此基础上建立系统、完善的应用体系，同时相关部门要联合建立专门的具有科技含量的监控、监督体制。以完善对中央机关和地方政府相关的所有联网系统的全面监控、检测体制为目标，在与政府机构信息安全跨部门监视和应急处理小组（GSOC）开展情报合作的基础上，不断加强网络安全事件快速监控、检测体制。对于以个人号码制度为契机推进的政府内部和公私间的认证合作，应不断完善环境以保持提高便利性和确保安全性两者间的适度平衡。

信息系统中以电力领域的智能电表和化工石油领域的工厂自

动化生产系统为代表的操控系统，很可能因信息技术故障而难以保证安全及提供不间断服务。为保证操控系统的绝对安全，必须再次认识到确保信息安全事关提供不间断服务。由于这些操控系统在更新设备时会广泛使用通用产品、采用标准协议等的开放技术并联入外部网络，使应对脆弱性和非法程序成为当务之急。基于这些特点，对日本使用的操控系统相关的漏洞信息和网络攻击信息等有用信息，要通过非操控系统的信息共享体制和统一的信息共享体制，开展信息搜集、分析和运用。鉴于操控系统的采购和应用必须高度专业，要加强建设符合国际标准的第三方认证制度，并充分利用该制度来客观判断操控系统是否达到网络安全要求。

3. 政府机关的保护措施

政府机关应以《政府机关统一基准》的制定和运用为中心，采取措施保护网络安全。到目前为止，在以政府机关为主提高网络安全应对水准的同时，对于新威胁、新课题要通过不断制定标准来积极应对。

到 2020 年，随着针对政府机关的网络攻击日益复杂多变及信息技术产品、服务种类和功能日趋增多，预计社会环境转型将进一步加快，对随之而来的威胁快速扩大和难以预见的新课题必须要有思想准备。需要注意的是，如果从现在开始不能以 2020 年还能使用的标准来设计、构建信息系统，不能有针对性地实施大部分网络安全措施，而仅仅是面对新威胁、新课题采取措施，到 2020 年就难以实现网络安全。

在此基础上，既要应对已有的威胁和课题，更要快速灵活应对未知的威胁，在考虑到所有可能对策的前提下，重点关注以下事项，并贯彻以《政府机关统一基准》为主的相关规定，坚决采取监察及日常教育等措施。

(1) 针对网络攻击，采取多方措施，加强信息系统的防御能力

目标型网络攻击意在窃取、破坏和篡改信息，为应对以其为主的网络攻击，并防止成为攻击其他机构的跳板，要在整个政府机关层面针对网络攻击采取多方措施。为推进这些措施，在以《政府机关统一基准》为基础采取措施的同时，参照各项行政职能开展风险分析，全面优化政府机关网络安全措施。

第一，防范突发事件。为促使软件公开漏洞和掌握非法程序，要切实采取电子签名和技术认证等预防措施，并根据形势变化及时修订这些措施。

具体来说，一是在加强网络安全信息搜集、分析能力的同时，还要加强政府机关整体的信息共享和政府机关内外合作的机制。二是采取措施从信息系统规划、设计阶段就确保网络安全，如采取措施预防供应链风险等。三是根据形势变化，不断快速灵活地完善网络安全措施，保护正在运行的信息系统。四是通过网络安全渗透试验等的检测手段，对信息系统的网络安全措施实施情况进行检验和完善。

第二，防止危害发生和扩大。通过“零日漏洞”和恶意使用非法程序攻击侵入信息系统的网络安全事件极难防范，为此要防患于未然，并要切实果断地采取措施，做到事件早发现、早掌握，防止产生危害和扩大损失。

具体来说，一是采取措施能够在事件发生时快速提供情报支持，如通过政府机构信息安全跨部门监视和应急处理小组（GSOC）加强整个政府层面的监测和解析能力，加强各部门计算机事故应急响应小组（CSIRT）能力和事态发现处理机制等。二是针对网络安全事件开展训练和演习，在总结经验教训完善措施的同时，力求提高应对人员的能力、促进彼此合作，以及在各部门领导统一指挥下开展有组织应对。三是为提高监控能力降低风

险，应统一政府机关信息系统与互联网的接口。四是采取措施加强在政府机关发生重大网络安全事件时的溯源调查能力，在共享分析结果防止危害扩大的同时，完善相关措施。

第三，降低损害程度。在网络安全事件发生、紧急应对到处理完毕期间，为降低损害程度，应采取措施防止侵害扩大并使攻击难达目的。

具体来说，一是个人和敏感信息等一旦被泄露或篡改将给国民和社会带来重大影响，为使这些具有高度机密性、完整性的信息免受非法程序影响，要进一步采取措施加强信息管理，如按照业务内容、处理信息的性质和数量隔离不同信息系统和应用相关规则。二是加速采取多种措施预防目标型网络攻击，包括破坏系统应用等的网络攻击。三是根据风险和影响程度确定优先事项评估方法，加强对重点信息系统的保护。

（2）加强灵活且有组织的应对能力

为灵活及时地应对急速变化的形势，要采取措施加强灵活且有组织的应对能力。

具体来说，一是通过定期自查和第三方管理监查等的检测措施，并努力验证、改善政府机关加强网络安全措施的制度体系。二是基于风险评估有组织地推进信息系统管理和措施落实工作，如基于风险评估制定应对风险的指导方针和设定措施级别，在各利益攸关方同意下制定紧急状态应对计划等。三是由于没有一劳永逸地解决未知风险的措施，要构建政府机关全体共享案例及交换意见的平台。四是因为有组织应对的关键在于人，所以要采取措施提高全体人员的网络安全素养。另外，在利用资格认定作为个人能力客观评价标准的同时，要大力培养、留住有助于提高各部门网络安全应对能力的领军人才。

（3）适应技术进步和业务经营方式变化

面对利用多功能、多种类信息技术产品促进行政事务合理高效开展以及适应信息技术时代需求的行政事务，应牢记网络安全，防止因不适当使用新信息技术产品或服务而导致网络安全事件及网络安全水准下降等。

具体来说，一是综合整个政府机关引进新信息技术产品及其网络安全措施情况的信息，制定和推广符合其功能特点的政府统一措施。二是在利用信息技术改变行政事务行为方式时，各利益攸关方要密切合作，在确保网络安全的前提下推行新的行政事务行为方式。

（4）加强扩大监控范围等的综合措施

为加强整个政府机关的网络安全，应全面加强独立行政法人及与政府机关共同提供公共服务的特殊法人的网络安全措施。

具体来说，一是对于这些法人的网络安全措施，除提高其网络安全事件响应能力和加强政府主管部门对其的监管外，还应立足于这些法人的性质特点，参照上述（1）到（3）规定的政府机关网络安全措施采取相应措施。二是对于这些法人，在考虑其作为平等受益者的负担的同时，要分阶段将其纳入到政府机构信息安全跨部门监视和应急处理小组（GSOC）的监控名单，同时网络安全战略本部也要采取措施将其作为内阁网络安全中心监查与溯源调查对象。三是加强这一措施必须及时研究相关法律制度的重新修订问题，包括完善与具有专业知识法人的合作体制等。

（三）国际社会的和平稳定与日本安全

“自由、公正、安全的网络空间”是全球交流的公域和国际社会和平稳定的基础。特别是日本承认网络空间的各种价值观和尊重自治，并坚信通过法治保障每个人的言论和企业活动，将带来繁荣和实现国际社会的和平稳定。当前，日本要通过利用“自由、公正、安全的网络空间”，实现和平稳定、创造高品质生活和社会经济的可持续发展。另一方面，无论是国际还是国内，人们对已经成为社会系统的网络空间的依存度日益提高，手法复杂多变且影响巨大的网络攻击给现实空间的社会经济活动带来巨大影响已成事实。在这种情况下，稳妥应对网络攻击，从根本上尽早采取措施，确保国际社会的和平稳定与日本安全已成为重要课题。

对于此课题，为确保日本安全，在从根本上不断加强整个国家应对能力的同时，更要致力于继续与诸盟国的合作及与世界各国取得共识。从谋求建立“自由、公正、安全的网络空间”的立场出发，强烈反对专制制度独占、管制、窃取、破坏信息及恐怖主义等非国家主体恶意利用网络空间，秉持基于国际协调主义的“积极和平主义”构建国际社会的和平与稳定，在为维护国际秩序做出积极贡献的同时，确保日本安全。

在此认识之下，为确保国际社会的和平稳定与日本安全，日本将采取以下战略方针。这些措施将进一步推动各中央机关及相关机构的网络安全措施相关信息汇集到内阁官房，并加强日本的统一对外措施。

1. 确保日本安全

以社会系统为首的一切都在网络化，网络空间与现实空间正在不断融合，许多组织都深深依赖网络空间。其结果是，一旦发生网络攻击，很可能给一国的政治、社会、经济、文化带来重大打击。现在的网络空间，不但有经济活动，还是国家安全和情报活动的舞台，通过疑似国家参与的、有组织的、准备充分的高级网络攻击进行破坏、窃取信息及篡改数据已成为现实威胁。

为防备高水平网络攻击，必须基于先进知识在预防、检测、应对等所有阶段进行及时准确的应对。为此，通过网络空间日常分析，尽早发现、掌握对各主体的网络攻击征兆，力图进一步提高发现问题快速应对的能力。对此，在加强与外国政府机关进行情报共享在内的情报搜集和分析的同时，推进跨领域、跨部门的综合措施至关重要。

为保证日本国家安全，必须要保护政府和关键基础设施等社会系统免受网络攻击。在防卫方面，无论公私，在组织上条块分割，奉行僵硬的教条主义，都会给攻击者造成机会。在多利益攸关方共享上述认识的基础上，要进一步加强合作，实现无缝多层次的防护。总之，为使所有阶段的网络攻击都可以根据其规模和程度进行恰当处理，日本要从广泛的综合角度进一步加强能力建设。

此外，网络攻击很容易超越国界进行，鉴于国外已经有疑似国家参与并和军事行动联动的网络攻击的事例，日本与盟国及具有相同立场的国家在共享网络威胁情报、培养人才等方面开展积极合作是必不可少的，并要积极推进与其他国家形成共识。

（1）加强责任部门能力

为应对复杂多变的网络攻击，必须要加强整个国家的韧性和能力建设。为此，要从质和量两方面提高以警察、自卫队为首的责任部门能力。为充分发挥这些责任部门的作用，要深入研究一切有效手段，如重新修订留住人才、培养人才、学习新技术、引进新技术、研发等多项制度。此外，对以政府机关机密情报为特定目标的网络攻击行为，要责成内阁情报调查室下属的反情报中心采取相关措施。

（2）日本先进科技的利用和保护

先进科技不但是日本保持经济领先地位的保障，也是国家安全的重要战略资产。特别是太空、核、网络安全、军事装备等关乎日本国家安全的重要科技情报，已成为全世界网络攻击者的目标。为有效运用日本先进科技保卫国家安全，必须确保先进科技相关部门的网络安全万无一失。先进科技相关部门应采取必要措施确保网络安全，如提高先进科技相关人员的网络安全意识、加强对来自国外的网络攻击的监控和应对能力、加强采购物品或服务的检验、加强公共机构和私营部门情报共享合作等。

（3）政府机关和社会系统的保护

政府肩负着保卫和支撑国民生活和社会经济的任务，一旦政府机关停止服务，将对国家安全造成重大影响。政府机关的职能履行需要依靠关键基础设施及其他社会系统的运营商。这些运营商本身就肩负着为国民和社会提供不间断必需服务的重任。因此，在国家安全层面，确保这些社会系统运营商的网络安全，关键是保证政府机关的职责履行和为国民、社会提供不间断必需服务。这些运营商要在与政府机关合作之下，充分认识到网络攻击对提供服务的影响度，即对政府机关和运营商本身的职能履行能带来多大影响，并采取万全之策确保网络安全。

从上述观点出发，政府和关键基础设施及其他社会系统运营商要进一步采取措施，在必要范围内，经常性响应、分析、共享以提供漏洞和攻击信息为主的有用情报，进一步加快政府和私营部门间的双向信息交流。

负责国防的防卫省和自卫队在不断加强保护自有网络安全的同时，鉴于对上述社会网络的攻击很可能给其职责履行带来严重阻碍，还要进一步深化与自卫队职责履行相关的运营商的合作。

2. 国际社会的和平稳定

为实现国际社会的和平稳定，确保网络安全和全球信息自由流通两方面都要抓、两方面都要硬。

网络空间由全球性主体和世界各国的各类主体管理运营的硬件和软件，连接这些硬件和软件的自主、协作性质的网络，以及网络中处理和通信的数据构成。在这个全球空间里，为促进沟通和发展社会经济文化，并让人们能够放心地使用，必须确保散布于世界各国的网络空间组成部分的安全。

在网络空间中信息可以在全球自由流通，因此网络空间成为全球社会、经济、文化等所有活动的基础，并促进了跨国交流。如果网络空间因权力的过度规制和管理而被割裂，那将毁掉网络空间所具有的全球性。

为确保网络安全，要采取措施营造安全的全球网络环境，这不但关乎日本自身安全，还关乎国际社会的和平与稳定。

在此认识之下，为实现国际社会的和平与稳定，日本作为国际社会负责任的一员，要发挥主导作用，致力于与全球多利益攸关方合作，确保网络安全及保障网络空间信息在全球自由流通。为此，将采取以下措施：

（1）确立国际法在网络空间中的主导地位

在网络空间，日本承认各种主体和价值观，秉持信息自由流通的基本原则，为确立国际法在网络空间中的主导地位发挥积极作用。

第一，形成国际规则和规范。日本一直认为国际法应适用于网络空间。例如，在确保网络空间安全方面，日本参加了联合国第一委员会下设的政府专家会议，并于2013年6月向联合国大会提交了题为《现行国际法适用于网络空间行为》的报告。未来，日本将从现行国际法适用于网络空间的立场出发，积极参与国际法适用于网络空间具体案例的研讨，致力于网络空间国际规则和规范的形成。

此外，在联合国及其专门机构的会议、经合组织（OECD）、亚太经合组织（APEC）及网络空间相关的国际会议中，日本要以社会经济和网络治理为重点与各利益攸关方进行广泛讨论。在这些讨论中，日本将继续与国内外各方合作，确保网络空间的开放性、互操作性、自律性及信息的自由流通。从为社会经济文化发展做出重大贡献的立场出发，日本将积极推进国际规则和规范的形成。

第二，形成国际规则和规范。日本要积极致力于国际规则和规范的形成。例如，在国家安全领域，基于国际法适用于具体案例的讨论成果，日本要在与国际组织和世界各国进行谈判时，促成下述信任机制。在网络犯罪的措施方面，日本签署了《网络犯罪公约》。据此，为有效应对跨国网络犯罪，日本将支持该公约不断扩大缔约国数量，加强执法机关在联合快速有效调查等方面的国际合作，以及推进对跨国犯罪线索的国际调查。日本应率先实践国际规则和规范，确立国际法在网络空间的主导地位，实现国际社会的和平与稳定。

（2）建立国际信任机制

网络空间与社会生活、经济活动和军事活动等所有的活动密切相关。为防止发生网络攻击引发的突发事件，日本应在联合国等国际场合推进相关会谈，形成多国共识。日本应在联合国等国际场合的多国会谈中，积极阐明日本的基本立场，并就立场问题与各国交换意见。同时，构建发生跨国突发事件时从国家间到民间各层面的常态化国际合作体制，并通过开展联合演习建立国际信任机制。

（3）应对网络恐怖活动的措施

为使网络空间有助于国际社会的和平与稳定，必须阻止恐怖组织恶意利用网络空间进行恐怖活动。随着网络空间的扩大，激进的非政府组织恶意利用网络传播激进思想、鼓动示威活动和筹集恐怖资金。对于这些国际恐怖组织，日本要根据联合国安理会的决议精神，与国际社会合作共同应对。为此，必须采取措施加强网络恐怖活动相关情报的搜集和分析，包括加强网络恐怖活动情报搜集技术等。

（4）帮助他国开展网络安全能力建设

作为国际社会肩负自由民主责任国家中的一员，日本将发挥已有经验，积极致力于各国能力建设。

日本要与世界各国的多利益攸关方合作，采取措施应对跨国网络威胁。部分国家和地区应对网络威胁能力的不足，也是世界网络风险的一个重要来源。事实上，对日本的网络攻击大多来自国外。

在日本国民和企业活动的全球化进程中，出国旅游人员和企业海外投资持续增加。随着信息化发展，这些活动也愈加依赖当地的基础设施和网络。

因此，帮助世界各国开展网络安全能力建设，确保网络安全，不但是对这些国家的贡献，更关乎日本和全世界的利益。

随着信息化的发展，日本不断完善网络安全相关法律和政策，相继采取了多项措施，包括：保障政府机关、关键基础设施运营商及其他组织和个人的网络安全，反网络犯罪，培养网络安全人才，网络安全技术研发等。日本作为负责任的国际社会一员，坚持信息自由流通的基本原则，并依据已有经验，积极帮助世界各国开展网络安全能力建设。为此，政府及相关部门应在考虑实施效率、效果基础上，共同研究如何帮助他国开展网络安全能力建设。

（5）培养国际化人才

在国际网络安全措施方面，日本应积极参加国际会议，阐明自己的观点，并加强与各利益攸关方的沟通。为此，需要既有丰富网络安全知识，又了解世界各国社会、经济、文化的人才。未来，日本将进一步在公共机构和私营部门内培养具有网络技术素养、精通各国国情和国际安全合作问题、国际活动能力强的高级国际化人才。

3. 与世界各国的合作

日本要与世界各国合作，确保国际社会的和平稳定与日本安全。国际合作有助于增强疑有国家背景的高级网络攻击的国际应对能力。日本作为国际社会中肩负自由民主责任的一员，要以日美同盟为基础，在参考与合作国间的地理、经济关系以及价值观契合程度之下，扩大并深化与世界各国的合作关系。为防止、规避网络攻击引起的突发事件，确保网络空间安全，日本在谋求形成信任的同时，还要建立广泛的国际合作体系。

（1）亚洲和大洋洲

有史以来，亚洲和大洋洲与日本关系密切，民间交流及日本企业投资持续增加。日本作为该地区负责任的一员，通过双边或多边渠道，在本地区网络安全领域大力开展网络安全情报搜集和分享，推动国际合作及能力建设合作。

日本与东盟间是有着40多年传统的合作伙伴。日本与东盟在网络安全领域，也保持着多渠道密切合作关系，如日本与东盟信息安全政策会议等。日本将通过国际会议和联合项目等合作框架及持续实施符合合作国需要的多元化实践能力建设，继续扩大、深化与东盟的网络安全合作，积极为构建东盟强韧的网络空间贡献力量。此外，日本在高度重视东盟各国社会经济文化的同时，还将基于网络空间的多元价值观，进一步加强与东盟各国的双边合作。

日本将与有共同价值观的地区战略伙伴国加强合作。日本将通过各种渠道与这些国家在网络安全领域开展深入合作，包括经常共享网络安全措施和网络攻击情报、联合开展反网络攻击训练等，并共同应对各种国际和地区性的网络空间课题。

日本将与亚洲和大洲州及其他国家和地区积极开展合作、达成共识，讨论开展网络合作的可能性，并进行情报交换，包括对网络空间的认识和网络安全战略等。日本将积极参与亚太经济合作组织和东盟地区论坛等地区合作框架，并采取措施确保地区网络安全及通过保障信息自由流通促进社会经济文化的发展。

（2）北美

日本与北美这两个国家拥有共同的价值观，应推进网络领域的合作。尤其美国是日本的盟国，要以日美安保体制为基础全面开展密切合作。日美在网络空间拥有共同的价值观，两国要通过各种途径开展紧密合作和情报交换，这些途径包括日美网络安全对话、网络经济相关日美政策合作对话、日美网络防卫政策工作组等。日本将不断采取具体措施加强国际合作，包括共享网络安全措施和网络攻击相关信息、实施针对网络安全事件的先进技术合作项目等。同时，日美应密切合作采取措施，应对网络空间国际规则和规范的形成和实现、保障国际安全、网络治理等各种网络空间课题，促进国际社会的和平与稳定。日美两国的国防部门也应共享网络威胁情报、联合训练应对网络攻击、共同培养人才，以《日美防卫指针》为指导，进一步加强日本自卫队与美军之间的合作，通过加强政府整体合作体制，提高日美同盟的威慑力和应对能力。

（3）欧洲

日本应与拥有共同价值观的欧洲伙伴国家一道发挥主导作用，确保国际社会的和平与稳定。在网络安全领域，通过多种平台继续强化合作。通过共享网络相关政策和网络攻击情报，共同应对国际间网络安全问题。为此，日本将与欧洲各国及相关机构通过国防部门间合作等各种途径加强合作，在共享网络安全措施和网络攻击情报、开展反网络攻击联合训练、推进先进技术领域合作项目的同时，共同应对各种国际网络空间课题。

（4）中南美、中东和非洲

在中南美、中东和非洲地区，要与拥有共同价值观的国家建立伙伴关系并不断加强，同时探讨与其他更多国家开展合作的可能性，如帮助其加强网络安全能力建设等。

（四）跨领域措施

为达成“提升经济社会活力和确保经济社会可持续发展”“实现国民安心、安全生活的社会”“确保国际社会的和平、稳定和日本安全”这三个政策目标，日本必须持之以恒地推进技术研发和人才培养。特别是这三个目标共同的基础性措施，既见效慢又费力。因此，需要从跨领域和中长期眼光来采取措施，并不断灵活运用公共机构和私营部门及相关省厅的规章制度。

1. 推进研发

信息通信技术正快速走进国民生活，日益成为经济活动的创新之源。包括关键基础设施在内，使用联网系统和设备的政府部门和企业越来越多，网络安全措施变得必不可少。为应对网络攻击日益复杂多变的形势，日本要在网络、硬件、软件等广大领域，不断研发充满创造力的网络安全技术，这至关重要。日本将与各利益攸关方合作，结合既有的情况、观点和特长，采取以下措施推动技术研发。

（1）提高网络攻击的检测和防御能力

在物联网系统普及的互融互通的信息社会，为保护政府、关键基础设施、企业、组织及个人不受日益复杂多样的网络攻击威胁，需要进一步提高网络攻击的检测和防御能力。日本要创造必要条件，充分了解网络安全现实威胁是什么、具体需求是什么，并据此资助研发，以提高网络攻击检测和防御相关能力。网络安全研发的重点是符合社会需求的实用化，关键是推动网络安全研发的社会成果转化。为此，一是政府机关、研究人员及其他利益攸关方之间要以简单易用的方式共享必要的信息和数据，例如，为提高对网络攻击的承受力，要推动 M2M 数据持续搜集、分析技术的开发。二是采取必要措施，研究相关法律政策基本标准。三是对于政府推进的研发项目，要从研发的规划阶段就注入网络安全理念，提高网络安全防御能力。

（2）研究网络安全与其他领域的交叉领域

由于网络空间与现实空间的融合给现实社会带来了深刻影响，单纯考虑对信息系统的威胁和仅进行学术研究，是无法应对网络威胁的。必须要研究法律、政策、形势、技术等各领域对网络安全的分析方法。为此，要以法律、国际关系、国家安全、工商管理等社会科学观点对各领域进行研究，并据此促进交叉领域研究，推动大数据和人工智能等社会前沿技术的调查和研发。同时，科学技术的各种研发成果不能给人类社会带来任何负面影响。

（3）掌握网络安全核心技术

为预测和应对日益复杂多变的网络攻击，日本要掌握攻防技术原理和信息系统结构等自主开发所必须的核心技术。特别是对孕育核心技术的基础研究，如密码研究，虽然与商业没有直接联系，但通过与具有工商管理和业务发展能力的人员相结合，就会产生新产业的萌芽，另外，从国家安全观点看，密码也是国家安全必不可少的技术。为此，日本将在公立研究机构和部分大学的研究机构着力完善研发的配套措施。

（4）通过国际合作加强研发

由于网络攻击具有跨国性，必须通过国际合作采取技术措施，才能正确应对复杂多变的网络威胁。为研发更先进的应对技术，有效途径是将各国优势技术有机组合。日本在关注研究内容和国家安全问题的同时，积极推进国际联合研发。日本还要在实行各种国际标准化措施的同时，建立框架机制，促进以网络安全技术为中心的各种国际标准的制定、普及和相互承认。

（5）与各相关部门合作

研发的问题在于难以在短期内产生成果，必须要采取长期措施。保障研发的配套措施和研究人员培养，是网络安全及其他领域的共同课题。为此，日本不应局限于网络安全的观点，要注意形势变化，在与综合科学技术创新会议等措施实施单位为主的其他部门合作的同时，产业界、学术界和公共部门要积极合作推进综合措施。

2. 人才的培养和保障

从信息通信技术的发展和在国民中的普及应用，到成为社会基础，再到互融互通的信息社会，网络安全不但是该领域专家，而且是从普通信息技术人员到物联网用户等各层次不同人员都应具备的素质。但是，日本从事网络安全职业的技术人员无论是质量上还是数量上都非常缺乏，网络安全人才培养已经成为重要课题。日本将采取的措施有：加强网络安全及相关领域教育；培养、发现、留住优秀人才；为网络安全人才的能力发挥创造条件等。为此，日本将制定指导方针，实施强有力的综合措施培养人才。日本要培养的是德才兼备的网络安全人才。

（1）在高等教育阶段及职业能力培训中培养社会所需人才

对于能够在未来社会发挥作用的高级专门人才，产业界、学术界和公共部门应进一步有机合作，从质和量两方面培养社会所需人才。研究生院、大学、高等专门学校等高等教育机构，要采取措施加强网络安全理论基础课程，促进通过演习锻炼学生实践能力，并对学生是否具备足够的知识和能力储备进行评估。

为构建产业界、学术界和公共部门的合作体制，在促进密切合作及信息共享之外，还应完善网络安全演习的“云”环境。产业界、学术界和公共部门要联合编写教材，并为培养人才开展实践演习。

当前，网络安全是企业经营必须面对的课题，为能从商业战略和技术角度两方面来考虑这一课题，特别需要通过衔接管理层和一线业务层来合理分配业务资源并确保网络安全的桥梁型人才。为此，要从高等教育阶段培养兼具网络安全和信息通信技术能力、法律和工商管理等各社会学科专门知识、经营管理知识的复合型人才。

提供安全的产品和服务必须要有相关的网络安全知识。不论是所有信息通信技术相关领域的技术人员，还是用户，网络安全已成为各种人才的必备素养。为此要采取措施通过高等教育机构进行经常性教育，增加产业界、学术界和公共部门联合实践演习频率，促进职业培训等。

（2）加强初、中级教育阶段的教育

在互融互通的信息社会，个人、企业、政府部门等各主体能够充分利用的以物联网系统为首的信息通信技术，既可丰富我们的社会经济活动和生活，又是我们发展不可或缺的基础。为在这样的社会中安全活动，所有人都要有网络安全素养。这些素养包括逻辑思维能力、信息通信技术和对设备基本结构的了解等。这些素养要从初、中级教育阶段开始，根据学龄儿童的发展阶段开展教育。在接受高等教育之前具备上述素养十分必要，有利于在高等教育阶段培养网络安全高级人才，或是使普通信息通信技术人员和用户具备网络安全必备素养。

为此，要从初、中级教育阶段开始，根据学龄儿童的发展阶段，进一步推进信息应用能力、信息科学理解力、参与信息社会的态度等教育，并采取措施促进对包含信息安全在内的信息道德的理解，以及对逻辑思维能力、信息通信技术、设备基本结构的了解。同时，为提高信息通信技术的教学能力，要加强、改进教师进修工作。

（3）发现、培养、留住高水平国际人才

关于网络安全人才，不能仅靠网络安全专业的高水平大学研究生院等机构来培养，还要不断发现和留住高水平人才。此外，通过研究网络攻击典型应对方法（包括攻防手法），培养能够自主思考及研究对策的能力。

鉴于网络安全已成为全球性课题，高级人才必须具备国际水准，即必须培养能不受国家边界限制充分发挥能力的人才。例如，为在国内也能把握日本的国际地位和提高能力，日本政府要采取积极措施，如举办有国外人员参加的竞赛和形成人才网等。

（4）为人才在未来不断发挥作用营造环境

许多普通组织都利用信息通信技术实现其业务目标，这意味着需要将网络安全作为组织管理的课题。这些组织从业务一线到管理的每个层次，都需要对各自层次的网络安全需求有深入了解并具有判断力的人才。网络安全产业既需要高水平网络安全专业人才，也需要管理的人才。根据各组织需要确定人才发展路径，对组织的管理层、培养出的人才和培养人才者等各方均有好处。

为此，要实现能力的可视化，如建立能够评估网络安全从业者能力水平的资格认证制度，完善符合组织业务需求的技能标准等。考虑职业性质和用人单位的需要，日本将积极加强以实习制度为首的职业适应措施，并规划产业界、学术界和公共部门间跨领域人才的职业路径。

（5）培养人才提高组织能力

以政府机关和关键基础设施等整个组织为目标的网络攻击快速增加、日趋严重。为及时准确应对网络攻击，除提高个人网络攻击应对能力之外，更重要的是通过个人能力的有机整合，提高整个组织的能力。为提高整个组织的能力，在为不同组织间共同研究、取长补短创造条件的同时，还要掌握具体组织的实际能力和面临问题。

为此，在促进网络攻击应对必备能力体系化的同时，还要采取措施加强有助于能力提高的实践性演习。

在发生严重网络攻击时，为防止危害扩大和降低再次发生的概率，要采取措施加强公共机构和私营部门的合作体制。

六、推进体制建设

网络安全战略本部是推进《网络安全战略》的最高指挥部，内阁网络安全中心（NISC）是网络安全战略本部的事务局，主要负责推进基于本战略的各项网络安全措施。为此，该中心要履行的职能有：通过网络对各政府部门信息系统内的非法活动进行监控、检测并调查网络安全事件原因；搜集、分析国内外网络安全相关信息并开展国际合作；采取措施提高政府机关网络安全能力，如培养各省厅网络安全人才等。为切实履行职责，内阁网络安全中心（NISC）应采取的必要措施有：招募民间高水平网络安全人才来增强自身应对能力；确保网络安全事件发生时相关信息迅速汇总到内阁网络安全中心（NISC）；建立机制，与负有应对之责的相关政府部门实时共享信息等。

为履行职责，政府机关应与内阁网络安全中心（NISC）密切合作，在采取必要网络安全措施的同时，有责任和义务推进下属组织和运营商的信息共享，并提出建议。为了从整体上进一步提高国家网络安全能力，要加强有关各方合作，包括产业界、学术界和公共部门及相关省厅之间的信息共享等。为在网络安全事件发生时能够冷静应对，必须加强网络攻击等事件的检测、分析和应对体制。为此，应加强日常信息搜集和网络威胁预警，并要举全国之力，与私营企业合作，加强信息搜集和分析能力。日本还要加强集网络攻击快速检测、分析、判断、应对于一体的先进情报分析、汇总和共享体制。

对于危机管理措施，日本政府对网络攻击事件的初始应对主要以网络安全战略本部长的建议措施为主，并视情况不断加强。日本将建立政府机关、独立行政法人和网络安全从业者等的合作机制，联合应对大规模网络攻击事件。在通过实践性演习和训练，培养应对大规模网络攻击人才方面，产业界、学术界和公共部门将共同与某些具有专业能力的机构密切合作，如：利用独立行政法人情报处理机构（IPA）的专业能力监控、检测、溯源针对政府的非法网络活动；利用国立研究法人情报通信研究机构（NICT）的演习基地和对攻击监测、分析技术提高网络安全相关应对能力等。为此，政府将采取包括立法在内的必要措施。

近年来，疑有国家背景、技术先进、计划周密的网络攻击越来越多，应对此类网络攻击是日本危机管理和国家安全面临的重大课题。为此，网络安全战略本部在必要时将与重大恐怖问题对策本部等危机管理机构开展合作、共享情报，并就国家安全相关问题与国家安全委员会保持密切合作。

日本必须确保以 2020 年东京奥运会为首的重大国际活动网络安全万无一失。在对 2020 年东京奥运会相关网络风险保持清醒认识的同时，日本政府应迅速建立 2020 年东京奥运会计算机安全事件响应小组（CSIRT for the Tokyo 2020），作为切实开展防御、检测针对奥运会举办及相关部门、关键基础措施服务商的网络攻击以及各利益攸关方间信息共享的核心机构。为此，政府将分阶段切实推进相关措施，包括：建立并维护必要的组织、设施和合作关系，确保网络安全专家数量，以 2016 年“伊势·志摩峰会”和 2019 年在日本举办的橄榄球世界杯的网络安保为平台提前进行充分训练。由此塑造的网络安全应对能力，在奥运会之后仍将被持续应用，以加强网络安全。

这些网络安全政策在危机管理和国家安全方面具有重大作用，应通过追加必要经费进一步强力推进。为此，日本要确保政府整体预算的最佳执行，如通过业务体系改革及其他措施提高行政效率节省经费等。日本将立即实施通过政府特殊待遇雇用高水平网络安全人才等的切实举措。同时，一旦认为有必要采取新措施，日本也将毫不犹豫地立即执行。

七、未来措施

本战略从现实出发，面向21世纪20年代初的日本社会课题，提出了未来三年间制定网络安全政策和具体实施的基本指导方针。未来，为有效落实本战略，网络安全战略本部要以《网络安全基本法》为基础，在制订年度计划的同时，还要以年度报告的形式反映措施落实情况。同时，根据战略方针制定经费预算政策，促进各省厅政策有效实施。在网络空间，形势和技术变化无常，必要时可不必拘泥于三年的计划期，随时修订本战略。